JN275025

発見的教授法による数学シリーズ ❷

数学の技巧的な解きかた

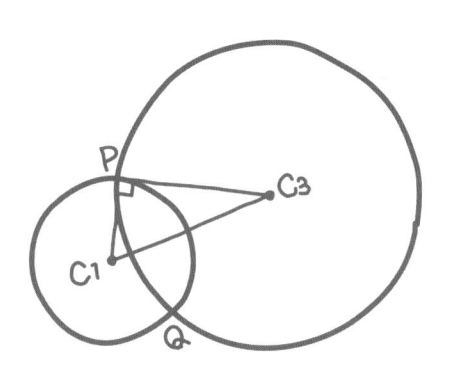

秋山 仁 著
Jin Akiyama

森北出版株式会社

● 本書のサポート情報を当社 Web サイトに掲載する場合があります．下記の URL にアクセスし，サポートの案内をご覧ください．

http://www.morikita.co.jp/support/

● 本書の内容に関するご質問は，森北出版 出版部「(書名を明記)」係宛に書面にて，もしくは下記の e-mail アドレスまでお願いします．なお，電話でのご質問には応じかねますので，あらかじめご了承ください．

editor@morikita.co.jp

● 本書により得られた情報の使用から生じるいかなる損害についても，当社および本書の著者は責任を負わないものとします．

■ 本書に記載している製品名，商標および登録商標は，各権利者に帰属します．

■ 本書を無断で複写複製（電子化を含む）することは，著作権法上での例外を除き，禁じられています．複写される場合は，そのつど事前に (社)出版者著作権管理機構（電話 03-3513-6969, FAX 03-3513-6979, e-mail：info@jcopy.or.jp）の許諾を得てください．また本書を代行業者等の第三者に依頼してスキャンやデジタル化することは，たとえ個人や家庭内での利用であっても一切認められておりません．

─復刻に際して─

　19世紀を締めくくる最後の年(1900年)にパリで開かれた第2回国際数学者会議が伝説の会議として語り継がれることとなった．それは，主催国フランスのポアンカレがダーフィット・ヒルベルトに依頼した特別講演が，多くの若き研究者を突き動かし20世紀の新たな数学の研究分野を切り拓く起爆剤となったからだった．『未来を覆い隠している秘密のベールを自分の手で引きはがし，来たるべき20世紀に待ち受けている数学の進歩や発展を一目見てみたいと思わない者が我々の中にいるだろうか？』この聴衆への呼びかけに続けて，ヒルベルトは数学の未来に対する自身の展望を語った後，"20世紀に解かれることを期待する問題"として，23題の未解決問題を提示したのだった．

　良質な問題の発見や，その問題の解決は豊かな知の世界を開拓し続けてきた．そしてひとつの研究分野を拓くような鉱脈ともいうべき良問を見つけ出した時の高揚感や一筋縄では行かない難攻不落と思えた難問が"あるアングルから眺めたとき，いとも簡単に解けてしまう瞬間"に味わえる醍醐味は，まさに"自分の手で秘密のベールを引きはがす喜び"である．そして，それは"ヒルベルトの問題"や研究の最前線のものに限ったことではなく，どのレベルであっても真であると思う．

　数学の教育的側面に目を向けるのなら，そもそも古代ギリシャの時代から，久しい間，数学が学問を志す人々の必修科目とされてきたのは，論理性や思考力を鍛えるための学科として尊ばれてきたからだ．ところが，数学は経済発展とともに大衆化し，受験競争の低年齢化とともに人生の進路を振り分けるための重要な科目と化していった．"思考力を磨くために数学を学ぶ"のではなく，ともすると，"受験で成功するための一環として数学の試験で確実に点数を稼ぐための問題対処法を身につけることが数学の勉強"になっていく傾向が強まった．すなわち，数学の問題に出会ったら，"自分の頭で分析し，どう捉えれば本質が炙り出せるのかという思考のプロセスを辿る"のではなく，"できるだけ沢山の既出の問題と解法のパターンを覚えておいて，問題を見たら解法がどのパターンに当てはまるものなのかだけを判断する．そして，あとは機械的に素早く確実に処理する"ことになっていった．"既出のパターンに当てはまらない問題は，どうせ他の多くの生徒も解けず点数の差はさほどないのだから，そういう問題はハナから捨ててよい"というような受験戦術がまかり通るようになった．この結果，インプットされた解決法で解ける想定内の問題なら処理できるが，まったく新しいタイプの想定外の問題に対しては手も足もまったく出ないという学習者を大量に生む結果ともなったのである．このような現象は数学の現場に限らず，日本の社会のあちこちでも問題視され始めている現象だが，学生時代にキチンと自分の頭で判断し思考するプロセスがおざなりにされてきた結果なのではないだろうか．

復刻に際して

　世界各国，どこの国でも，数学は苦手で嫌いだと言う人が多いのは悲しい事実ではある．しかし，George Polya の「How to Solve It」(邦題「いかにして問題をとくか」柿内賢信訳　丸善出版)や Laurent C. Larson の「Problem-Solving Through Problems (Springer 1983)」(邦題「数学発想ゼミナール」拙訳　丸善出版)がロングセラーであることにも現れているように，欧米の数学教育の本流はあくまでも"自分の頭で考える"ことにある．これらの書籍は"こういう問題はこう解けばいい"という単なるハウツー本ではなく，数学の問題を解く名人・達人ともいえる人たちが問題に出会ったときに，どんなふうに手懸りをつかみ，どういうところに着眼して難攻不落な問題を手の中に陥落させていくのか，……．そういった名人の持つセンスや目利きとしての勘所ともいえる真髄を紹介し，読者にも彼らのような発想や閃き，センスと呼ばれる目利きの能力を磨いてもらおうとする思考法指南書である．

　本書を執筆していた当時，筆者は以下のような多くの若者に数学を教えていた：

　「やったことのあるタイプの問題は解けるが，ちょっと頭をひねらなければならない問題はまったくお手上げ」，

　「問題集やテストの解答を見れば，ああそこに補助線を一本引けばよかったのか，偶数か奇数かに注目して場合分けすればよかったのか，極端な(最悪な)場合を想定して分析すればこんな簡単に解けてしまうのか，……と分かるのだが，実際はそういった着眼点に自分自身では気付くことができなかった」，

　「高校時代は，数学の試験もまあまあ良くできていて得意だと思っていたが，大学に進んでからは，"定義→定理→証明"が繰り返し登場する抽象的な数学の講義や専門書に，ついていけない」

　ポリヤやラーソンの示す王道と思われる数学の指南法に感銘を受けていた筆者が，基礎的な知識をひととおり身につけたが，問題を自力で解く思考力，応用力または発想力に欠けると感じている学生たちには，方程式，数列，微分，積分といった各ジャンルごとに，"このジャンルの問題は次のように解く"ということを学ぶ従来の学習法(これを"縦割り学習法"と呼ぶ)に固執するのではなく，ジャンルを超えて存在する数学的な考え方や技巧，ものの見方を修得し，それらを拠り所として様々な問題を解決するための学習法(これを"横割り学習法"と呼ぶ)で学ぶことこそが肝要だと感じた．

　そこで，1990年ぐらいまでの難問または超難問とされ，かつ良問とされていた大学入試問題，数学オリンピックの問題，海外の数学コンテストの問題，たとえば，米国の高校生や大学生向けに出題された Putnam (パットナム)等の問題集に紹介されている問題を収集，選別した．そして，それらを題材に，どういう点に着眼すれば首尾よく解決できるのか，思考のプロセスに重点を置いて問題分析の手法を，発想力や柔軟な思考力，論理力を磨きたい，という学生たちのために書きおろしたのが本シリーズである．

　本書が1989年に駿台文庫から出版された当時，本気で数学の難問を解く思考力や発

想力を身につけたいという骨太な学生や数学教育関係者に好意的に受け入れられたのは筆者の大きな喜びだった．

そして，本書は韓国等でも翻訳され，海外の学生にも支持を得ることができた．

二十年以上たって一度絶版となった際も，関西の某大学の学生や教授から，「このシリーズはコピーが出回っていて読み継がれていますよ」と聞かされることもあった．

また，本シリーズと同様の主旨で1991年にNHKの夏の数学講座を担当した際には，学生や教育関係者以外の一般の方々からも「数学の問題をどうやって考えるのかがわかって面白かった」，「数学の問題を解くときの素朴な考え方や発想が，私たちの日常生活のなかのアイディアや発想とそんなに大きく違わないのだということがわかった」という声をいただき，その反響は相当のものだった．

このたび，森北出版より本シリーズが復刻されて，新たな読者の目に触れる機会を得たことは筆者にとって望外の喜びである．一人でも多くの方が活用してくださることを期待しております．

最後になりましたが，今回の復刻を快諾し協力してくださった駿台予備学校と駿台文庫に感謝の意を表します．

2014年3月　秋山　仁

― 序　　文 ―

読者へ

世に数々の優れた参考書があるにもかかわらず，ここに敢えて本シリーズを刊行するに至った私の信念と動機を述べる．

現在，数学が苦手な人が永遠に数学ができないまま終生を閉じるのは悲しいし，また不公平で許せない．残念ながら，これは若干の真実をはらむ．しかし，数学が苦手な人が正しい方向の努力の結果，その努力が報われる日がくることがあるのも事実である．

ここに，正しい方向の努力とは，わからないことをわからないこととして自覚し，悩み，苦しみ，決してそれから逃げず，ウンウンうなって考え続けることである．そうすれば，悪戦苦闘の末やっとこさっとこ理解にたどりつくことが可能になるのである．このプロセスを経ることなく数学ができるようになることを望む者に対しては，本書は無用の長物にすぎない．

私ができる唯一のことは，かつて私自身がさまよい歩いた決して平坦とはいえない道のりをその苦しみを体験した者だけが知りうる経験をもとに赤裸々に告白することによ

り，いま現在，暗闇の中でゴールを捜し求める人々に道標を提示することだけである．読者はこの道標を手がかりにして，正しい方向に向かって精進を積み重ねていただきたい．その努力の末，困難を克服することができたとき，それは単に入試数学の征服だけを意味するものではなく，将来読者諸賢にふりかかるいかなる困難に対しても果敢に立ち向かう勇気と自信，さらには，それを解決する方法をも体得することになるのである．

【本シリーズの目標】

同一の分野に属する問題にとどまらず，分野（テーマ）を超えたさまざまな問題を解くときに共通して存在する考え方や技巧がある．たとえば，帰納的な考え方（数学的帰納法），背理法，場合分けなどは単一の分野に属する問題に関してのみ用いられる証明法ではなく，整数問題，数列，1次変換，微積分などほとんどすべての分野にわたって用いられる考え方である．また，2個のモノが勝手に動きまわれば，それら双方を同時にとらえることは難しいので，どちらか一方を固定して考えるという技巧は最大値・最小値問題，軌跡，掃過領域などのいくつもの分野で用いられているのである．それらの考え方や技巧を整理・分類してみたら，頻繁に用いられる典型的なものだけでも数十通りも存在することがわかった．問題を首尾よく解いている人は各問題を解く際，それを解くために必要な定理や公式などの知識をもつだけでなく，それらの知識を有効にいかすための考え方や技巧を身につけているのである．だから，数学ができるようになるには，知識の習得だけにとどまらず，それらを活性化するための考え方や技巧を完璧に理解しなければならないのである．これは，あたかも，人間が正常に生活していくために，炭水化物，脂肪やたん白質だけを摂取するのでは不十分だが，さらに少量のビタミンを取れば，それらを活性化し，有効にいかすという役割を果たしてくれるのと同じである．本シリーズの大目標はこれら数十通りのビタミン剤的役割を果たす考え方や技巧を読者に徹底的に教授することに尽きる．

【本シリーズの教授法──横割り教育法──について】

数学を学ぶ初期の段階では，新しい概念・知識・公式を理解しなければならないが，そのためには，教科書のようにテーマ別（単元別）に教えていくことが能率的である．しかし，ひととおりの知識を身につけた学生が狙うべき次のターゲットは"実戦力の養成"である．その段階では，"知識を自在に活用するための考え方や技巧"の修得が必須になる．そのためには，"パターン認識的"に問題をとらえ，"このテーマの問題は次のように解答せよ"と教える教授法（**縦割り教育法**）より，むしろ少し遠回りになるが，テーマを超えて存在する考え方や技巧に焦点を合わせた教授法（**横割り教育法**）のほうがはるかに効果的である．というのは，上で述べたように，考え方のおのおのに注目すると，その考え方を用いなければ解けない，いくつかの分野にまたがる問題群が存在するから

である．本書に従ってこれらの考え方や技巧をすべて学習し終えた後，振り返ってみれば受験数学の全分野にわたる復習を異なる観点に立って行ったことになる．すなわち，本書は"縦割り教育法"によってひととおりの知識を身につけた読者を対象とし，彼らに"横割り教育法"を施すことにより，彼らの潜在していた能力を引き出し，さらにその能力を啓発することを目指したものである．

【本シリーズの特色——発見的教授法——について】

本シリーズのタイトルに冠した発見的教授法という言葉に，筆者が託した思いについて述べる．

標準的学生にとっては，突然すばらしい解答を思いつくことはおろか，それを提示されてもどのようにしてその解答に至ったのかのプロセスを推測する事さえ難しい．そこで，本シリーズにおいては，天下り的な解説を一切排除し，"どうすれば解けるのか"，"なぜそうすれば解けるのか"，また逆に，"なぜそうしたらいけないのか"，"どのようにすれば，筋のよい解法を思いつくことができるのか"などの正解に至るプロセスを徹底的に追求し，その足跡を克明に表現することに努めた．

このような教え方を，筆者は"**発見的教授法**"とよばせていただいた．その結果，10行ほどの短い解答に対し，そこにたどりつくまでのプロセスを描写するのに数頁をもさいている箇所もしばしばある．本シリーズでは，このプロセスの描写を"**発想法**"という見出しで統一し，各問題の解答の直前に示した．このように配慮した結果，優秀な学生諸君にとっては，冗長な感を抱かせる箇所もあるかもしれない．そのようなときは適宜，"発想法"を読み飛ばしていただきたい．

1989 年 5 月　秋山　仁

※　本シリーズは 1989 年発行当時のまま，手を加えずに復刊したため，現行の高校学習指導要領には沿っていない部分もあります．

はじめに

　相手の人を理解するには，相手の立場や生い立ち，性格などを知ることがその第一歩となる．問題を解くときの姿勢もこれとまったく同様である．すなわち，問題を首尾よく解決するには，その問題固有の性質をとらえることが初期操作となる．扱う対象に応じ，その本質が異なるのは当然であるが，かなり広範な数学的対象に関連するのが"対称性"である．少し大げさにいえば，人類は何世紀にもわたり，この対称性という概念を基準にものごとの秩序，安定性，美を追求してきたのである．数学でも図形，式や関数などの多くの問題が対称性に何らかの関連がある．"場合分け"も実は対称性を考慮すると能率的なことが多い．与えられた問題に関連する多様な対称性を的確に把握し，それを活かした"筋のよい"解答作成の技巧をさまざまな角度から解説することが本書の前半のおもな目的である．

　本書の後半では，数学における（当然，自然科学や工学においても）重要なテーマの一つである"動きの分析のしかた"について解説する．ものが複雑に動き回るときや複数個のものが勝手に動き回るときなど，それらの動きを分析することは難しい．しかし，このようなときにも適用可能な，有効な分析のしかたがいくつもある．たとえば，"2兎を追うものは1兎をも得ず"の教訓に従い，2個のものが勝手に動き回るとき，それらの動きを同時に観察することを避け，一方を固定して考えるのが定石である．このように，異なる状況下で生じるさまざまな動きに対し，それにいちばん適した分析法を用いることが必要となってくる．そこで，それらの分析法のおのおののカラクリと，どの動きにはどの分析法を用いるべきかの識別のしかたについて詳しく解説する．

　本書を読破した諸君が，対称性を首尾よく見抜き，複雑怪奇な動きを背後で操るアリアドネの糸の存在を認識し，それを踏まえた答案作成に必須の技巧を習得できるようにならなければ本書の価値はあまりない．

☆ 本書の使い方と学習上の注意 ☆

　さきに述べたとおり，本シリーズでは，数学の考え方や技巧に照準を合わせ入試数学全体を分類し，入試数学を解説している．よって，目次（この目次を便宜上，"横割り目次"とよぶ）もその分類に従っている．高校の教科書をひととおり終えた，いわゆる受験生（浪人や高校3年生）とよばれる読者は，本書に従って学習すれば自ずとそれらの考え方や技巧を能率的に身につけることができる．

　一方，一般の教科書（または参考書）のように，分野別（たとえば，方程式，三角比，対数，……という分類）に勉強していくことも可能にするため，分野別の目次（これを便宜上，"縦割り目次"とよぶ）も参考のため示しておいた．すなわち，たとえば，確率という分野を勉強したい人は，確率という見出しを縦割り目次でひけば，本シリーズのどの問題が確率の問題であるかがわかるようにしてある．だから，それらの問題をすべて解けば，確率の問題を解くために必要な考え方や技巧を多角的に学習することができるしくみになっている．

　入試に必要な知識を部分的にしか理解していない高校1，2年生，または文系志望の受験生が本書を利用するためには縦割り目次を利用するとよい．すなわち，読者各位の学習の進度に応じ，横割り目次，縦割り目次を適宜使い分けて本書を活用していただければよいのである．

　次に，学習時に読者に心がけていただきたい点を述べる．

　数学を能率的に学習するためには，次の点に注意することが重要である．

1. 理論的流れに従い体系的に諸事実を理解すること
2. 視覚に訴え，問題の全貌を把握すること
3. 同種な考え方を反復して理解すること

以上3点を踏まえ，問題の配列や解説のしかたや順序を決定した．とくに，第Ⅳ巻（数学の視覚的な解きかた），第Ⅴ巻（立体のとらえかた）では，2を重視した．また，3を徹底するために，全巻を通して同種の考え方や技巧をもつ例題と練習をペアにし，どちらかというと[**例題**]のほうをやや難しいものとし，例題を練習の先に配列した．[**例題**]をひとまず理解した後に，できれば独力で対応する〈**練習**〉を解いてみて，その考え方を十分に呑み込んだかどうかをチェックするという学習法をとることをお勧めする．

　なお，本文中の随所にある参照箇所の意味は，次の例のとおりである．

　　（例）　Ⅰの**第3章 §2参照**　　本シリーズ第Ⅰ巻の**第3章 §2**を参照

　　　　　第2章 §1参照　　　　本書と同じ巻の**第2章 §1**を参照

　　　　　§1　　　　　　　　　　本書と同じ巻同じ章の §1

目次

```
復刻に際して ……… iii
序　　文 ……… v
はじめに ……… viii
本書の使い方と学習上の注意 ……… ix
縦割り（テーマ別）目次 ……… xi
```

第1章 対称性を活かした解答のつくり方　　**1**
§1　対称式は基本対称式で表現せよ ……………… 2
§2　関数の対称性に着目して考慮すべき変域を絞り込め ……………… 31
§3　対称性を扱うときは，n 個の文字の間に大小関係を設定せよ ……… 51
§4　対称性を見出し，守備範囲を絞り込め ……………… 59

第2章 対称性の上手な導入のしかた　　**78**
§1　対称な図形や記号を意図的につくれ ……………… 79
§2　対称性をひき出すように座標軸を設定せよ ……………… 96
§3　対称性に注意して場合分けせよ ……………… 114

第3章 次数に着目した解法　　**124**
§1　次数を評価し，その事実を解法に反映させよ ……………… 125
§2　次数の立場から論じる最大値・最小値問題の解法 ……………… 145
§3　より低い次数（次元）の世界で議論せよ ……………… 157
§4　漸化式は線形式や斉次式に直せ ……………… 175

第4章 動きの分析のしかた　　**187**
§1　動きを一時止めろ（独立変数に対する予選・決勝法） ……………… 189
§2　2つ以上のものが勝手に動くのか否かを調べよ（独立でない変数）
　　　　　　　　　　　　　　　　　　　　……………… 217
§3　掃過領域を知るためにはファクシミリの原理を利用せよ ……… 235
§4　動きを2つの方向へ分解せよ ……………… 251
§5　動きの特徴をさぐれ（通過定点と包絡線の存在） ……………… 263
§6　意図的にパラメータを導入し，動き回る曲線群をつくれ ……… 295

```
あとがき ……………… 316
重要項目さくいん ……………… 317
```

［※第Ⅰ～Ⅴ巻の目次は前見返しを，別巻の目次は後見返しを参照］

縦割り目次

（テーマ別）

縦割り（テーマ別）目次について

○ 各テーマ別初めのローマ数字（Ⅰ，Ⅱ，…）は，本シリーズの巻数を表している．別は別巻を表す．

○ それに続く E(1・1・3) や P(1・1・4) については，E は例題，P は練習を示し，（ ）内の数字は各問題番号である．

○ 1, 2, ……は各巻の章を表している．

---

[1] **数と式**

　相加平均・相乗平均の関係

　　Ⅱ. E(1・1・3), P(1・1・4),
　　　P(1・1・5), P(1・2・2),
　　　E(3・2・3)
　　Ⅲ. E(4・1・1)
　　Ⅳ. E(1・2・4)
　　別Ⅱ. P(4・6・1), P(4・6・3)
　　　P(4・6・4)

　その他

　　Ⅰ. P(4・1・1), E(4・1・3),
　　　E(4・1・4), P(5・3・1)
　　Ⅱ. E(3・1・4), E(3・3・6)
　　Ⅲ. E(1・2・1), P(1・2・1),
　　　E(1・3・2), E(3・1・4),
　　　P(3・1・4), E(4・1・4),
　　　P(4・1・4), P(4・4・1),
　　　E(4・4・2), E(4・4・3)
　　Ⅳ. P(1・3・2)

　　別Ⅱ. E(1・2・1), P(1・2・1),
　　　E(5・5・1), P(5・5・1),
　　　P(5・5・2)

[2] **方程式**

　方程式の(整数)解の存在および解の個数

　　Ⅰ. P(2・2・3), E(2・2・4),
　　　E(2・2・5), P(2・2・5)
　　Ⅱ. E(3・3・5)
　　Ⅲ. E(3・1・3), P(3・2・2),
　　　P(4・3・5)
　　Ⅳ. E(3・1・1), P(3・1・1),
　　　P(3・1・2), E(3・1・3),
　　　P(3・1・4)
　　別Ⅱ. P(1・1・1)

　その他

　　Ⅱ. P(3・3・4)
　　Ⅲ. E(3・1・2), P(3・1・7),
　　　P(4・1・3)

　　別Ⅱ. E(1・1・1), P(1・1・3),
　　　E(2・1・1), P(2・1・2)

[3] **不等式**

　不等式の証明

　　Ⅰ. E(2・1・2), P(2・1・2),
　　　E(2・1・7), P(2・1・7),
　　　E(2・1・8), P(5・1・4)
　　Ⅱ. P(1・3・1), P(1・3・2)
　　Ⅲ. E(3・2・1), P(3・2・1),
　　　E(3・2・2), E(3・3・1),
　　　P(3・3・1), E(3・3・3),
　　　E(3・3・4), P(3・3・4),
　　　P(4・2・3)
　　Ⅳ. E(3・2・2), E(3・2・3),
　　　P(3・2・3)

　不等式の解の存在条件

　　Ⅳ. E(3・6・2), P(3・6・4),
　　　P(3・6・5), P(3・6・6)

xii　縦割り目次

その他
　　Ⅰ. P(5・3・5)
　　Ⅱ. P(1・2・3), P(2・1・3),
　　　 E(3・4・4)
　　Ⅲ. E(2・2・1), P(3・1・3),
　　　 P(3・3・2), P(4・4・2),
　　　 P(4・4・4)
　　Ⅳ. E(3・2・1), P(3・2・1),
　　　 P(3・2・4), E(3・3・5),
　　　 P(3・3・7)

[4]　関　数

関数の概念
　　Ⅱ. E(3・1・1), P(3・1・1),
　　　 P(3・1・2)
　　Ⅲ. E(1・2・3)

その他
　　Ⅰ. E(4・1・1)
　　Ⅱ. E(1・2・2), E(3・1・2),
　　　 P(3・1・4), P(3・2・3),
　　　 E(3・3・5)
　　Ⅲ. P(1・2・3)

[5]　集合と論理

背理法
　　Ⅰ. E(5・2・1), P(5・2・1),
　　　 E(5・2・2), P(5・2・2)
　　Ⅲ. P(1・3・1), E(4・4・3),
　　　 E(4・4・4)
　　Ⅳ. E(1・3・1), P(1・3・1),
　　　 E(1・3・3), P(1・3・3),
　　　 P(2・1・1)

数学的帰納法
　　Ⅰ. 第2章全部
　　　 P(4・1・1), P(5・1・3)
　　Ⅲ. E(4・1・3), P(4・4・3)

鳩の巣原理
　　Ⅰ. E(2・2・6), P(2・2・7)
　　Ⅲ. E(4・1・2), P(4・1・2)

必要条件・十分条件
　　Ⅰ. 第5章§1全部
　　Ⅱ. E(1・2・2)
　　Ⅳ. E(1・3・2), E(3・6・1),
　　　 P(3・6・1), P(3・6・2),
　　　 P(3・6・3)

その他
　　Ⅰ. 第1章全部, E(5・3・3)
　　Ⅱ. P(2・3・1)
　　Ⅲ. E(1・2・2), P(1・2・2),
　　　 E(1・3・1)
　　Ⅳ. E(2・1・2), P(2・1・2),
　　　 P(2・1・3), P(2・1・4),
　　　 E(2・2・2)

[6]　指数と対数
　　Ⅰ. P(3・2・1)

[7]　三角関数

三角関数の最大・最小
　　Ⅱ. E(1・1・4), P(1・1・6),
　　　 E(3・2・1), E(4・1・2),
　　　 E(4・1・3), E(4・5・5)
　　Ⅳ. E(3・4・2), P(3・4・4)
　　別Ⅱ. P(2・2・2), P(2・2・3),
　　　 E(4・2・1), P(4・2・1),
　　　 E(4・5・1), P(4・5・1),
　　　 E(5・4・1), P(5・4・1),
　　　 P(5・4・2)

その他
　　Ⅱ. E(2・1・1)
　　Ⅲ. E(2・2・2), P(4・1・6),
　　　 E(4・2・1), E(4・4・1),

　　Ⅳ. P(3・4・3)

[8]　平面図形と空間図形

初等幾何
　　Ⅰ. P(3・1・3), E(3・1・4),
　　　 E(3・1・5), E(3・2・3)
　　Ⅳ. E(1・1・2), P(1・1・2),
　　　 E(1・2・2)
　　Ⅴ. E(1・1・1), P(1・2・3),
　　　 P(1・2・3), E(1・2・4),
　　　 E(2・2・5)
　　別Ⅱ. E(3・2・1), P(3・2・1),

正射影
　　Ⅴ. 第1章§3全部
　　別Ⅱ. E(4・4・1), P(4・4・1)

その他
　　Ⅰ. E(4・2・4)
　　Ⅱ. P(1・2・3), E(1・4・3),
　　　 P(1・4・4), P(1・4・5),
　　　 P(2・1・3), E(2・1・4),
　　　 P(2・1・4), P(2・1・5),
　　　 P(2・2・2), P(3・1・5)
　　Ⅲ. E(3・1・6), P(3・1・6),
　　　 E(3・2・3), P(3・3・3),
　　　 E(4・2・2), P(4・2・2),
　　　 P(4・2・3)
　　Ⅳ. E(3・2・4)
　　別Ⅱ. E(3・3・1), P(3・3・1),
　　　 E(5・1・1)

[9]　平面と空間のベクトル

ベクトル方程式
　　Ⅰ. P(5・3・3)
　　Ⅴ. E(1・3・4), E(1・3・5)

縦割り目次　xiii

ベクトルの1次独立

　　I．P(3・1・1), E(3・1・1)

[10]　平面と空間の座標

　媒介変数表示された曲線

　　II．E(1・2・1), P(1・2・1),
　　　　E(4・4・1), P(4・4・1)
　　III．E(2・2・3), P(2・2・3),
　　　　E(2・2・4), P(2・2・4),
　　　　E(2・2・5)

　定点を通る直線群，定直線を含む平面群

　　II．P(4・5・1), E(4・5・2),
　　　　P(4・6・1), P(4・6・4),
　　　　P(4・6・5), E(4・6・5),
　　　　E(4・6・6)

　2曲線の交点を通る曲線群，
　　　　2曲面を含む曲面群

　　II．E(4・5・1), E(4・5・2),
　　　　P(4・5・2), E(4・6・1),
　　　　P(4・6・1), E(4・6・2),
　　　　P(4・6・2), E(4・6・4),
　　　　P(4・6・4)

　曲線群の通過範囲

　　I．E(5・3・2), P(5・3・2)
　　II．E(2・3・2), E(3・3・3),
　　　　P(3・3・3), E(3・3・4),
　　　　E(4・3・1), P(4・3・1),
　　　　E(4・3・2), P(4・3・2),
　　　　E(4・5・3), P(4・5・3),
　　　　E(4・5・4), P(4・5・4),
　　　　E(4・5・5)
　　III．E(2・2・1), P(2・2・1),
　　　　E(2・2・2), P(2・2・2)
　　IV．E(1・1・2)

座標軸の選び方

　　II．第2章§2全部

その他

　　I．P(5・3・3)
　　II．P(4・5・5), E(4・6・1),
　　　　E(4・6・2), E(4・6・3),
　　　　E(4・6・4)
　　III．E(2・1・3), E(3・1・5),
　　　　E(4・3・1), P(4・3・1)
　　IV．P(1・1・1)
　　V．E(1・1・2), E(1・1・3),
　　　　E(1・2・1), P(1・2・1),
　　　　E(1・2・2), P(1・2・2)

[11]　2次曲線

　だ円

　　II．P(2・1・2)
　　III．E(2・1・3), P(2・1・2)
　　IV．E(1・2・1)
　　別II．E(4・3・1), P(4・3・1),
　　　　 P(4・3・2), E(6・5・1)

　放物線

　　II．E(2・2・1), P(2・2・1),
　　　　E(2・2・2), P(3・1・3)
　　III．P(2・1・3)
　　別II．P(1・3・1)

[12]　行列と1次変数

　回転，直線に関する対称移動

　　別I．第2章§1全部

　その他

　　I．P(3・1・1), E(3・1・2),
　　　　P(5・1・1), E(5・3・1),
　　　　P(5・3・2), E(5・3・4),
　　　　P(5・3・4)
　　II．P(3・3・6)

別I．別巻I全部

[13]　数列とその和

　漸化式で定められた数列の一般項の求め方

　　I．E(2・1・5), E(2・1・6),
　　　　P(2・1・9), P(4・1・2)
　　II．E(3・4・1), P(3・4・1),
　　　　E(3・4・2), P(3・4・2),
　　　　E(3・4・3)
　　III．E(1・1・1), P(1・1・1)
　　IV．P(2・2・1), E(2・2・3)
　　別II．E(1・4・1), P(1・4・1),

　その他

　　I．P(3・1・2), P(3・2・2),
　　　　E(5・3・5), P(5・3・5)
　　II．E(2・3・1)
　　III．E(1・1・2), P(1・1・2),
　　　　E(1・1・3), P(1・1・3),
　　　　E(1・3・3), P(1・3・3),
　　　　E(3・3・2), P(4・2・1)

[14]　基礎解析の微分・積分

　3次関数のグラフ

　　II．E(2・2・3), P(2・2・3),
　　　　E(2・2・4), P(2・2・4),
　　　　P(2・2・5), E(3・1・2)
　　III．E(2・1・1)
　　別II．P(1・2・2), E(1・3・1),
　　　　 E(3・4・1), P(3・4・1)

　その他

　　I．P(4・1・3)
　　II．E(1・2・2), E(1・2・4),
　　　　P(1・2・4), E(1・3・1),
　　　　P(1・3・1), P(1・3・2),
　　　　E(1・4・2), P(1・4・3),
　　　　E(3・1・5), P(3・1・6)
　　III．E(4・1・3), E(4・1・6),

xiv　縦割り目次

　　　別Ⅱ．P(1・3・2)，E(3・5・1)，
　　　　　P(3・5・2)，P(4・6・2)
　　　　　E(6・1・1)，P(6・1・1)
　　　　　P(6・1・2)，E(6・2・1)
　　　　　P(6・2・1)，P(6・2・2)
　　　　　P(6・3・1)，E(6・4・1)
　　　　　P(6・4・1)，P(6・4・2)
　　　　　P(6・5・1)，E(6・6・1)
　　　　　P(6・6・1)

[15]　最大・最小

　　2変数関数の最大・最小
　　　Ⅳ．第3章§3全部

　　2変数以上の関数の最大・最小
　　　Ⅱ．E(1・1・1)，P(1・1・1)，
　　　　　E(1・1・2)，P(1・1・2)，
　　　　　P(1・1・3)
　　　Ⅳ．E(3・3・6)
　　　別Ⅱ．P(3・1・1)，E(3・1・1)，
　　　　　E(4・6・1)

　　最大・最小問題と変数の置き換え
　　　Ⅱ．E(1・1・4)，P(1・1・6)，
　　　　　E(3・2・1)，P(3・3・5)
　　　Ⅳ．P(3・4・1)，E(3・4・3)
　　　別Ⅱ．E(5・2・1)，P(5・2・1)，
　　　　　P(5・2・3)

　　図形の最大・最小
　　　Ⅱ．E(4・1・4)，P(4・1・4)，
　　　　　E(4・1・5)，P(4・1・5)
　　　Ⅲ．P(3・1・5)，E(3・1・7)

　　独立2変数関数の最大・最小
　　　Ⅱ．E(4・1・1)，P(4・1・1)，
　　　　　E(4・1・2)，P(4・1・2)，
　　　　　E(4・1・3)，E(4・2・1)，
　　　　　P(4・2・1)，E(4・2・2)，

　　　　　P(4・2・2)，E(4・2・3)
　　　別Ⅱ．E(5・3・1)

　　その他
　　　Ⅱ．E(3・1・3)，P(3・2・1)，
　　　　　E(3・2・2)，P(3・2・2)，
　　　　　E(3・3・2)，P(3・3・2)，
　　　　　E(4・3・3)
　　　Ⅲ．P(3・1・2)，E(4・1・1)，
　　　　　P(4・1・1)
　　　Ⅳ．E(3・4・1)
　　　Ⅴ．E(1・1・4)
　　　別Ⅱ．P(2・1・1)，E(2・2・1)，
　　　　　P(2・2・1)，E(4・1・1)，
　　　　　P(5・3・1)，E(6・3・1)

[16]　順列・組合せ

　　場合の数の数え方
　　　Ⅰ．第3章§2全部
　　　Ⅱ．E(1・4・1)，P(2・3・2)
　　　Ⅲ．E(3・1・1)，P(3・1・1)，
　　　　　E(4・1・4)
　　　Ⅳ．E(2・1・1)，E(2・2・2)，
　　　　　E(2・2・3)

　　その他
　　　Ⅲ．E(2・2・7)，E(4・1・4)

[17]　確　率

　　やや複雑な確率の問題
　　　Ⅰ．E(4・2・1)，P(4・2・1)，
　　　　　E(4・2・2)，E(4・2・3)，
　　　　　P(4・2・3)
　　　Ⅱ．E(1・4・1)，P(1・4・1)，
　　　　　P(1・4・2)
　　　Ⅳ．E(2・1・3)，E(2・1・1)，
　　　　　P(2・1・1)，P(2・2・2)，
　　　　　P(2・2・3)，E(3・7・1)，
　　　　　P(3・7・1)，E(3・7・2)，

　　　　　P(3・7・2)

　　期待値
　　　Ⅰ．E(4・2・1)
　　　Ⅲ．E(2・1・4)，P(2・1・4)，
　　　　　P(4・1・4)
　　　Ⅳ．P(3・7・3)

　　その他
　　　Ⅲ．P(2・2・5)，E(2・2・6)，
　　　　　E(4・1・4)

[18]　理系の微分・積分

　　数列の極限
　　　Ⅰ．E(2・2・2)，P(2・2・2)
　　　Ⅳ．P(3・4・3)，E(3・5・1)，
　　　　　P(3・5・1)，P(3・5・3)

　　関数の極限
　　　Ⅱ．P(3・1・6)
　　　Ⅲ．E(4・3・2)，P(4・3・2)
　　　Ⅳ．P(2・2・1)，E(3・1・2)

　　平均値の定理
　　　Ⅰ．P(2・2・1)，E(2・2・5)，
　　　　　P(2・2・6)

　　中間値の定理
　　　Ⅰ．E(2・2・3)，P(2・2・3)，
　　　　　P(2・2・4)
　　　Ⅲ．E(4・1・5)

　　積分の基本公式
　　　Ⅱ．E(1・2・2)，P(1・2・2)，
　　　　　E(1・2・3)，P(1・2・3)
　　　Ⅲ．P(4・1・3)，E(4・1・6)，
　　　　　E(4・3・3)，E(4・3・5)

曲線の囲む面積

Ⅱ. E(1・2・4), P(1・2・4),
　　E(3・1・2)
Ⅲ. P(2・1・1)

立体の体積

Ⅱ. E(1・2・1), E(1・3・1),
　　E(1・4・2), P(1・4・3),
　　E(3・3・1), P(3・3・1)
Ⅴ. 第 2 章全部

その他

Ⅰ. E(2・2・1)
Ⅲ. P(1・3・2), E(2・1・1),
　　P(4・1・5), E(4・1・6),
　　P(4・1・6), E(4・2・3),
　　P(4・3・3), E(4・3・4),
　　P(4・3・4)
別Ⅱ. P(1・4・2), P(4・6・3),
　　P(5・1・1), P(5・2・2),
　　P(5・4・3)

発見的教授法による数学シリーズ

②
数学の技巧的な解きかた

第1章　対称性を活かした解答のつくり方

　自然界の大法則の一つは，"物体は安定状態となるように変化していき，安定状態に落ちつく"というものである．それゆえ，自然界における物体や現象には安定性を示す対称性をもつものがたくさんある．人の体型やチョウチョウやカブトムシの形もほとんど左右対称だ．振り子も軸に関して対称的な動きをしている．この対称性は，数学のなかにも実に頻繁に出現する．対称性と聞くと，おそらく諸君の大半が図形問題に関連したものを思い浮かべるだろう．しかし，対称性は，平面図形や立体図形に限らず，文字式や関数においても現れる．また，場合分けのときも，対称性を考慮することによって，考慮すべき場合の数を激減できることだってある．

　諸君におなじみの2次関数は軸に関して対称であり，3次関数は変曲点に関して点対称である．この性質を利用することにより，さまざまなケースで，計算の手間を減らすことだってある．さらに，どんな多項式関数も偶関数と奇関数の和として表現できるという事実に基づいて，積分の計算では，大幅に計算の手間を減らすことをしばしば行う．これは，偶関数，奇関数がそれぞれ線対称，点対称であることに起因している．関数や方程式が文字 x と y に関して対称だったら，$x+y=X$, $xy=Y$ を置換して2次方程式の解と係数の関係を用いることにより，いろいろな解法の可能性が生じてくる．また，入試などに出てくる図形の問題は，平面図形，空間図形に関わらず，ほとんどすべての問題に関して，対称性が関係しているといっても過言ではない．沸騰している熱湯を運ぶよりも，安定状態にある冷たい水を運んだほうが運びやすい．これと同様に，対称性がある問題を扱うときには，対称性（安定状態）を保ったまま処理するのがよいのだ．

　すなわち，対称性があるのにそれを無視して首尾よく問題を解こうとしても，それは的はずれなのである．君がこれから挑戦しようと思っている問題に何らかの意味で対称性があるときには，それを見逃してはいけない．

　第1章では，入試数学のさまざまな場面で現れる対称性を，テーマ別に各節に分類し，解説した．

第1章　対称性を活かした解答のつくり方

§1　対称式は基本対称式で表現せよ

　ジグゾーパズルに取り組んだことがあるだろうか？ ジグゾーパズルといっても，子ども向けの 50 ピース程度の中片 (小片とはいえない) に分割され，おまけに，それをはめ込む台があるようなもののことをいっているのではない．ダ・ヴィンチやゴッホ，モネなどの名画やチャップリンやモンローなどの映画のワンシーンを 1000～12000 ピースもの小片に分割したジグゾーパズルのことをいっているのである．子ども向けのパズルとちがって各ピースをはめ込む台もないので，完成図だけが手がかりとなる．また，非常に細かく分割されているため，各 1 ピースが意味のあるかたまりとはなっていない．それゆえ，1 ピースずつとりあげて，"これは完成図全体の中のこの箇所で，それは全体のこの箇所"などと，各片 (各ピース) から直接全体をとらえる (組み立てあげる) ことは難しい．それでは，どうやって，ジグゾーパズルを組み合わせて完成すればよいのだろうか？ たとえば，『モナ・リザ』のパズルを完成しようとするのならば，微妙な色のちがいや色の濃淡の度合いから，このピースは目の部分，このピースは口の部分，この部分は指……などという具合に，各ピースを特徴ある (意味をなす) 部分ごとに分類・整理して各部分ごとに組み合わせた後に，全体を組み合わせて 1 枚の絵を完成させるのである．

　このパズルの例のように，混とんとしたものを意味のあるまとまりごとに分類・整理してみると，見通しがよくなり，うまく全体をとらえることができることがある．本節では，"対称式"というジグゾーパズルを，"基本対称式"という意味のあるまとまりごとに整理し，見通しをよくしてとらえる方法をメインに学習する．

　以下の序文の項では，ともすると難解となってしまう対称式と基本対称式に関するいくつかの定義や定理について，適宜，具体例をあげてわかりやすく解説する．

　では，まず，対称式の定義から始めよう．

〔定義 1〕
　n 個の文字 $x_1, x_2, \cdots\cdots, x_n$ についての整式 $f(x_1, x_2, \cdots\cdots, x_n)$ において，どの 2 文字を交換しても初めの整式に等しいとき，この整式は，これらの文字について**対称式**であるという．

§1 対称式は基本対称式で表現せよ　3

〔例 1〕
　x, y に関する 2 次の対称式の形は，
　　$A(x^2+y^2)+Bxy+C(x+y)+D$ 　（A, B, C, D；定数）
の形で表される．

〔例 2〕
　x, y, z に関する 2 次の対称式の形は，
　　$A(x^2+y^2+z^2)+B(xy+yz+zx)+C(x+y+z)+D$
　　　　　　　　　　　　　　　　　　　（A, B, C, D；定数）
の形で表される．

〔例 3〕
　x, y, z に関する 3 次の対称式は，
　　$A'(x^3+y^3+z^3)+B'(x^2y+xy^2+x^2z+xz^2+y^2z+yz^2)+C'xyz$
　　$+(2\text{次の対称式})$　（A', B', C'；定数）
の形で表される．

たとえば，$xy+yz+zx+2=0$ は x, y, z の 2 次の対称式であり，$x^3y+y^3z+z^3x+x^3z+z^3y+y^3x=1$ は x, y, z の 4 次の対称式である．

〔定義 2〕
　n 個の文字 $x_1, x_2, \ldots, x_n$ に関する対称式のうち，次の n 個の式を**基本対称式**という．
　　$S_1 = x_1 + x_2 + \cdots + x_n$
　　$S_2 = x_1x_2 + x_1x_3 + \cdots + x_2x_3 + \cdots + x_{n-1}x_n$
　　$S_3 = x_1x_2x_3 + x_1x_2x_4 + \cdots + x_{n-2}x_{n-1}x_n$
　　$\vdots$
　　$S_n = x_1x_2x_3 \cdots x_n$

［具体例］
　（i）$n=2$ の場合；
　　　$S_1 = x_1 + x_2$

$S_2 = x_1 x_2$

(ii) $n=3$ の場合；

$S_1 = x_1 + x_2 + x_3$

$S_2 = x_1 x_2 + x_1 x_3 + x_2 x_3$

$S_3 = x_1 x_2 x_3$

〈定理 1・1・1〉

$F(x_1, x_2, \cdots, x_n)$ が n 個の文字 $x_1, \cdots, x_n$ に関する対称式であるなら，F は基本対称式 $S_1, \cdots, S_n$ の整式（$S_1, S_2, \cdots, S_n$ を加・減・乗して得られる式）で表される．（証明は大学で習うことなので，ここでは割愛する）

〔例 4〕
次の式を基本対称式の整式で表せ．
$x^3 + y^3 + z^3 - 3xyz$

【解答】　与式は，x, y, z に関する 3 次の対称式である．したがって，3 次の基本対称式 $x+y+z$，$xy+yz+zx$，xyz の整式で表せる，すなわち，

与式 $= \underbrace{A(x+y+z)^3}_{\text{3次}} + \underbrace{B(x+y+z)(xy+yz+zx)}_{\text{3次}} + \underbrace{Cxyz}_{\text{3次}}$
$\quad + \underbrace{D(xy+yz+zx)}_{\text{2次}} + \underbrace{E(x+y+z)^2}_{\text{2次}} + \underbrace{F(x+y+z)}_{\text{1次}} + \underbrace{G}_{\text{定数=0次}}$

と書けるはずである．しかし，与式には 3 次の項しかないことから，2 次以下の基本対称式の整式を考える必要はない．よって，

与式 $= x^3 + y^3 + z^3 - 3xyz = a(x+y+z)^3 + b(x+y+z)(xy+yz+zx) + cxyz$ …(＊)

とおくことができる．ここで，x^3, x^2y, xyz の両辺の係数を比較すると，

$$\begin{cases} 1 = a \\ 0 = 3a + b \\ -3 = 6a + 3b + c \end{cases}$$

この連立方程式を解くと，　$a=1, b=-3, c=0$　　以上より，

$x^3 + y^3 + z^3 - 3xyz = \boldsymbol{(x+y+z)^3 - 3(x+y+z)(xy+yz+zx)}$ ……(答)

【別解】 (＊) は，x, y, z の恒等式であるから，x, y, z が特定の値をとっても (＊) は成り立つ（Ⅰ の第 5 章 §1 参照）．そこで，(＊) に $(x, y, z) = (1, 1, 1), (1, 1, -1), (1, 0, 0)$ を代入してみると，　$0 = 27a + 9b + c, 4 = a - b - c, 1 = a$

これより (答) を得る．

[解と係数の関係]

n 次方程式 $a_0 x^n + a_1 x^{n-1} + \cdots + a_{n-1} x + a_n = 0$ の解を $x_1, x_2, \cdots, x_n$ とする．また，S_i $(i=1, 2, \cdots, n)$ を定義 2 と同様に定める．このとき，$i = 1, 2,$ $\cdots, n$ に対して，$\boldsymbol{S_i = (-1)^i \dfrac{a_i}{a_0}}$ が成り立つ．

この事実を〔例 5〕〜〔例 7〕を通じて確認しよう．

〔例 5〕

　x_1, x_2 を解とする 2 次方程式を求めよ．

（解）求める 2 次方程式を
$$a_0 t^2 + a_1 t + a_2 = 0 \quad \cdots\cdots ①$$
とおくと，

$$\begin{cases} S_1 = (-1)^1 \dfrac{a_1}{a_0} \Longleftrightarrow x_1 + x_2 = -\dfrac{a_1}{a_0} & \cdots\cdots ② \\ S_2 = (-1)^2 \dfrac{a_2}{a_0} \Longleftrightarrow x_1 x_2 = \dfrac{a_2}{a_0} & \cdots\cdots ③ \end{cases}$$

ここで，$a_0 = 1$ として ②，③ を ① に代入することにより，求める 2 次方程式は，　　$\boldsymbol{t^2 - (x_1 + x_2) t + x_1 x_2 = 0}$ 　　　　……（答）

〔例 6〕

　x_1, x_2, x_3 を解とする 3 次方程式を求めよ．

（解）$a_0 = 1$ とすると，求める方程式は，
$$t^3 + a_1 t^2 + a_2 t + a_3 = 0 \quad \cdots\cdots ①$$
とおける．すると，

$$\begin{cases} S_1 = (-1)^1 \dfrac{a_1}{a_0} \Longleftrightarrow x_1 + x_2 + x_3 = -a_1 & \cdots\cdots ② \\ S_2 = (-1)^2 \dfrac{a_2}{a_0} \Longleftrightarrow x_1 x_2 + x_2 x_3 + x_3 x_1 = a_2 & \cdots\cdots ③ \\ S_3 = (-1)^3 \dfrac{a_3}{a_0} \Longleftrightarrow x_1 x_2 x_3 = -a_3 & \cdots\cdots ④ \end{cases}$$

① に ②，③，④ を代入することにより，求める 3 次方程式は，
$$\boldsymbol{t^3 - (x_1 + x_2 + x_3) t^2 + (x_1 x_2 + x_2 x_3 + x_3 x_1) t - x_1 x_2 x_3 = 0} \quad \cdots\cdots（答）$$

〔例 7〕
　$x+y+z=2$, $x^2+y^2+z^2=14$, $x^3+y^3+z^3=20$ をみたす x, y, z を異なる 3 つの解とする t の 3 次方程式は，
　　$t^3 + \boxed{(\mathcal{T})} t^2 + \boxed{(\mathcal{A})} t + \boxed{(\mathcal{\mathcal{\mathcal{}}ウ})} = 0$
である．これから，上の連立方程式の解は，$x \leq y \leq z$ とすると，
　　$(x, y, z) = \boxed{(\mathcal{エ})}$ である．

(慶応大 工)

解 答　x, y, z を 3 つの異なる解とする t の 3 次方程式で $a_0=1$ のものは，
　　$t^3 + a_1 t^2 + a_2 t + a_3 = 0$ ……(☆)
とおける．ここで

$$\left.\begin{array}{l} x+y+z = (-1)^1 a_1 \iff a_1 = -(x+y+z) \\ \text{かつ} \\ xy+yz+zx = (-1)^2 a_2 \iff a_2 = xy+yz+zx \\ \text{かつ} \\ xyz = (-1)^3 a_3 \iff a_3 = -xyz \end{array}\right\} \cdots\cdots(☆)$$

であることから，
　　$x+y+z=2$ ……①,　$x^2+y^2+z^2=14$ ……②,　$x^3+y^3+z^3=20$ ……③
これらより，$xy+yz+zx$, xyz の値を求める．
　まず，①，② により，
　　$yz+zx+xy = \dfrac{(x+y+z)^2 - (x^2+y^2+z^2)}{2} = -5$
これと，①〜③ および公式
　　$x^3+y^3+z^3 - 3xyz = (x+y+z)\{x^2+y^2+z^2 - (yz+zx+xy)\}$
より，　$xyz = \{20 - 2(14+5)\} \div 3 = -6$
　したがって，3 次方程式の解と係数の関係 (☆) より，求める 3 次方程式は，
　　$t^3 + \underbrace{(-2)}_{(\mathcal{T})} t^2 + \underbrace{(-5)}_{(\mathcal{A})} t + \underbrace{6}_{(\mathcal{\mathcal{}}ウ)} = 0$
であり，左辺は，
　　$(t-1)(t^2-t-6) = (t-1)(t+2)(t-3)$
と因数分解できるから，
　　$(x, y, z) = \underbrace{(-2, 1, 3)}_{(\mathcal{エ})}$

　以上の性質は，対称式の処理の仕方を示唆している．なかでも，以下に述べるタイプの対称式に関する問題の解法は，頻出事項なのでよくマスターしておくように．

§1 対称式は基本対称式で表現せよ　　7

=== 対称な 2 変数関数の最大値・最小値問題の扱い方 ===

2 変数の対称式に関して，次のタイプの問題は，よく出題される．

> 実数 x, y が対称的な条件 $f(x, y) = a$（定数）の関係をみたすとき，対称式 $g(x, y)$ の最大値，最小値，または，$g(x, y)$ のとりうる範囲を求めよ．

2 変数の問題で，2 つの式が出てくるのだから，条件式を用いて $g(x, y)$ の 1 文字を消去して …… などとして解決しようとすると，たいへんなことになる危険性がある．このたぐいの問題の解法は，対称式の性質を利用して次のような手順で解くのがよい．

(手順)

ステップ(i)　2 文字の基本対称式 $x+y$, xy をそれぞれ $x+y=u$, $xy=v$ とおく．

ステップ(ii)　u, v を用いて，$f(x, y)$ および $g(x, y)$ を表す．すなわち，
$$a = f(x, y) \equiv F(u, v) \quad \cdots\cdots ①$$
$$g(x, y) \equiv G(u, v) \quad \cdots\cdots ②$$

ステップ(iii)　x, y は，解と係数の関係により次の 2 次方程式
$$T(t) = t^2 - ut + v = 0 \quad \cdots\cdots (*)$$
の解である．

さらに，x, y が実数であることから，$(*)$ の判別式 D は，0 以上となる．
$$D = u^2 - 4v \geqq 0 \quad \cdots\cdots ③$$

これらをつかって，u または v の 1 変数関数に帰着させて解く．

この解法において注意すべきことは，ステップ(iii)において，$(*)$ が実数解をもつ条件から，③ という (u, v) の条件を求める操作を怠ってはイケナイということである．その理由はなぜかというと，

$x+y=u$, $xy=v$ とおいたとき，

　　"x, y が実数 $\Longrightarrow$ u, v が実数"

ということは保証されているが，その逆，

　　"u, v が実数 $\Longrightarrow$ x, y が実数"

ということは，何ら保証されていないからである．"実数解をもつ条件を求めないと失敗する"ということに関して，[例題$1 \cdot 1 \cdot 1$] の(注)でもっと具体的にとりあ

げるので，しっかりと確認しておくように！

　また，対称式の最大値・最小値問題の中には，基本対称式の関係を用いるよりも，相加・相乗平均の関係式を用いるほうがよい問題もある（[例題 1・1・3]，[練習 1・1・4，1・1・5]）．各問題に関してどちらの解法を用いるのがよいのかを区別する明確な基準はないが，しいて例をあげるならば，与えられた対称式が文字の有理数の形になっている問題に関して，相加・相乗平均の関係式を用いるほうが，基本対称式との関係を用いるよりもよいようである．

　そこで，本章のテーマ〝対称性〟とは直接的には関係ないのだが，ここで，相加・相乗平均の関係について少し触れておこう．

〈相加・相乗平均の関係〉

　$i=1, 2, \cdots, n$ に対して，x_i を正数とする．
　このとき，次の不等式が成り立つ：

$$\frac{x_1+x_2+\cdots\cdots+x_n}{n} \geq \sqrt[n]{x_1 x_2 \cdots\cdots x_n}$$

（ただし，等号が成立するのは，$x_1=x_2=\cdots\cdots=x_n$ のときに限る）

　左辺の $\dfrac{x_1+x_2+\cdots\cdots+x_n}{n}$ を $x_1, x_2, \cdots\cdots, x_n$ の相加平均，右辺の $\sqrt[n]{x_1 x_2 \cdots\cdots x_n}$ を $x_1, x_2, \cdots\cdots, x_n$ の相乗平均という．

　おそらく，諸君にお馴染みなのは，おもに次の $n=2, 3, 4$ の場合であろう．
　$a, b, c, d>0$ に対して，

$$\frac{a+b}{2} \geq \sqrt{ab} \quad （等号成立は a=b のときに限る）$$

$$\frac{a+b+c}{3} \geq \sqrt[3]{abc} \quad （等号成立は a=b=c のときに限る）$$

$$\frac{a+b+c+d}{4} \geq \sqrt[4]{abcd} \quad （等号成立は a=b=c=d のときに限る）$$

相加・相乗平均の関係を用いて最大値や最小値を求める際に注意しなければならないのは，おもに次の 3 点である．

(i) 　正数に関してしか，相加・相乗平均の関係をつかうことはできない
(ii) 　最小値（最大値）を相加相乗平均の関係を用いて求めるときには，相乗平均（相加平均）が定数になるか関数になるかに注意する
(iii) 　等号が成立するような変数の値が変域内に存在するか否かをチェックする

(i)に関しては、これ以上説明するまでもないであろうが、(ii), (iii)についてはもう少し具体的な解説を要するので、以下、少し長くなるが、簡単な例題を通じて述べておく。

(ii) **最小値(最大値)を相加相乗平均の関係を用いて求めるときには、相乗平均(相加平均)が定数になるか、関数になるかに注意せよ。**

[例8] $a+b=2$ なる任意の $a\geq 0, b\geq 0$ に対して 2^a+16^b の最小値を求めよ。

[まちがった解答] $\underline{2^a+16^b \geq 2\sqrt{2^a \cdot 16^b}} = 2\sqrt{2^a \cdot 2^{4b}}$
$\qquad\qquad\qquad\qquad\qquad\qquad = 2\sqrt{2^{a+4b}}$ ……①

ここで、等号が成立するのは、
$$2^a=16^b \iff 2^a=2^{4b}$$
のときであるから、$a=4b$ のときである。よって、$a+b=2$ と $a=4b$ を連立することにより、
$$a=\frac{8}{5}, \quad b=\frac{2}{5}$$
のときに最小値をとる。したがって、求める最小値は、
$$2^{\frac{8}{5}}+16^{\frac{2}{5}}=2^{\frac{13}{5}}=4\sqrt[5]{8} \qquad (0点)$$

この解答がなぜまちがっているのか、その理由がわかるだろうか。結論からいってしまうと、上述の解答中、相加・相乗平均の関係を用いたところ(波線部)で、右辺の相乗平均が変数 a, b を含み、定数になっていないことが敗因なのである。なぜ、定数になっていないことが敗因なのか、わかるだろうか？

①で、$2\sqrt{2^{a+4b}}$ を $f(b)$ とおくと、
$$2^a+16^b \geq f(b) \quad (0\leq b\leq 2) \quad \cdots\cdots(☆)$$

右辺の値は b の値によって変化する。さて、不等式 (☆) が意味していることをグラフを用いて解釈してみよう。

"$2^a+16^b=2^{2-b}+16^b$ という関数を $0\leq b\leq 2$ なる変域で $b-y$ 平面で描くと関数 $f(b)$ のグラフよりも下にはなく、(☆)の等号が成立するときに限って $f(b)$ のグラフ上の点と一致する"(図A参照)ということにすぎない。

よって、$y=2^a+16^b$ が $b=\dfrac{2}{5}$ で最小値をとるという保証は何らないのである。ただし、関数 $y=f(b)$ が $b=\dfrac{2}{5}$ で最小値をとれば、

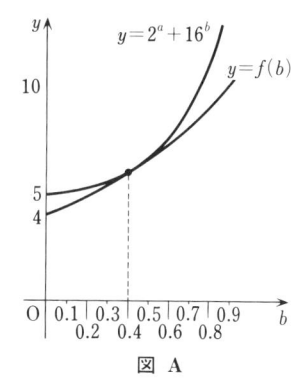

図 A

$y=2^a+16^b$ が $b=\dfrac{2}{5}$ で最小値をとることが保証される（図B参照）．しかし，本問では $y=f(b)$ は $b=\dfrac{2}{5}$ で最小値をとらない（実際の図形は図Aである）ので，本問をいまのように関数 $y=f(b)$ で押さえこんでも失敗に終わったのである．

では，次に，相乗平均が即座に定数の形で表せる 2^b+2^{2-b} $(0\leq b)$ を引き合いに出して，いまの場合と比較しておこう．2^b+2^{2-b} に，相加・相乗平均の関係を用いると，

$$2^b+2^{2-b}\geq 2\sqrt{2^b\cdot 2^{2-b}}=2\cdot 2=4\,(\text{定数}) \cdots(\text{☆☆})$$

である．（☆☆）の意味を図示して解釈すると，$y=2^b+2^{2-b}$ のグラフは直線 $y=4$ のグラフよりつねに上にあり，不等式（☆☆）で等号が成立するときすなわち，$2^b=2^{2-b}\Longleftrightarrow b=2-b\Longleftrightarrow b=1$ のときに限り，$y=4$ 上の点と一致し，これがとりもなおさず，$y=2^b+2^{2-b}$ の最小値になるのである（図C参照）．

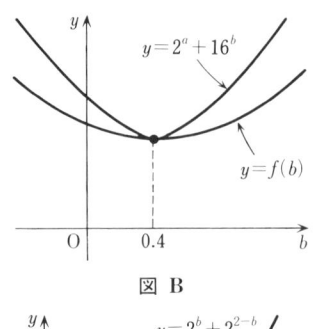

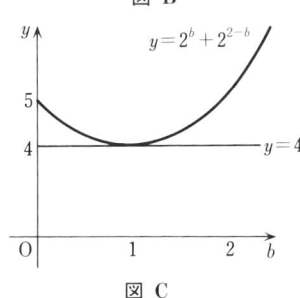

では，この問題を相加・相乗平均の関係を用いて解くためには，どのようにしたらよいのだろうか．結論をいってしまうと，相乗平均が定数になるように左辺の形をうまく変形することである．

[正しい解答] $2^a+16^b=2^a+2^{4b}$

$$=\dfrac{2^a}{4}+\dfrac{2^a}{4}+\dfrac{2^a}{4}+\dfrac{2^a}{4}+2^{4b}$$

$$\geq 5\sqrt[5]{\dfrac{2^a}{4}\cdot\dfrac{2^a}{4}\cdot\dfrac{2^a}{4}\cdot\dfrac{2^a}{4}\cdot 2^{4b}}=5\sqrt[5]{\dfrac{2^{4a}\cdot 2^{4b}}{4^4}}=5\sqrt[5]{\dfrac{2^{4(a+b)}}{4^4}}$$

$$=5\sqrt[5]{\dfrac{2^8}{2^8}}=5\cdot 1=5$$

ただし，等号が成立するのは，

$$\dfrac{2^a}{4}=2^{4b}\Longleftrightarrow 2^a=4\cdot 2^{4b}\Longleftrightarrow 2^a=2^{2+4b}$$

$$\therefore\quad a=2+4b$$

これを，$a+b=2$ に代入すると，

$$2+4b+b=2\Longleftrightarrow b=0$$

$$\therefore\quad a=2$$

であり，これは $0\leq a\leq 2$，$0\leq b\leq 2$ をみたす．

よって，$a=2$，$b=0$ のとき，最小で，

　　最小値は **5**　　　　……（答）

いまの例題からもわかるように，相乗平均（または相加平均）が定数ならば問題はないのだが，関数になってしまう場合には相加・相乗平均の関係を用いる方法が必ずしも有効だとは限らない．しかし，関数で押さえこむと，そのほうが最小値（最大値）を調べやすいことが多いので，相乗平均（相加平均）が定数にならないからといってあきらめずに，その関数の最小値（最大値）について調べてみるとうまくいくことがしばしばある．いまの [例8] のようにうまくいかない場合もあるが，関数で与式を押さえこんで考えてみるのも有効な方法の1つといえよう．

(iii) 等号が成立するような変数の値が変域内に存在するか否かをチェックする

[例9] $y = x^2 + \dfrac{4}{x}$ $(x>1)$ の最小値を求めよ．

次の解答は，(iii)を無視したまちがった解答である．

[まちがった解答] $x>1$ だから，$x^2, \dfrac{1}{x}, \dfrac{3}{x}$ はすべて正．よって，

$$x^2 + \dfrac{4}{x} = x^2 + \dfrac{1}{x} + \dfrac{3}{x}$$

と相乗平均が定数となるように変形して，相加・相乗平均の関係を用いると，

$$\dfrac{1}{3}\left(x^2 + \dfrac{1}{x} + \dfrac{3}{x}\right) \geq \sqrt[3]{x^2 \cdot \dfrac{1}{x} \cdot \dfrac{3}{x}} = \sqrt[3]{3}$$

よって，

$$y \geq 3\sqrt[3]{3}$$

ゆえに，y の最小値は $3\sqrt[3]{3}$　　……(答)

では，上の解答の波線部の不等式において，等号が成立するような変数の値が存在するか否かをチェックして，この解答が誤りであることを確認してみよう．

等号が成り立つのは，$x^2 = \dfrac{1}{x} = \dfrac{3}{x}$ のときに限る．

まず，$x^2 = \dfrac{1}{x}$ より $x^3 = 1$．ゆえに，x の実数値は1で，これは $x>1$ に反す．また，$\dfrac{1}{x} = \dfrac{3}{x}$ をみたす x の値はない．

よって，$x^2 = \dfrac{1}{x} = \dfrac{3}{x}$ が成り立つような x の値は存在しない．したがって，等式 $y = 3\sqrt[3]{3}$ が成り立つとはいえないのである．

[正しい解答] $x^2 + \dfrac{4}{x} = x^2 + \dfrac{2}{x} + \dfrac{2}{x}$

よって，

$$\frac{1}{3}\left(x^2+\frac{2}{x}+\frac{2}{x}\right)\geqq\sqrt[3]{x^2\cdot\frac{2}{x}\cdot\frac{2}{x}}=\sqrt[3]{4}$$

等号が成立するのは，$x^2=\dfrac{2}{x}=\dfrac{2}{x}$ つまり，$x^3=2$ のときのみ．

∴ $x=\sqrt[3]{2}\,(>1)$

よって，$x=\sqrt[3]{2}$ のとき，y は最小で，最小値は $3\sqrt[3]{4}$ ……(答)

最後に，2文字の基本対称式の特殊な場合である $\sin x$ と $\cos x$ に関する対称式の扱い方については [例題 1・1・4]，〈練習 1・1・6〉で学習する．

§1 対称式は基本対称式で表現せよ 13

[例題 1・1・1]
実数 x, y が $x^2+xy+y^2=3$ をみたすとき，$z=(x+5)(y+5)$ の最小値を求めよ．

発想法

$$\begin{cases} x^2+xy+y^2=3 & \cdots\cdots ① \\ (x+5)(y+5)=xy+5x+5y+25=z & \cdots\cdots ② \end{cases}$$

この2式を見たとき，ほとんどの人が思いつくのは，次の3つの解法方針の中のどれかであろう．

[方針1] この2式から，なんとか x か y のどちらかを消去して，1変数関数として処理する．

この方針では，後の計算を考えるとほとんど絶望的である．

[方針2] 図形に帰着させて(Ⅳの第2章参照)解く．

この方針をもっと深く追ってみると，

「曲線①，②が xy 平面上で交点をもつときの z の最小値を求める」

ことになる．

そこで，まず，①，②を図示する．

①を $\dfrac{\pi}{4}$ 回転させた図形を考えてみる．

$$\begin{pmatrix} X \\ Y \end{pmatrix} = \begin{pmatrix} \cos\dfrac{\pi}{4} & -\sin\dfrac{\pi}{4} \\ \sin\dfrac{\pi}{4} & \cos\dfrac{\pi}{4} \end{pmatrix} \begin{pmatrix} x \\ y \end{pmatrix}$$

$$\iff \begin{cases} x=\dfrac{1}{\sqrt{2}}X+\dfrac{1}{\sqrt{2}}Y \\ y=-\dfrac{1}{\sqrt{2}}X+\dfrac{1}{\sqrt{2}}Y \end{cases}$$

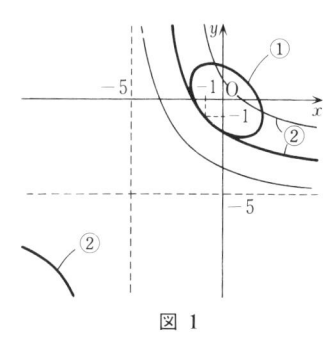

図1

これらを①に代入することによって，①を $\dfrac{\pi}{4}$ 回転させた図形の方程式

$$\frac{X^2}{6}+\frac{Y^2}{2}=1 \quad \cdots\cdots ①'$$

を得る．これより，①が表す図形はだ円①′を $-\dfrac{\pi}{4}$ 回転させた図形であることがわかる．また②は，$x=-5$, $y=-5$ を漸近線とする双曲線である．

以上より，$x=-5, y=-5$ を漸近線とする双曲線群②のうち，だ円①と交点をもつものを調べ，その中で z が最小となるものを求めればよい(図1)．

しかし，①，②を描くまでに要する計算が結構手間取るだけでなく，xy 平面上で双曲線群②を動かして調べる作業も，曲線と曲線の関係であるがゆえ，図だけでは

①と②が接する場合がおこりうるか否かも決定できないので，その際のzの値を求めるにも，かなりの計算を要する．よって，この解法に従って求めようとすると，かなりたいへんなことがわかる．そこで，[方針3]としてあげられる"対称式と基本対称式の関係"に基づいた方針で解答しよう．

解答 $\begin{cases} x+y=u & \cdots\cdots① \\ xy=v & \cdots\cdots② \end{cases}$

とおく．与式をu,vを用いて表すと，
$$x^2+xy+y^2=(x+y)^2-xy=u^2-v=3$$
$$\therefore\quad v=u^2-3 \qquad \cdots\cdots③$$

また，解と係数の関係より，x,yは2次方程式
$$t^2-ut+v=0$$
$$\iff t^2-ut+(u^2-3)=0 \qquad \cdots\cdots④$$

の2解である．また，x,yが実数であることから，方程式④が実数解をもつことが必要である．よって，④の判別式をDとすると，
$$D=u^2-4(u^2-3)$$
$$=-3(u^2-4)\geqq0$$
$$\therefore\quad -2\leqq u\leqq 2 \qquad \cdots\cdots⑤$$

これがuの変域となる．
また，①，③より，
$$z=(x+5)(y+5)$$
$$=xy+5(x+y)+25$$
$$=v+5u+25$$
$$=(u^2-3)+5u+25$$
$$=\left(u+\frac{5}{2}\right)^2+\frac{63}{4} \qquad \cdots\cdots⑥$$

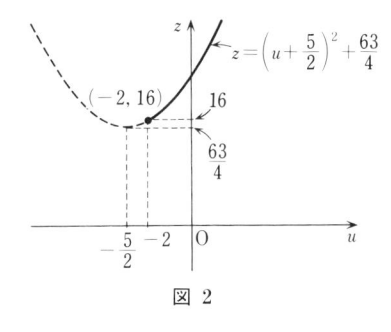

⑤の変域で⑥の最小値を考えると(図2)，$u=-2$のとき最小値 16 をとる．
よって，$z=(x+5)(y+5)$の最小値は **16** ……(答)

図 2

(注) 上の解答で，
"④が実数解をもつことから，⑤の変域を求める"
という操作を怠って，⑥の式のみにより，"zの最小値は$u=-\dfrac{5}{2}$のときに$\dfrac{63}{4}$をとる"などとしたら，大きなまちがいである．

その理由を確認するために，実際に，$(u,z)=\left(-\dfrac{5}{2},\dfrac{63}{4}\right)$のときの$x,y$の値を求めてみよう．
$x+y=u=-\dfrac{5}{2}$，$xy=u^2-3=\dfrac{13}{4}$ から，x,yは2次方程式 $t^2+\dfrac{5}{2}t+\dfrac{13}{4}=0$ の2

解であり，これより，x, y の値を求めてみると，

$$(x, y) = \left(\frac{-5 \pm 3\sqrt{3}i}{4}, \frac{-5 \mp 3\sqrt{3}i}{4} \right) \quad \text{(複号同順)}$$

という虚数の値をとってしまい，これは題意にそぐわない．

このようになってしまう原因は，前述の解説でも述べたように，
$x+y=u$, $xy=v$ とおいたときに，
　"x, y が実数 $\Longrightarrow u, v$ は実数"
ということはいえるが，その逆 "u, v が実数 $\Longrightarrow x, y$ は実数" ということが一般にはいえないことによる．

いまの例でも，
$$\begin{cases} u(=x+y) = -\dfrac{5}{2} \\ v(=xy) = \dfrac{13}{4} \end{cases}$$

は，ともに実数であり，かつ，u と v の間に $v = u^2 - 3$ という関係式が成り立っているにもかかわらず，"x, y がともに実数である" という条件をみたしていない．そのために，$z = \dfrac{63}{4}$ は，解とはなりえないのである．

なにはともあれ，**対称式を $x+y=u$, $xy=v$ とおきかえたときには，"x, y が実数であるための条件" を付加して考えることを忘れない**ということを心がけておくように．

〈練習 1・1・1〉

$2x^2+3xy+2y^2=1$ なる関係のもとで，$z=x+y+xy$ の最小値を求めよ．ただし，x, y は実数とする．

発想法

条件式 $2x^2+3xy+2y^2=1$ も目的関数 z も，x, y に関する対称式である．

そこで，x, y 2 文字の "基本対称式と対称式の関係" を用いて解答してみよう．

解答 $\begin{cases} x+y=u \\ xy=v \end{cases}$

とおくと，

$$2x^2+3xy+2y^2=1 \iff 2(x+y)^2-xy=1$$
$$\iff 2u^2-v=1 \quad \cdots\cdots ①$$

また，

$$z=x+y+xy=u+v \quad \cdots\cdots ②$$

① より，$v=2u^2-1$ であるから，これを ② へ代入して，v を消去すると，

$$z=u+v=u+2u^2-1 \quad \cdots\cdots ③$$

ここで，x, y は解と係数の関係より，次に示す t の 2 次方程式；

$$t^2-ut+v=0$$

の実数解であることから，判別式 D をとって，$D \geqq 0$ より，

$$u^2-4v \geqq 0$$
$$\iff u^2-4(2u^2-1) \geqq 0$$
$$\iff -7u^2+4 \geqq 0$$
$$\iff -\frac{2}{\sqrt{7}} \leqq u \leqq \frac{2}{\sqrt{7}} \quad \cdots\cdots ④$$

また，

$$③ \iff z=2u^2+u-1=2\left(u+\frac{1}{4}\right)^2-\frac{9}{8} \quad \cdots\cdots ③'$$

よって，③'，④ より右図を得る．したがって，求める最小値は，$\quad -\dfrac{9}{8} \quad \cdots\cdots$（答）

図 1

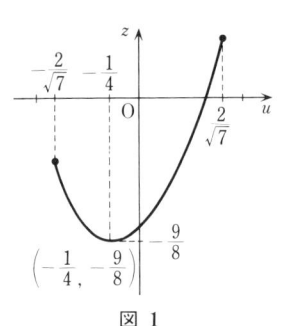

[例題 1・1・2]

2つの関係式
$$x+y+z=1 \quad \cdots\cdots ①$$
$$x^2+y^2+z^2=3 \quad \cdots\cdots ②$$
をみたす実数 $x,\ y,\ z$ について，積 xyz の最大値，最小値を求めよ．

発想法

①，②および目的関数 xyz が，$x,\ y,\ z$ に関して対称式であることなどから，次の2つの方針が考えられるだろう．

[方針 1] $x,\ y,\ z$ 3文字の基本対称式を利用して解く解法；

$x+y+z=u,\ xy+yz+zx=v,\ xyz=w$ とおく．

$$\begin{cases} u=x+y+z=1 \\ v=xy+yz+zx=\dfrac{1}{2}\{(x+y+z)^2-(x^2+y^2+z^2)\}=\dfrac{1}{2}\{1-3\}=-1 \\ w=xyz \end{cases}$$

$x,\ y,\ z$ の3つを解とする方程式は，
$$t^3-ut^2+vt-w=0 \iff t^3-t^2-t-w=0 \quad \cdots\cdots(☆)$$

(☆) が実数解をもつための必要十分条件から t の変域を求め，これと
$$(☆) \iff w=t^3-t^2-t$$
より w の最大値，最小値を求める．

[方針 2] $x,\ y$ の2文字にのみ着眼して，$x,\ y$ 2文字の基本対称式を利用する解法；

$$\begin{cases} u=x+y=1-z \\ v=xy=xy+yz+zx-z(x+y) \\ \quad =\dfrac{1}{2}\{(x+y+z)^2-(x^2+y^2+z^2)\}-z(x+y) \\ \quad =\dfrac{1}{2}(1-3)-z(1-z)=-1-z(1-z) \end{cases}$$

$x,\ y$ を2実数解とする2次方程式；
$$t^2-(x+y)t+xy=0 \iff t^2-ut+v=0$$
の実数解条件より，
$$u^2-4v \geq 0 \iff (1-z)^2-4\{-1-z(1-z)\} \geq 0 \quad \cdots\cdots(*)$$

これより z の変域が求まる．

また，目的関数 xyz も次のように，z の1変数関数となおせる．
$$xyz=(xy)z=\{-1-z(1-z)\}z \quad \cdots\cdots(**)$$

($*$) の変域における z の関数 ($**$) の最大値，最小値を求める．

2つの方針を比較すると，実数解をもつための必要十分条件のところで要する計算量に関して [方針 1] のほうがたいへんなことから，[方針 2] のほうがよい解法である

第1章 対称性を活かした解答のつくり方

ことがわかる．

解答 $\begin{cases} x+y=u \\ xy=v \end{cases}$

とおく．すると，①より，

$x+y=1-z=u$ ……③

② $\iff (x+y)^2-2xy=3-z^2 \iff u^2-2v=3-z^2$

$\iff v=\dfrac{(1-z)^2-(3-z^2)}{2}=z^2-z-1$ ……④

また，$\begin{cases} x+y=1-z \\ xy=z^2-z-1 \end{cases}$

および，解と係数の関係から，x, y は2次方程式；

$t^2-(1-z)t+z^2-z-1=0$ ……⑤

の実数解である．

したがって，⑤の判別式 $D\geqq 0$ より，

$D=(1-z)^2-4\cdot(z^2-z-1)=(-3z+5)(z+1)\geqq 0$

よって，z の変域は，

$-1\leqq z\leqq \dfrac{5}{3}$

また，$f(z)=xyz$ とおくと，④より，

$f(z)=(xy)z=z(z^2-z-1)=z^3-z^2-z$

と表せる．

$f'(z)=3z^2-2z-1=(3z+1)(z-1)$

右の増減表より，

(極大値)$=f\left(-\dfrac{1}{3}\right)=\dfrac{5}{27}$

(極小値)$=f(1)=-1$

$f(-1)=-1$

$f\left(\dfrac{5}{3}\right)=\dfrac{125}{27}-\dfrac{25}{9}-\dfrac{5}{3}=\dfrac{5}{27}$

z	-1		$-\dfrac{1}{3}$		1		$\dfrac{5}{3}$
$f'(z)$		$+$	0	$-$	0	$+$	
$f(z)$	-1	↗	極大	↘	極小	↗	$\dfrac{5}{27}$

よって，

$\left.\begin{array}{l}(最大値)=\dfrac{5}{27}\\(最小値)=-1\end{array}\right\}$ ……(答)

§1 対称式は基本対称式で表現せよ　19

┌─〈練習 1・1・2〉─────────────────────────┐
│　a を正の定数として，$x+y=a$ のとき，
│　　　$z=\dfrac{x^2+y^2+a^2}{x^4+y^4+a^4}$
│　のとりうる値の範囲を求めよ．
└──────────────────────────────────┘

発想法

　ためしに，$y=a-x$ を $z=f(x,y)$ の y のところに代入し，y を消去して求めることを考えてみよう．すると，

$$\text{分子}=x^2+y^2+a^2=x^2+(a-x)^2+a^2$$
$$=2(x^2-ax+a^2)$$
$$\text{分母}=x^4+y^4+a^4=x^4+(a-x)^4+a^4$$
$$=2(x^4-2ax^3+3a^2x^2-2a^3x+a^4)$$

よって，

$$z=\frac{x^2+y^2+a^2}{x^4+y^4+a^4}=\cdots\cdots$$

となって，非常に見通しが悪いことがわかる．

　そこで，z が x,y に関して対称式であることに着眼し，対称式と基本対称式の関係を利用して（与式 z を意味あるかたまりごとに整理して），解答してみよう．

解答　$xy=t$ 　　　　　　　　　……①

とおく．これと

　　　$x+y=a$ 　　　　　　　　　……②

を用いて，

$$\text{分子}=x^2+y^2+a^2=(x+y)^2-2xy+a^2$$
$$=a^2-2t+a^2$$
$$=2(a^2-t) \quad \cdots\cdots ③$$

$$\text{分母}=x^4+y^4+a^4=(x^2+y^2)^2-2x^2y^2+a^4$$
$$=(a^2-2t)^2-2t^2+a^4$$
$$=a^4-4a^2t+4t^2-2t^2+a^4$$
$$=2(a^4-2a^2t+t^2)$$
$$=2(a^2-t)^2 \quad \cdots\cdots ④$$

となるから，

$$z=\frac{x^2+y^2+a^2}{x^4+y^4+a^4}=\frac{2(a^2-t)}{2(a^2-t)^2}$$
$$=\frac{1}{a^2-t} \quad \cdots\cdots ⑤$$

　分子（$=1$）は一定だから，分母 a^2-t のとりうる値の範囲についてのみ考える．

$x+y=a$, $xy=t$ より，x, y は p の 2 次方程式
$$p^2-ap+t=0 \quad \cdots\cdots ㋐$$
の 2 解である．

ここで，a は与えられた正の定数だから，2 次方程式 ㋐ が実数解をもつような t の変域が，t のとりうる値である．

よって，㋐ の判別式 $=a^2-4t\geq 0$ より，
$$-4t\geq -a^2$$
$$\therefore \quad t\leq \frac{a^2}{4} \quad \cdots\cdots ㋑$$

よって，
$$(z\text{ の分母})=a^2-t\geq \frac{3}{4}a^2 \ (>0) \quad \cdots\cdots ⑥ \quad (\because \ a \text{ は正の定数})$$

t は，㋑ をみたす任意の値をとりうること，および，⑥ より，$a^2-t\geq \frac{3}{4}a^2$ かつ $a^2-t>0$ より，$z=\dfrac{1}{a^2-t}$ のとりうる値の範囲は，

$$0<z\leq \frac{4}{3a^2} \quad \cdots\cdots (\text{答})$$

[コメント] なお，⑤ 以降を次のようにして処理することもできる．

② より，$y=a-x \ \cdots\cdots ②'$　これと，① より，
$$(z\text{ の分母})=a^2-t=a^2-xy=a^2-x(a-x)$$
$$=x^2-ax+a^2\equiv f(x)$$

x は任意の値をとりうるから，$(-\infty <x<\infty)$
$$f(x)=\left(x-\frac{a}{2}\right)^2+\frac{3}{4}a^2$$

より，
$$\frac{3a^2}{4}\leq f(x) \ (<+\infty) \quad \cdots\cdots ⑥$$

ここで，$z=\dfrac{1}{f(x)}$ であるから，$\dfrac{3a^2}{4}>0$ および ⑥ より，
$$0<\frac{1}{f(x)}\leq \frac{4}{3a^2} \quad \therefore \quad 0<z\leq \frac{4}{3a^2} \quad \cdots\cdots (\text{答})$$

§1 対称式は基本対称式で表現せよ

〈練習 1・1・3〉
正方形の領域 $S=\{(x, y) \mid 0\leq x\leq 1, 0\leq y\leq 1\}$ で定義された2変数関数 $f(x, y)=5xy-2(x+y)+1$ の最大値 M，最小値 m を求めよ．

発想法

式の対称性から，$x+y=X$，$xy=Y$ とおく．

その際に，x，y が実数であることから，x，y を2つの解とする方程式が実数解をもつという条件を付加して考えることを忘れてはいけない．

解答 $x+y=X$，$xy=Y$ とおくと，$f(x, y)$ は
$$z\equiv f(x, y)=5Y-2X+1 \quad \cdots\cdots ①$$
また，正方形の領域 S は，t の2次方程式
$$g(t)=t^2-Xt+Y=0 \quad \cdots\cdots ②$$
の2つの実数解 x，y が，ともに閉区間 $[0, 1]$ に解をもつような X，Y のみたす領域 S' に変わる．すなわち，②の判別式を D とすれば，

$$\left.\begin{array}{l} D=X^2-4Y\geq 0, \quad 0\leq\dfrac{X}{2}\leq 1, \\ g(0)\geq 0, \quad g(1)\geq 0 \end{array}\right\}$$

$$\iff \left.\begin{array}{l} Y\leq\dfrac{X^2}{4}, \quad 0\leq X\leq 2, \\ Y\geq 0, \quad Y\geq X-1 \end{array}\right\} \quad \cdots\cdots ③$$

不等式③のみたす領域 S' は図1の斜線部である．したがって，(X, Y) が領域 S' の点であるときの z の最大値，最小値を求めればよい．

$$① \iff Y=\frac{2}{5}X+\frac{1}{5}(z-1) \quad \cdots\cdots ①'$$

①'は「傾き $\dfrac{2}{5}$，Y 切片 $\dfrac{1}{5}(z-1)$ の直線」を表す．そこで，直線①'と領域 S' が共有点をもつような z の範囲を求めればよい（図1）．

以上より，直線①'が点 $(2, 1)$ を通るとき z は最大値をとる．
$$z_{\max}=5\cdot 1-2\cdot 2+1=2$$
次に，直線①'が点 $(1, 0)$ を通るとき z は最小値をとる．
$$z_{\min}=5\cdot 0-2\cdot 1+1=-1$$
よって，求める最大値 M，最小値 m は
$$M=2, \quad m=-1 \quad \cdots\cdots\text{(答)}$$

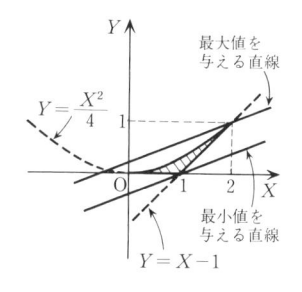

図 1

[例題 1・1・3]

3つの正数 x, y, z が $x+y+z=1$ をみたすとき、不等式
$$\left(2+\frac{1}{x}\right)\left(2+\frac{1}{y}\right)\left(2+\frac{1}{z}\right) \geq 125$$
が成り立つことを示せ．

発想法

本問は，与えられた条件も，示すべき不等式も，たしかに，x, y, z 3文字に関する対称式である．しかし，与不等式の左辺を見ると，対称式とはいえ，$\frac{1}{x}, \frac{1}{y}, \frac{1}{z}$ の整式であることなどから，対称式と基本対称式との関係を用いても，それほどスッキリとは解決されない．そこで，相加・相乗平均の関係を用いることを考えてみよう．この不等式の形を見ると，$x_1, x_2, \cdots\cdots, x_n$ に関して左辺，右辺ともに対称式となっている．したがって，$x_1, x_2, \cdots\cdots, x_n$ に関して，対称的な式の大小関係などを求める問題では，まず相加・相乗平均の関係がつかえるか否かをチェックしてみるべきである．

解答

$\left(2+\dfrac{1}{x}\right)\left(2+\dfrac{1}{y}\right)\left(2+\dfrac{1}{z}\right)$　　　　　　　（展開し次数別に整理）

$=8+4\left(\dfrac{1}{x}+\dfrac{1}{y}+\dfrac{1}{z}\right)+2\left(\dfrac{1}{yz}+\dfrac{1}{zx}+\dfrac{1}{xy}\right)+\dfrac{1}{xyz}$　　（波線部を通分）

$=8+4\left(\dfrac{1}{x}+\dfrac{1}{y}+\dfrac{1}{z}\right)+2\cdot\dfrac{x+y+z}{xyz}+\dfrac{1}{xyz}$

$=8+4\left(\dfrac{1}{x}+\dfrac{1}{y}+\dfrac{1}{z}\right)+\dfrac{3}{xyz}$　　$(\because\ x+y+z=1)$

$\geq 8+12\sqrt[3]{\dfrac{1}{xyz}}+\dfrac{3}{xyz}$　　……①　$(\because\ $相加・相乗平均$)$

（ただし，等号成立は $\dfrac{1}{x}=\dfrac{1}{y}=\dfrac{1}{z}$ すなわち，$x=y=z$ のとき）

ここで，$\sqrt[3]{xyz} \leq \dfrac{x+y+z}{3}=\dfrac{1}{3}$ および $\dfrac{1}{xyz}\geq 27$ （ともに等号成立は $x=y=z$ のとき）

以上より，　①$\geq 8+12\times 3+3\times 27=125$ （等号成立は $x=y=z$ のとき）

よって，題意の不等式は成り立つ．

[コメント] 解答の①のところで相加相乗平均を用いた際，相乗平均 $\sqrt[3]{\dfrac{1}{xyz}}$ は定数ではなかったので，$\sqrt[3]{\dfrac{1}{xyz}}$ の最小値，すなわち $\dfrac{1}{xyz}$ の最小値が $x=y=z$（すなわち $\dfrac{1}{x}=\dfrac{1}{y}=\dfrac{1}{z}$）のときであることを示したのである（§1序文参照）．このことを省略すると論理的に不完全な解答になってしまうので注意せよ．

〈練習 1・1・4〉

$x>0$, $y>0$ で, $x+y=1$ のとき,

(1) $\dfrac{1}{xy}$ がとる値の範囲を求めよ.

(2) $\left(1+\dfrac{1}{x^2}\right)\left(1+\dfrac{1}{y^2}\right)$ がとりうる値の最小値を求めよ. (早稲田大 社)

発想法

(2)で1文字を消去すると繁雑な式になるうえ,そのようにして得られる1変数関数を微分して,その増減を調べるのもたいへんである(実行してみればわかる).そこで,式の対称性に着眼して解答してみよう.

解答 (1) $xy=x(1-x)$ $(0<x<1)$

のとりうる値の範囲は $0<xy\leq\dfrac{1}{4}$ であるから,$\dfrac{1}{xy}$ のとりうる値の範囲は,

$$4\leq xy \quad \cdots\cdots(\text{答})$$

(2) (相加・相乗平均の関係を利用する解答)

$x>0$, $y>0$ より,相加・相乗平均の関係がつかえる.

$$z=\left(1+\dfrac{1}{x^2}\right)\left(1+\dfrac{1}{y^2}\right)$$

$$=1+\dfrac{1}{x^2}+\dfrac{1}{y^2}+\dfrac{1}{x^2y^2}$$

$$\geq 1+\dfrac{2}{xy}+\dfrac{1}{x^2y^2} \quad (\text{ただし,等号は,}x=y=\dfrac{1}{2}\text{ のとき})$$

$$=\left(1+\dfrac{1}{xy}\right)^2$$

ここで,$\dfrac{1}{xy}=t$ とおき,(1)の結果をも考慮して関数 $z=(1+t)^2$ を tz 平面に描くと図1を得る.

よって,$t=4$ のときに z は最小値 25 をとる.また,

$$x+y=1 \text{ かつ } \dfrac{1}{xy}=4 \iff x=y=\dfrac{1}{2}$$

以上より,

z は,$x=y=\dfrac{1}{2}$ のとき,最小値 25 をとる. $\cdots\cdots$(答)

図 1

【(2)の別解】(対称式と基本対称式の関係を用いる解答)

$x+y=1$, $xy=v$ とおく.

$$\left(1+\dfrac{1}{x^2}\right)\left(1+\dfrac{1}{y^2}\right)=\dfrac{x^2+y^2+1}{x^2y^2}+1$$

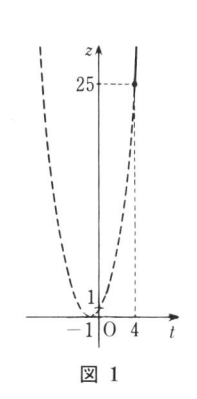

$$= \frac{(x+y)^2 - 2xy + 1}{(xy)^2} + 1 = \frac{2}{v^2} - \frac{2}{v} + 1$$

$$= 2\left(\frac{1}{v} - \frac{1}{2}\right)^2 + \frac{1}{2} \quad \left(\text{ただし, (1) より, } \frac{1}{v} \geq 4\right)$$

であるから，求める最小値は，

$$\frac{1}{v} = 4$$

すなわち，

$xy = \frac{1}{4}$, $x+y=1$ のとき，すなわち，

$x = y = \frac{1}{2}$ のとき，最小値 25 ……（答）

§1 対称式は基本対称式で表現せよ 25

―〈練習 1・1・5〉―――――――――
2数 a, b が $a>0$, $b>0$, $a+b=1$ をみたすとき,
$$\left(a+\frac{1}{a}\right)^2+\left(b+\frac{1}{b}\right)^2 \geq \frac{25}{2}$$
を証明せよ． (茨城大)

発想法

1文字を消去すると，やっかいな式になる．やはり，a, b の対称性に着目して，基本対称式を用いる解法，または相加・相乗平均の関係を用いる解法を考えるべきである．

解答 (相加・相乗平均の関係を利用する解法)

$$\text{左辺}=f(a, b)=\frac{1}{a^2}+\frac{1}{b^2}+a^2+b^2+4$$

$$\geq 2\sqrt{\frac{1}{a^2}\cdot\frac{1}{b^2}}+a^2+b^2+4=W$$

$\left(\text{等号成立は } \frac{1}{a^2}=\frac{1}{b^2}, \text{ すなわち } a=b=\frac{1}{2} \text{ のとき}\right)$ ……①

ここで，$ab=v$ とおくと，

$$W=\frac{2}{v}+(1-2v)+4 \quad \left(0<v=ab\leq\frac{1}{4}\right)$$

このとき，図1より，W は，v の減少関数であるから，W の最小値は $v=\frac{1}{4}$，

すなわち，

"$ab=\frac{1}{4}$ かつ $a+b=1$" $\Longleftrightarrow a=b=\frac{1}{2}$

のときに，

$$W_{\min}=8+\frac{1}{2}+4=\frac{25}{2} \quad \text{……②}$$

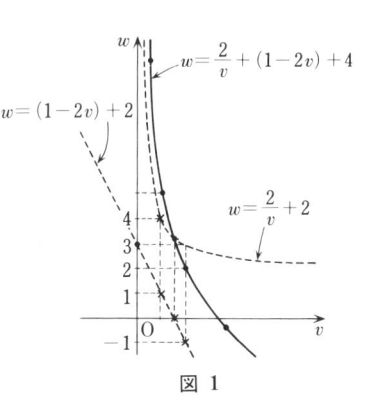

図 1

①，②より，

$$f(a, b)=\left(a+\frac{1}{a}\right)^2+\left(b+\frac{1}{b}\right)^2$$

は，$a=b=\frac{1}{2}$ のときに，関数 $W=g(a, b)=\frac{2}{ab}+(1-2ab)+4$ に一致し，かつ $a=b=\frac{1}{2}$ のときに W が最小値をとることから，$\left(a+\frac{1}{a}\right)^2+\left(b+\frac{1}{b}\right)^2$ も $a=b=\frac{1}{2}$ のときに最小値 $\frac{25}{2}$ をとる．

よって，題意は示された．

【別解】（基本対称式を利用する解法）

$ab=v$ とおくと，$a+b=1$ であるから，

$$\left(a+\frac{1}{a}\right)^2+\left(b+\frac{1}{b}\right)^2=a^2+b^2+\frac{a^2+b^2}{a^2b^2}+4$$

$$=\{(a+b)^2-2ab\}\left\{1+\frac{1}{(ab)^2}\right\}+4$$

$$=(1-2v)\left(1+\frac{1}{v^2}\right)+4$$

$$=\frac{1-2v-2v^3}{v^2}+5 \quad \cdots\cdots ①$$

ここで，実数 a, b を解とする2次方程式 $t^2-t+v=0$ が実数解をもつことから，

$D=1-4v \geqq 0$

これより，v の変域は，

$0 < v \leqq \dfrac{1}{4}$

この範囲で，① はあきらかに減少関数であるから，

$① \geqq 16\left(1-\dfrac{1}{2}-\dfrac{1}{32}\right)+5=\dfrac{25}{2}$

§1 対称式は基本対称式で表現せよ　27

[例題 1・1・4]
　関数
$$F(\theta)=\sin^4\theta+\cos^4\theta-\frac{2}{3}(\sin^3\theta+\cos^3\theta)$$
の $0\leqq\theta\leqq 2\pi$ における最大値と最小値を求めよ．

発想法
　　　　　$\sin x$ と $\cos x$ に関する対称式
　$\sin x$ と $\cos x$ に関して対称的な式は，$\sin x$ と $\cos x$ を2変数と見なして，
　　$\sin x+\cos x=t$　……①
　　$\sin x\cdot\cos x=u$　……②
という置き換えをすれば一般の2文字に関する対称式と同様に，処理できるだろう．しかし，$\sin x$ と $\cos x$ の間には，$\sin^2 x+\cos^2 x=1$ という関係があることを思い出してみよう．すると，
　②は，u という文字でおきかえなくても，$(\sin x+\cos x=)t$ で表すことができる．すなわち，
$$\sin x\cdot\cos x=\frac{(\sin x+\cos x)^2-(\sin^2 x+\cos^2 x)}{2}$$
$$=\frac{t^2-1}{2}\quad\cdots\cdots ②'$$
　したがって，$\sin x$ と $\cos x$ の対称式は次の①，②′を用いることにより，t の1変数関数に直すことができる．それでは，
　　$\sin x+\cos x=t$　　　……①
　　$\sin x\cdot\cos x=\dfrac{t^2-1}{2}$　　……②′
とおいて，$F(\theta)$ を t の1変数関数としてとらえ直そう．1変数関数の処理は問題なかろう．

解答　$F(\theta)=\sin^4\theta+\cos^4\theta-\dfrac{2}{3}(\sin^3\theta+\cos^3\theta)$
$$=(\sin^2\theta+\cos^2\theta)^2-2(\sin\theta\cos\theta)^2$$
$$\quad-\frac{2}{3}(\sin\theta+\cos\theta)(\sin^2\theta-\sin\theta\cdot\cos\theta+\cos^2\theta)$$
$$=1-2(\sin\theta\cdot\cos\theta)^2$$
$$\quad-\frac{2}{3}(\sin\theta+\cos\theta)(1-\sin\theta\cdot\cos\theta)\quad\cdots\cdots ①$$
　いま，
　　$t=\sin\theta+\cos\theta$　　　　　　　　　　　　　……②
とおくと，三角関数の合成より，

$t = \sqrt{2}\sin\left(\theta + \dfrac{\pi}{4}\right)$,

よって，t の変域は，

$|t| \leqq \sqrt{2}$ ……③

また，② から，

$t^2 = (\sin\theta + \cos\theta)^2$
$\quad = 1 + 2\sin\theta\cdot\cos\theta$

$\therefore \quad \sin\theta\cdot\cos\theta = \dfrac{1}{2}(t^2-1)$ ……④

②, ④ を ① に代入して整理すると，

$F(\theta) = -\dfrac{1}{2}t^4 + \dfrac{1}{3}t^3 + t^2 - t + \dfrac{1}{2} \equiv G(t)$

これを $G(t)$ とおくと，

$G'(t) = -2t^3 + t^2 + 2t - 1$
$\qquad = -(t+1)(2t-1)(t-1)$

③ の範囲で $G(t)$ の増減は右のとおりである．

t	$-\sqrt{2}$	$\cdots$	-1	$\cdots$	$\dfrac{1}{2}$	$\cdots$	1	$\cdots$	$\sqrt{2}$
$G'(t)$		$+$	0	$-$	0	$+$	0	$-$	
$G(t)$		↗	極大	↘	極小	↗	極大	↘	

すなわち，

極大値 $\dfrac{5}{3}\quad (t=-1)$,

および，

$\dfrac{1}{3}\quad (t=1)$

極小値 $\dfrac{25}{96}\quad \left(t=\dfrac{1}{2}\right)$

また，

$G(-\sqrt{2}) = \dfrac{1}{2} + \dfrac{\sqrt{2}}{3}, \qquad G(\sqrt{2}) = \dfrac{1}{2} - \dfrac{\sqrt{2}}{3}$

よって，$F(\theta)$ の最大値，最小値は，

$\begin{cases} 最大値\ \dfrac{5}{3}\ \left(\theta = \pi,\ \dfrac{3}{2}\pi\right) \\ 最小値\ \dfrac{1}{2} - \dfrac{\sqrt{2}}{3}\ \left(\theta = \dfrac{\pi}{4}\right) \end{cases}$ ……(答)

§1 対称式は基本対称式で表現せよ

──〈練習 1・1・6〉──────────
平面上に，右図のような，幅1の平行線と，$\angle ABC = \angle R\ (=90°)$ を保ちながら動く点 A, B, C がある．

$\angle CAB = \theta$ とするとき，
(1) △ABC の周の長さ l を θ で表せ．
(2) l の最小値を求めよ．
─────────────────────

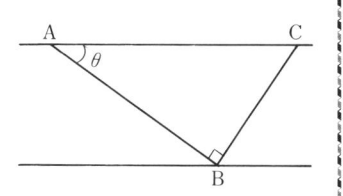

発想法

"$\angle BAC = \theta$" と "幅が1" という情報があるので，これらをいかすために，B から AC へ垂線をひいてみよう（図1）．

解答 右図のように，B から AC に下ろした垂線の足を H とする．また，θ の変域は，
$$0 < \theta < \frac{\pi}{2}$$
である．

図 1

(1)　$AB = \dfrac{BH}{\sin\theta} = \dfrac{1}{\sin\theta}$

　　$BC = \dfrac{BH}{\cos\theta} = \dfrac{1}{\cos\theta}$

　　$CA = \dfrac{AB}{\cos\theta} = \dfrac{1}{\sin\theta \cdot \cos\theta}$

　　$\therefore\ l = AB + BC + CA = \dfrac{\cos\theta + \sin\theta + 1}{\sin\theta \cdot \cos\theta}$ ……(答)

(2)　$t = \sin\theta + \cos\theta$ ……①

とおくと，
$$\begin{cases} t = \sqrt{2}\sin\left(\theta + \dfrac{\pi}{4}\right) \\ 0 < \theta < \dfrac{\pi}{2} \end{cases}$$

より，t の変域は，
$$1 < t \leq \sqrt{2} \quad \cdots\cdots ②$$
また，
$$\sin\theta\cos\theta = \frac{t^2 - 1}{2} \quad \cdots\cdots ③$$

①, ③ を(1)の結果に代入し，それを $f(t)$ とおくと，

$$f(t) = \frac{2(t+1)}{t^2-1}$$
$$= \frac{2}{t-1} \quad (\because \ t+1 \neq 0)$$

$f(t)$ は，② において単調減少であるから (図2)，

最小値 $= f(\sqrt{2}) = \dfrac{2}{\sqrt{2}-1}$

$\qquad = \mathbf{2(\sqrt{2}+1)}$ ……(答)

図 2

(**注**) (2)に関して，「微分・積分」の知識があれば，次のようにしても解決できるが，面倒くさくなる！！

$$f(\theta) = \frac{\sin\theta + \cos\theta + 1}{\sin\theta \cdot \cos\theta}$$

$$f'(\theta) = \frac{\sin\theta - \cos\theta}{\sin^2\theta \cdot \cos^2\theta} \times (\sin\theta \cdot \cos\theta + \sin\theta + \cos\theta + 1)$$

$$= \frac{\sqrt{2}\sin\left(\theta - \dfrac{\pi}{4}\right)}{\sin^2\theta \cdot \cos^2\theta} \times (1+\sin\theta)(1+\cos\theta)$$

よって，$0 < \theta < \dfrac{\pi}{2}$ の範囲で増減表を書くと，$\theta = \dfrac{\pi}{4}$ のとき，極小かつ最小となることがわかる．

よって，

$f\left(\dfrac{\pi}{4}\right) = \mathbf{2(\sqrt{2}+1)}$ ……(答)

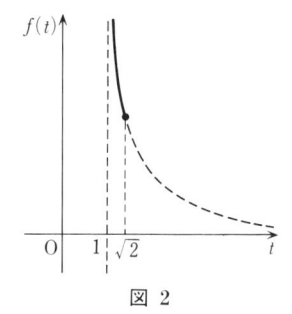

§2 関数の対称性に着眼して考慮すべき変域を絞り込め

　関数 $f(x)$ が与えられ，その関数の表す曲線 $y=f(x)$ のグラフの形を調べなければならない場面は多い．その際，いきなり $y=f(x)$ を微分して増減表などを書いて $y=f(x)$ の形を調べにかかるのは，問題解法のための初期操作を怠っている．これは，車で長距離のドライブに行くとき，タイヤの空気圧やエンジンオイルの状態，バッテリー液の有無などを確認しないで，いきなりハンドルを握ってスタートすると，ドライブの際中に車が故障して難儀に遭遇する危険性があるのと同様に，$y=f(x)$ の形を正しく調べられない可能性が高い．まずは，関数 $f(x)$ の特徴について，観察すべきである．

　チェックすべき事項は，関数 $f(x)$ の変域は何か，またいくつ変数があるか，それらの変数は勝手に動けるか否かなどの確認，次数，対称性，周期性，単調性，凸性などのきわだった特徴があるかどうか……といったものである．この節では，これらの特徴のうちの1つである対称性について学ぶわけだが，諸君は〝なぜ，対称性があるか否かをチェックすべきことが大切なのか〞という理由がわかっているだろうか？

　それは，関数 $f(x)$ に対称性があれば，考慮すべき区間 (変域) が半減またはそれ以上せばめられる，すなわち，変域の本質的な部分 (変域の部分) についてのみ調べればよく，残りの部分に関してはいちいち調べなくとも〝$f(x)$ の対称性により〞との一言で，すませてしまうことができるからである．たとえば，$y=f(x)$ のグラフを描くとき，$y=f(x)$ が y 軸に関して対称だということがわかれば，実際には $x≧0$ の部分についてのみ $f(x)$ を調べ，答案用紙には一言〝対称性により〞と書いて，$x<0$ の部分には $x≧0$ の部分を y 軸に関して折り返したものを描けばよいのである．$f(x)$ が複雑な形をしていればいるほど，対称性に気づくか否かは完答への重要なカギとなるのである．

xy 平面上の直線や曲線を表す方程式 $f(x, y)=0$ に関して大切な次の事実をまず確認せよ.

条　件	直線(曲線)の特徴	例
$f(x, -y)=f(x, y)$	x 軸に関して対称	$y^2=x$　　　　　　（図 A）
$f(-x, y)=f(x, y)$	y 軸に関して対称	$y=x^2$　　　　　　（図 B）
$f(a-x, y)=f(x, y)$	直線 $x=\dfrac{a}{2}$ に関して対称	$y=\left(x-\dfrac{a}{2}\right)^2+5$ （図 C）
$f(x, a-y)=f(x, y)$	直線 $y=\dfrac{a}{2}$ に関して対称	$\left(y-\dfrac{a}{2}\right)^2=-x$ （図 D）
$f(x, y)=f(y, x)$	直線 $x=y$ に関して対称	$x^2+y^2+2x+2y-2=0$ （図 E）
$f(-x, -y)=f(x, y)$	原点に関して対称	$y=x^3$　　　　　　（図 F）
$f(a-x, \beta-y)=f(x, y)$	点 $\left(\dfrac{a}{2}, \dfrac{\beta}{2}\right)$ に関して対称	$\dfrac{\left(x-\dfrac{a}{2}\right)^2}{a^2}+\dfrac{\left(y-\dfrac{\beta}{2}\right)^2}{b^2}=1$ （図 G）

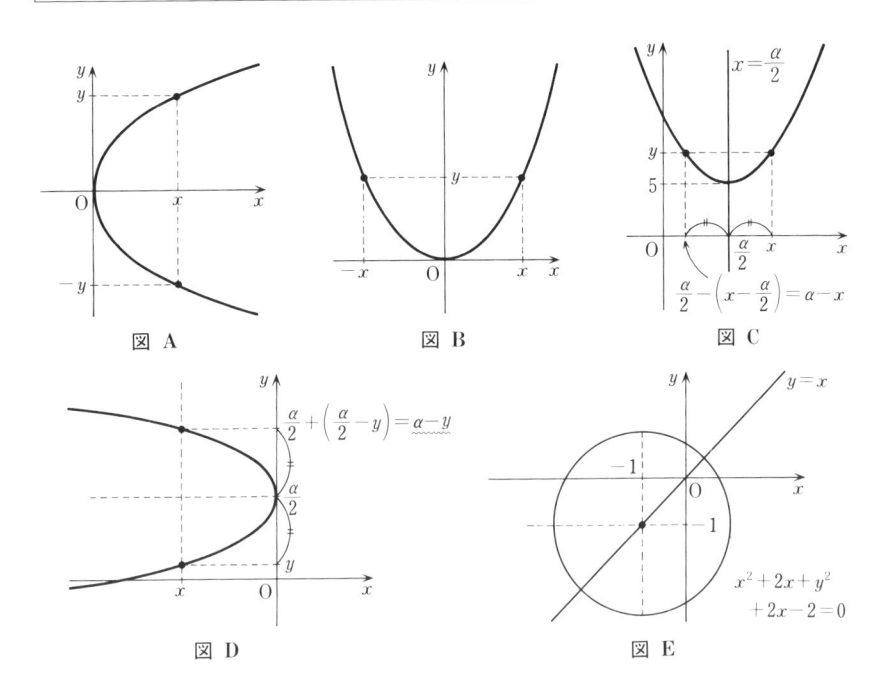

図 A

図 B

図 C

図 D

図 E

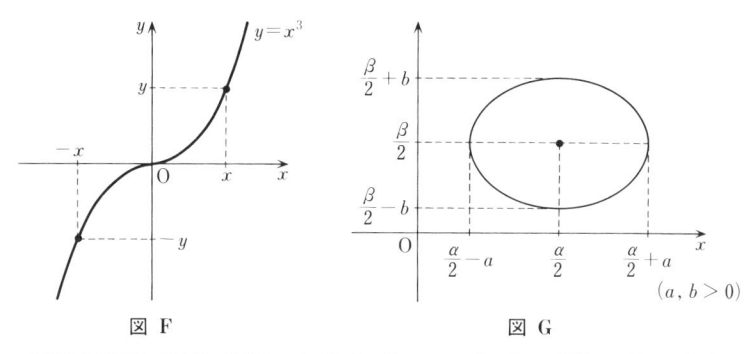

§2 関数の対称性に着眼して考慮すべき変域を絞り込め 33

図 F

図 G

xyz 空間の直線, 曲線, 曲面の方程式 $f(x, y, z)=0$ に関して次の事実を確認せよ.

$f(x, y, z)$ の条件	$f(x, y, z)$ の特徴
$f(x, y, -z)=f(x, y, z)$	xy 平面に関して対称　　　　（図 H）
$f(x, -y, z)=f(x, y, z)$	xz 平面に関して対称
$f(-x, y, z)=f(x, y, z)$	yz 平面に関して対称
$f(x, y, 2\alpha-z)$ $=f(x, y, z)$	平面 $z=\alpha$ に関して対称　　　　（図 I）
$f(x, 2\alpha-y, z)$ $=f(x, y, z)$	平面 $y=\alpha$ に関して対称
$f(2\alpha-x, y, z)$ $=f(x, y, z)$	平面 $x=\alpha$ に関して対称
$f(2\alpha-x, 2\beta-y, z)$ $=f(x, y, z)$	直線 $x=\alpha$, $y=\beta$ に関して対称　（図 J）
$f(2\alpha-x, y, 2\beta-z)$ $=f(x, y, z)$	直線 $x=\alpha$, $z=\beta$ に関して対称
$f(x, 2\alpha-y, 2\beta-z)$ $=f(x, y, z)$	直線 $y=\alpha$, $z=\beta$ に関して対称
$f(x, y, z)$ $=f(-x, -y, -z)$	原点に関して対称
$f(2\alpha-x, 2\beta-y, 2\gamma-z)$ $=f(x, y, z)$	点 (α, β, γ) に関して対称　　　（図 K）

一覧表を見て，"表をそのまま丸暗記しよう"などと考えてはイケナイ！

実際に例を描きながら，なぜ上述の事実が成り立つのかを体得するように習慣づけよ．そうすれば，公式を単に覚えるだけでなく，その公式を自分で導くことも可能になり，かつ，その結果，これらの公式を試験の際に，自然とつかいこなせるようになるからである．

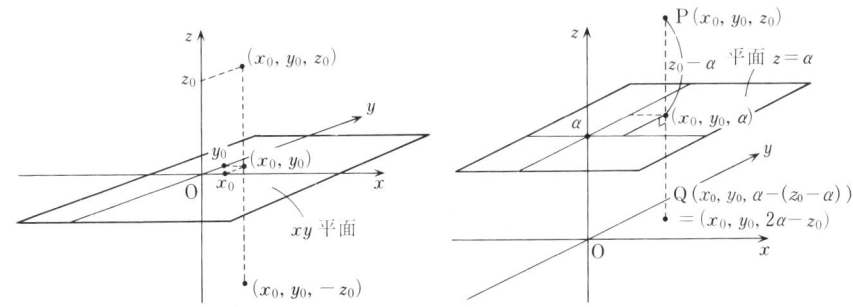

図 **H** xy 平面に関して点 $P(x, y, z)$ に対称な点 $\iff$ 点 $Q(x, y, -z)$

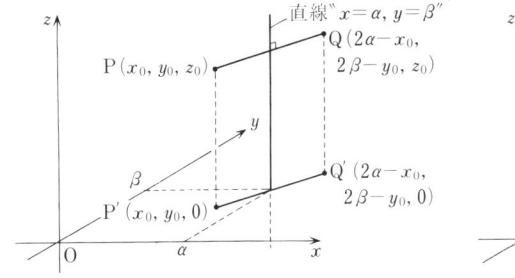

図 **I** 平面 $z = a$ に関して点 $P(x_0, y_0, z_0)$ に対称な点 $\iff$ 点 $Q(x_0, y_0, 2a - z_0)$

図 **J** 直線 "$x = a, y = \beta$" に関して点 $P(x_0, y_0, z_0)$ と対称な点は，点 $Q(2a - x_0, 2\beta - y_0, z_0)$

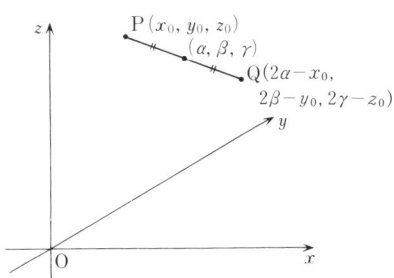

図 **K** 点 $P(x_0, y_0, z_0)$ の点 (α, β, γ) に関する対称点は，点 $Q(2\alpha - x_0, 2\beta - y_0, 2\gamma - z_0)$

[例題 1・2・1]

曲線 C $\begin{cases} x = a(1+\cos\theta)\cos\theta \\ y = a(1+\cos\theta)\sin\theta \end{cases}$ $(a>0,\ -\pi<\theta\leq\pi)$

を図示し，曲線 C を x 軸のまわりに回転してできる回転体の体積を計算せよ． (大阪市大)

発想法

媒介変数表示された曲線の概形を調べて図示する問題には，おもに次の2つの処理のしかたがある．

曲線 C が，次のように媒介変数表示されているとする．すなわち，

$x = f(t)$ ……①　　$y = g(t)$ ……②　　$(a \leq t \leq b)$

(解法 1) ①，② から，媒介変数 t が，容易に消去でき，$f(x,y)=0$ を求めることができるときは，$f(x,y)=0$ について調べ，そのグラフを座標軸に描く．

(解法 2) 媒介変数 t が，簡単には消去できないときは，①，② から，t の変化に伴う，x, y のおのおのの変化を調べ $\left(\dfrac{dx}{dt},\ \dfrac{dy}{dt},\ \dfrac{d^2x}{dt^2},\ \dfrac{d^2y}{dt^2}\ \text{などを求める}\right)$，点 (x, y) の動きを分析して，それらを総合して（合成して）座標平面に，曲線 C の概形を描く．

この問題が，後者のタイプであることは，容易に判断できるだろう．

解答　$x=f(\theta),\ y=g(\theta)$ とおくと，$f(-\theta)=f(\theta),\ g(-\theta)=-g(\theta)$

これより，$-\pi<\theta<0$ の部分は，$0\leq\theta\leq\pi$ の範囲のグラフと x 軸に関して対称である．よって，$0\leq\theta\leq\pi$ の範囲で考えれば十分である．

$\dfrac{dx}{d\theta} = -a\sin\theta(1+2\cos\theta)$

$\dfrac{dy}{d\theta} = a(-\sin^2\theta + \cos\theta + \cos^2\theta) = a(-(1-\cos^2\theta) + \cos\theta + \cos^2\theta)$

$\qquad = a(2\cos^2\theta + \cos\theta - 1) = a(2\cos\theta - 1)(\cos\theta + 1)$

これより，下の増減表を得る．

θ	0		$\dfrac{\pi}{3}$		$\dfrac{\pi}{2}$		$\dfrac{2\pi}{3}$		π
$\dfrac{dx}{d\theta}$	0	$-$	$-$	$-$	$-$	0	$+$	0	
x	$2a$	$\searrow$	$\dfrac{3a}{4}$	$\searrow$	0	$\searrow$	$-\dfrac{a}{4}$	$\nearrow$	0
$\dfrac{dy}{d\theta}$	$+$	$+$	0	$-$	$-$	$-$	$-$	0	
y	0	$\nearrow$	$\dfrac{3\sqrt{3}}{4}a$	$\searrow$	a	$\searrow$	$\dfrac{\sqrt{3}}{4}a$	$\searrow$	0

したがって，曲線 C の概形は，図1の太線部と破線部を合わせたものになる．
次に，
$$\begin{cases} y_1 = a(1+\cos\theta)\sin\theta & \left(0 \leq \theta \leq \dfrac{2}{3}\pi\right) \\ y_2 = a(1+\cos\theta)\sin\theta & \left(\dfrac{2}{3}\pi \leq \theta \leq \pi\right) \end{cases}$$

$$f(0) = \beta, \quad f\left(\dfrac{2}{3}\pi\right) = \alpha, \quad f(\pi) = 0$$

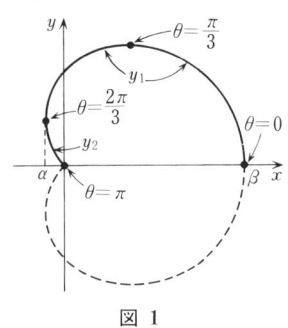

とすると，求める体積 V は，
$$\begin{aligned}
V &= \int_\alpha^\beta \pi y_1^2 dx - \int_\alpha^0 \pi y_2^2 dx \\
&= \int_{\frac{2}{3}\pi}^0 \pi y^2 \dfrac{dx}{d\theta} \cdot d\theta - \int_{\frac{2}{3}\pi}^\pi \pi y^2 \dfrac{dx}{d\theta} d\theta \\
&= -\int_0^\pi \pi y^2 \dfrac{dx}{d\theta} d\theta \\
&= \pi a^3 \int_0^\pi (1+\cos\theta)^2 \sin^2\theta \cdot \sin\theta(1+2\cos\theta) d\theta
\end{aligned}$$

〔$\cos\theta = t$ とおくと，$(-\sin\theta d\theta = dt)$〕
$$\begin{aligned}
&= -\pi a^3 \int_1^{-1} (1+t)^2(1-t^2)(1+2t) dt \\
&= \pi a^3 \int_{-1}^1 (1+t)^2(1-t^2)(1+2t) dt
\end{aligned}$$

〔ここで，$\int_{-1}^1 (奇関数) dx = 0$ であるから，偶数乗になる部分だけ，くくり出す〕
$$\begin{aligned}
&= 2\pi a^3 \int_0^1 \{t^2 \cdot 1 \cdot 1 + t^2 \cdot (-t^2) \cdot 1 + 2t \cdot 1 \cdot 2t + 2t \cdot (-t^2) \cdot 2t + 1 \cdot 1 \cdot 1 \\
&\quad + 1 \cdot (-t^2) \cdot 1\} dt \\
&= 2\pi a^3 \int_0^1 (-5t^4 + 4t^2 + 1) dt \\
&= \dfrac{8}{3}\pi a^3 \qquad \cdots\cdots(答)
\end{aligned}$$

§2 関数の対称性に着眼して考慮すべき変域を絞り込め

〈練習 1・2・1〉

次の曲線 C の概形を描け.
  $C: x = a\sin\theta,\ y = a\sin 2\theta \quad (a > 0,\ -\infty < \theta < \infty)$

発想法

$$\begin{cases} x = a\sin\theta & \cdots\cdots ① \\ y = a\sin 2\theta & \cdots\cdots ② \\ a > 0 \end{cases}$$

まず, ①, ②式から, θ を消去して, x, y の関係式 $f(x, y) = 0$ をつくると, 非常に厄介な形になる.

そこで,「例題 1・2・1」と同様に, x, y の変化を別々に調べて, 曲線 C の概形を描こう. また, その際, 曲線 C の対称性をとらえることにより, θ の変化を必要最小限に絞って考えるとよい.

すなわち, 解答において考察すべきことを個条書きにすると,

  (ア) 曲線 C のグラフは, どの範囲に存在するか?
  (イ) 媒介変数 θ の変域は, $-\infty < \theta < \infty$ であるが, もっと限定することはできないか?
  (ウ) $\dfrac{dx}{d\theta},\ \dfrac{dy}{d\theta}$ を求め, x, y おのおのの増減表を描く.

以上(ア), (イ), (ウ)の考察に従って曲線 C の概形を描こう.

解答 (ア) $|x| \leq a,\ |y| \leq a,\ \left|\dfrac{y}{x}\right| = |2\cos\theta| \leq 2$ という

3つの必要条件より, 曲線 C は, 図1の斜線の領域に存在することがわかる.

(イ) $a\sin(\theta + 2\pi) = a\sin\theta$
  $a\sin(2\theta + 2\pi) = a\sin 2\theta$

であるから, まず, $-\pi < \theta < \pi$ の範囲(つまり 2π 分の範囲)で調べればよいことがわかる.

さらに, $x = f(\theta),\ y = g(\theta)$ とおくと,
  $f(-\theta) = -f(\theta),\quad g(-\theta) = -g(\theta)$

より, 曲線 C は原点対称である.

よって, $0 \leq \theta \leq \pi$ の範囲で調べればよいことがわかる.

(ウ) $\dfrac{dx}{d\theta} = a\cos\theta,\ \dfrac{dy}{d\theta} = 2a\cos 2\theta$

  $\dfrac{dy}{dx} = \dfrac{2a\cos 2\theta}{a\cos\theta} = \dfrac{2(2\cos^2\theta - 1)}{\cos\theta} \quad \left(\theta \neq \dfrac{\pi}{2}\right)$

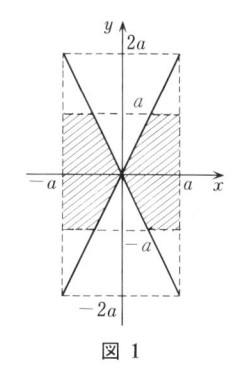

より,

図 1

$\theta = \dfrac{\pi}{4}\left(x = \dfrac{a}{\sqrt{2}},\ y = a\right)$, $\dfrac{3}{4}\pi\left(x = \dfrac{a}{\sqrt{2}},\ y = -a\right)$ のとき, $\dfrac{dy}{dx} = 0$

また, $\theta = 0$ のとき, $\dfrac{dy}{dx} = 2$

$\theta \to \dfrac{\pi}{2} - 0$ のとき, $\dfrac{dy}{dx} \to -\infty$

$\theta \to \dfrac{\pi}{2} + 0$ のとき, $\dfrac{dy}{dx} \to +\infty$

よって, 次の増減表を得る.

θ	0		$\dfrac{\pi}{4}$		$\dfrac{\pi}{2}$		$\dfrac{3\pi}{4}$		π
$\dfrac{dx}{d\theta}$		$+$		$+$	0	$-$		$-$	
x	0	↗	$\dfrac{a}{\sqrt{2}}$	↗	a	↘	$\dfrac{a}{\sqrt{2}}$	↘	0
y	0	↗	a	↘	0	↘	$-a$	↗	0
$\dfrac{dy}{dx}$		$+$	0	$-$	$(-\infty)(+\infty)$	$+$	0	$-$	

(ア), (イ), (ウ) の考察により求める C の概形は, 図 2 のようになる.

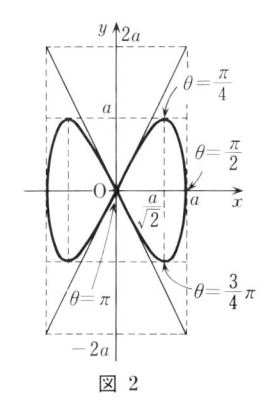

図 2

§2 関数の対称性に着眼して考慮すべき変域を絞り込め　39

[例題 1・2・2]

　任意の2次関数 $f(x)$ に対して，つねに，
$$\int_{-1}^{1} f(x)(x^3+px+q)dx=0 \quad \cdots\cdots(*)$$
が成り立つように，実数 p, q を求めよ．

発想法 1

　積分区間が，原点対称なので，

　　$f(x)$ が偶関数； $\int_{-a}^{a} f(x)dx = 2\int_{0}^{a} f(x)dx$

　　$f(x)$ が奇関数； $\int_{-a}^{a} f(x)dx = 0$

という性質を利用して，手際よく処理しよう．

[解答] 1　$f(x)=ax^2+bx+c$ （ただし，$a(\neq 0)$, b, c は任意の数),
　　$g(x)=x^3+px+q$

とおくと，与式は，
$$\int_{-1}^{1}(ax^2+bx+c)g(x)dx=0 \quad \cdots\cdots(*)$$

　左辺を分解して，
$$a\int_{-1}^{1} x^2 g(x)dx + b\int_{-1}^{1} xg(x)dx + c\int_{-1}^{1} g(x)dx = 0$$

これが，任意の a, b, c に対して成り立つ条件は，
$$\int_{-1}^{1} x^2 g(x)dx = \int_{-1}^{1} xg(x)dx = \int_{-1}^{1} g(x)dx = 0 \quad \cdots\cdots(**)$$

「発想法」で述べた性質を利用して3つの関数方程式を手際よく計算すると，
$$\int_{-1}^{1} x^2 g(x)dx = \int_{-1}^{1}(x^5+px^3+qx^2)dx = 2q\int_{0}^{1} x^2 dx = 2q\left[\frac{x^3}{3}\right]_0^1$$
$$=\frac{2}{3}q=0$$

　　$\therefore\quad q=0 \quad \cdots\cdots$①
$$\int_{-1}^{1} xg(x)dx = \int_{-1}^{1}(x^4+px^2+qx)dx = 2\int_{0}^{1}(x^4+px^2)dx$$
$$=\frac{2}{5}+\frac{2}{3}p=0$$

　　$\therefore\quad p=-\frac{3}{5} \quad \cdots\cdots$②
$$\int_{-1}^{1} g(x)dx = \int_{-1}^{1}(x^3+px+q)dx = 2q\int_{0}^{1} dx$$
$$=2q=0$$

　　$\therefore\quad q=0 \quad \cdots\cdots$③

以上，①かつ②かつ③より，求める p, q は　　　$p=-\dfrac{3}{5},\ q=0$　　　……(答)

次に，別の解法をあげてみる．

発想法 2

"任意の 2 次関数 $f(x)$ に対して" という全称命題があるので，特別な $f(x)=ax^2+bx+c$ $(a\neq 0)$ とおいて扱いやすい $a\,(\neq 0), b, c$ を代入して p, q に関する必要十分条件を求めて，解となりうる p, q の値を絞り込んだ後に十分性のチェックにより，解を求めよう．（Ⅰの第 5 章 §1 参照）．

解答 2 $f(x)=x^2$ のときにも，（＊）が成り立つことが必要である．よって，

$$\int_{-1}^{1} x^2(x^3+px+q)dx = 2\int_{0}^{1} qx^2 dx = 2\left[\dfrac{q}{3}x^3\right]_0^1 = \dfrac{2}{3}q = 0$$

　　　∴　$q=0$　……①

$f(x)=x^2+x$ のときにも，（＊）が成り立つことが必要である．よって，

$$\int_{-1}^{1}(x^2+x)(x^3+px+q)dx = \int_{-1}^{1}\{x^4+(p+q)x^2\}dx = 2\int_{0}^{1}\{x^4+(p+q)x^2\}dx$$

$$= 2\left[\dfrac{x^5}{5}+\dfrac{p+q}{3}x^3\right]_0^1 = 0$$

$$\iff \dfrac{1}{5}+\dfrac{p+q}{3}=0 \quad \therefore\ p+q=-\dfrac{3}{5}\quad\text{……②}$$

ゆえに，①，②より，$p=-\dfrac{3}{5},\ q=0$　すなわち，$g(x)=x^3-\dfrac{3}{5}x$　……③　であることが必要である．

次に，③が，十分であることを示す．

$$\int_{-1}^{1}(ax^2+bx+c)\left(x^3-\dfrac{3}{5}x\right)dx = \int_{-1}^{1}\left(bx^4-\dfrac{3}{5}bx^2\right)dx = 2b\left[\dfrac{1}{5}x^5-\dfrac{1}{5}x^3\right]_0^1$$

$$= 0$$

よって，十分でもある．

　　　∴　$p=-\dfrac{3}{5},\ q=0$　　　……(答)

§2 関数の対称性に着眼して考慮すべき変域を絞り込め

─〈練習 1・2・2〉─

a を正の定数，k を実数の定数とする．いま，連続関数 $f(x)$ が，
$$f(x)>0, \quad f(x)+f(a-x)=k$$
をみたすとき，次の不等式を証明せよ．また，等号が成立する場合を調べよ．
$$\frac{a}{4}k^2 \leq \int_0^a \{f(x)\}^2 dx < \frac{a}{2}k^2$$

発想法

$y=f(x)$ のグラフと $y=f(a-x)$ のグラフは，直線 $x=\dfrac{a}{2}$ に関して線対称である《また，本問を解くうえで直接必要とされるわけではないが，

$f(x)+f(a-x)=k$ （定数）なる条件より，$f(x)-\dfrac{k}{2}=\dfrac{k}{2}-f(a-x)$，よって，$y=f(x)$ のグラフと $y=f(a-x)$ のグラフは，直線 $y=\dfrac{k}{2}$ に関して線対称で

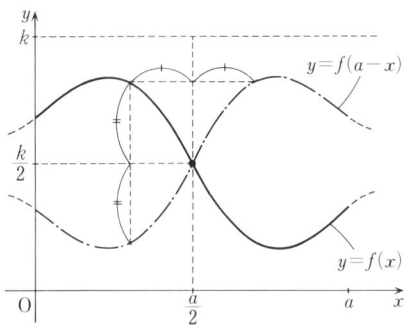

図1 $y=f(x)$ と $y=f(a-x)$ の一例

あり，以上より，$y=f(x)$ および $y=f(a-x)$ それぞれのグラフが点 $\left(\dfrac{a}{2}, \dfrac{k}{2}\right)$ に関して点対称であることがわかる．また，任意の実数 x に対して $f(x)>0$ より $f(a-x)$ も正，したがって，$k-f(x)>0$ となることから，$0<f(x)<k$．以上より，図1のグラフを得る》．

よって，$y=\{f(x)\}^2$ のグラフと $y=\{f(a-x)\}^2$ のグラフも直線 $x=\dfrac{a}{2}$ に関して線対称である（図2）．

したがって，図2を見ればわかるように，
$$\int_0^{\frac{a}{2}} \{f(a-x)\}^2 dx \ (\equiv S_1)$$
$$=(S_2\equiv) \int_{\frac{a}{2}}^a \{f(x)\}^2 dx$$
すなわち，
$$\int_0^{\frac{a}{2}} \{f(a-x)\}^2 dx = \int_{\frac{a}{2}}^a \{f(x)\}^2 dx$$
……(☆)

図2 $y=\{f(x)\}^2$ と $y=\{f(a-x)\}^2$ のグラフ（$x=\dfrac{a}{2}$ に関して線対称）

42　第1章　対称性を活かした解答のつくり方

であるから，

$$\int_0^a \{f(x)\}^2 dx = \int_0^{\frac{a}{2}} \{f(x)\}^2 dx + \int_{\frac{a}{2}}^a \{f(x)\}^2 dx \quad (\because \text{ 積分区間を分けた})$$

$$= \int_0^{\frac{a}{2}} \{f(x)\}^2 dx + \int_0^{\frac{a}{2}} \{f(a-x)\}^2 dx \quad (\because \text{ (☆)})$$

$$= \int_0^{\frac{a}{2}} [\{f(x)\}^2 + \{f(a-x)\}^2] dx$$

$$= \int_0^{\frac{a}{2}} [\{f(x) + f(a-x)\}^2 - 2f(x)f(a-x)] dx$$

$$= \int_0^{\frac{a}{2}} \{k^2 - 2f(x)f(a-x)\} dx \quad \cdots\cdots(☆☆)$$

よって，(☆☆) と $\dfrac{a}{4}k^2$，$\dfrac{a}{2}k^2$ との大小関係を調べるには，$\dfrac{a}{4}k^2$ および $\dfrac{a}{2}k^2$ を

$\dfrac{a}{4}k^2 = \int_0^{\frac{a}{2}} \square\, dx$，$\dfrac{a}{2}k^2 = \int_0^{\frac{a}{2}} \triangle\, dx$ の形にして，(☆☆) の被積分関数：

$k^2 - 2f(x)f(a-x)$ と $\square$ および $\triangle$ との大小を比較すればよい．

解答　2曲線 $y=f(x)$，$y=f(a-x)$ は，直線 $x=\dfrac{a}{2}$ に関して線対称だから，

$$\int_{\frac{a}{2}}^a \{f(x)\}^2 dx = \int_0^{\frac{a}{2}} \{f(a-x)\}^2 dx$$

よって，

$$\int_0^a \{f(x)\}^2 dx = \int_0^{\frac{a}{2}} \{f(x)\}^2 dx + \int_{\frac{a}{2}}^a \{f(x)\}^2 dx$$

$$= \int_0^{\frac{a}{2}} \{f(x)\}^2 dx + \int_0^{\frac{a}{2}} \{f(a-x)\}^2 dx$$

$$= \int_0^{\frac{a}{2}} [\{f(x)\}^2 + \{f(a-x)\}^2] dx$$

$$= \int_0^{\frac{a}{2}} [\{f(x) + f(a-x)\}^2 - 2f(x)f(a-x)] dx$$

$$\therefore \int_0^a \{f(x)\}^2 dx = \int_0^{\frac{a}{2}} \{k^2 - 2f(x)f(a-x)\} dx \quad \cdots\cdots①$$

一方，$f(x) > 0$，$f(a-x) > 0$ だから，相加・相乗平均の関係より，

$$\frac{f(x) + f(a-x)}{2} \geq \sqrt{f(x)f(a-x)}$$

$$\therefore k \geq 2\sqrt{f(x)f(a-x)} > 0 \quad (\because f(x) + f(a-x) = k)$$

両辺を2乗して，　$k^2 \geq 4 \cdot f(x)f(a-x) > 0$

よって，　$0 < 2f(x)f(a-x) \leq \dfrac{k^2}{2}$

$$\therefore \quad \left(k^2-\frac{k^2}{2}=\right)\frac{k^2}{2} \leq k^2-2f(x)f(a-x) < (k^2-0=)\ k^2 \quad \cdots\cdots ②$$

①, ②から,

$$\int_0^{\frac{a}{2}} \frac{k^2}{2} dx \leq \int_0^{\frac{a}{2}} \{k^2-2f(x)f(a-x)\} dx < \int_0^{\frac{a}{2}} k^2 dx$$

$$\therefore \quad \frac{a}{4}k^2 \leq \int_0^a \{f(x)\}^2 dx < \frac{a}{2}k^2 \quad \cdots\cdots ③$$

不等式の右側の等号は成立しえず,左側の等号が成立するのは,

$$f(x)=f(a-x)=\frac{k}{2}$$

$$\iff f(x)=\frac{k}{2} \quad (定数)$$

のときである.

(補足) $y=f(x),\ y=f(a-x)$ が,直線 $x=\dfrac{a}{2}$ に関して対称であることは,2つの関数式の形からすぐにわかることであるが,ここでは,実際に計算して確かめておこう.すなわち,曲線 $y=f(x)$ と直線 $x=\dfrac{a}{2}$ に関して,対称な曲線の方程式を求め,これが $y=f(a-x)$ であることを確かめる.

$y=f(x)$ 上の点 P$(x,\ y)$ と直線 $x=\dfrac{a}{2}$ に関して対称な点を Q$(X,\ Y)$ とすると,

$$y=Y,\quad \frac{x+X}{2}=\frac{a}{2}$$

$$\therefore \quad y=Y,\quad x=a-X$$

一方,点 $(x,\ y)$ は $y=f(x)$ 上にあるから,

$$Y=f(a-X) \quad \cdots\cdots(*)$$

が成り立つ.すなわち,求める曲線上の任意の点 $(X,\ Y)$ が $(*)$ をみたすことから,求める曲線は,$y=f(a-x)$ である.

44　第1章　対称性を活かした解答のつくり方

[例題 1・2・3]

$I = \displaystyle\int_{\frac{\pi}{8}}^{\frac{3}{8}\pi} \dfrac{dx}{1+(\tan x)^{\sqrt{2}}}$ を求めよ．

発想法

三角関数や分数関数の積分に関する知識をフルにつかったとしても，

$I = \displaystyle\int_{\frac{\pi}{8}}^{\frac{3}{8}\pi} \dfrac{dx}{1+(\tan x)^{\sqrt{2}}}$ を簡単に計算することはできそうにない．

それゆえ，この問題には，この問題特有の性質があり，原始関数を求めないで決着がつけられるのではないかと推測してみるべきである．

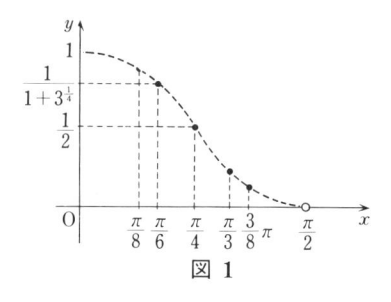

図 1

すると，積分区間 $\left[\dfrac{\pi}{8}, \dfrac{3}{8}\pi\right]$ が $x=\dfrac{\pi}{4}$ に関して対称（すなわち，積分区間 $\left(\dfrac{\pi}{8}, \dfrac{3}{8}\pi\right)$ の中点が $\dfrac{\pi}{4}$）であることや，またそのときの被積分関数 $f(x) = \dfrac{1}{1+(\tan x)^{\sqrt{2}}}$ のグラフの概形を，点 $(0, 1)$, $\left(\dfrac{\pi}{8}, f\left(\dfrac{\pi}{8}\right)\right)$, $\left(\dfrac{\pi}{6}, f\left(\dfrac{\pi}{6}\right)\right)$, $\left(\dfrac{\pi}{4}, f\left(\dfrac{\pi}{4}\right)\right)$, $\left(\dfrac{\pi}{3}, f\left(\dfrac{\pi}{3}\right)\right)$, $\left(\dfrac{3}{8}\pi, f\left(\dfrac{3}{8}\pi\right)\right)$ などをプロットしていくことにより描くと，どうやら $\dfrac{\pi}{8} \leqq x \leqq \dfrac{3}{8}\pi$ の範囲で，点 $\left(\dfrac{\pi}{4}, \dfrac{1}{2}\right)$ に関して点対称であるらしいことがわかる（図 1）．これより，まず，$y=f(x)$, $\dfrac{\pi}{8} \leqq x \leqq \dfrac{3}{8}\pi$ が点 $\left(\dfrac{\pi}{4}, \dfrac{1}{2}\right)$ に関して対称であること，すなわち $\dfrac{f(x)+f\left(\dfrac{\pi}{2}-x\right)}{2} = f\left(\dfrac{\pi}{4}\right)$ が成り立つことを示そう．

解答　まず，$f(x) = \dfrac{1}{1+(\tan x)^{\sqrt{2}}}$ が，点 $\left(\dfrac{\pi}{4}, \dfrac{1}{2}\right)$ に関して点対称であることを示す．

そのためには，

$\dfrac{f(x)+f\left(\dfrac{\pi}{2}-x\right)}{2} = f\left(\dfrac{\pi}{4}\right)$

$\Longleftrightarrow f(x)+f\left(\dfrac{\pi}{2}-x\right) = 1$

を示せば十分である．そのために，次の事実（∗）を用いる．図 2 を参照して，

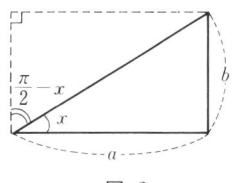

図 2

§2 関数の対称性に着眼して考慮すべき変域を絞り込め　45

$$\tan\left(\frac{\pi}{2}-x\right)=\frac{a}{b}=\frac{1}{\tan x} \quad \cdots\cdots (*)$$

すると，　$f(x)+f\left(\dfrac{\pi}{2}-x\right)=\dfrac{1}{1+(\tan x)^{\sqrt{2}}}+\dfrac{1}{1+\left(\tan\left(\dfrac{\pi}{2}-x\right)\right)^{\sqrt{2}}}$

$$=\frac{1}{1+(\tan x)^{\sqrt{2}}}+\frac{(\tan x)^{\sqrt{2}}}{(\tan x)^{\sqrt{2}}+1}=1$$

したがって，$f(x)$ は点 $\left(\dfrac{\pi}{4},\ \dfrac{1}{2}\right)$ に関して点対称である．よって図3より，

$$\int_{\frac{\pi}{8}}^{\frac{3}{8}\pi}\frac{dx}{1+(\tan x)^{\sqrt{2}}}=\frac{1}{2}\cdot\frac{\pi}{4}$$

$$=\boldsymbol{\frac{\pi}{8}} \qquad \cdots\cdots(答)$$

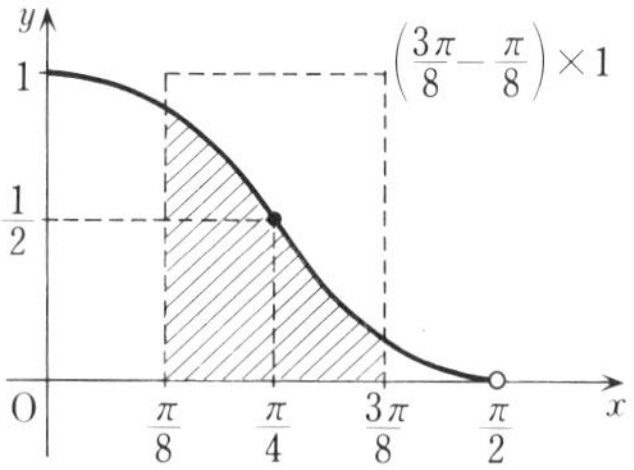

図3

【別解】　$I=\displaystyle\int_{\frac{\pi}{8}}^{\frac{3}{8}\pi}\frac{dx}{1+(\tan x)^{\sqrt{2}}}$

$$=\int_{\frac{\pi}{8}}^{\frac{3}{8}\pi}\frac{(\cos x)^{\sqrt{2}}}{(\cos x)^{\sqrt{2}}+(\sin x)^{\sqrt{2}}}dx \quad \cdots\cdots①$$

また，$x=\dfrac{\pi}{2}-t$ とおいて置換すると，

$$I=-\int_{\frac{3}{8}\pi}^{\frac{\pi}{8}}\frac{1}{1+\left\{\tan\left(\dfrac{\pi}{2}-t\right)\right\}^{\sqrt{2}}}dt$$

$$=\int_{\frac{\pi}{8}}^{\frac{3}{8}\pi}\frac{\left\{\cos\left(\dfrac{\pi}{2}-t\right)\right\}^{\sqrt{2}}}{\left\{\cos\left(\dfrac{\pi}{2}-t\right)\right\}^{\sqrt{2}}+\left\{\sin\left(\dfrac{\pi}{2}-t\right)\right\}^{\sqrt{2}}}dt$$

$$=\int_{\frac{\pi}{8}}^{\frac{3}{8}\pi}\frac{(\sin t)^{\sqrt{2}}}{(\sin t)^{\sqrt{2}}+(\cos t)^{\sqrt{2}}}dt=\int_{\frac{\pi}{8}}^{\frac{3}{8}\pi}\frac{(\sin x)^{\sqrt{2}}}{(\sin x)^{\sqrt{2}}+(\cos x)^{\sqrt{2}}}dx \quad \cdots\cdots②$$

①+②より，

$$2I=\int_{\frac{\pi}{8}}^{\frac{3}{8}\pi}\frac{(\cos x)^{\sqrt{2}}}{(\cos x)^{\sqrt{2}}+(\sin x)^{\sqrt{2}}}dx+\int_{\frac{\pi}{8}}^{\frac{3}{8}\pi}\frac{(\sin x)^{\sqrt{2}}}{(\sin x)^{\sqrt{2}}+(\cos x)^{\sqrt{2}}}dx$$

$$=\int_{\frac{\pi}{8}}^{\frac{3}{8}\pi}\frac{(\cos x)^{\sqrt{2}}+(\sin x)^{\sqrt{2}}}{(\cos x)^{\sqrt{2}}+(\sin x)^{\sqrt{2}}}dx=\int_{\frac{\pi}{8}}^{\frac{3}{8}\pi}dx=\frac{3}{8}\pi-\frac{\pi}{8}=\frac{\pi}{4}$$

$$I=\int_{\frac{\pi}{8}}^{\frac{3}{8}\pi}\frac{dx}{1+(\tan x)^{\sqrt{2}}}=\frac{\pi}{4}\times\frac{1}{2}=\boldsymbol{\frac{\pi}{8}} \qquad \cdots\cdots(答)$$

46　第1章　対称性を活かした解答のつくり方

┌─〈練習　1・2・3〉─────────────────────┐
│　　$f(x, y) = xy\left(x - \dfrac{1}{2}\right)(x-y+1)(x+y+1)(x^2+y^2-1)$
│とする．
│　　$f(x, y) > 0$, $-5 \leqq x \leqq 5$, $-5 \leqq y \leqq 5$　をみたす領域の面積を求めよ．
└──────────────────────────────┘

発想法

　$f(x, y) = 0$ は，領域の境界を表す．$f(x, -y) = -f(x, y)$ であることより，求める領域の境界は，x 軸に関して対称であり，また，点 (x, y) が求めるべき領域内の点ならば，その点と x 軸に関して対称な点 $(x, -y)$ は領域に含まれないことがわかる．このような対称性に着目して解答しよう．

解答　$f(x, -y) = x(-y)\left(x - \dfrac{1}{2}\right)\{x-(-y)+1\}\{x+(-y)+1\}\{x^2+(-y)^2-1\}$

$\qquad\qquad = -xy\left(x - \dfrac{1}{2}\right)(x+y+1)(x-y+1)(x^2+y^2-1)$

$\qquad\qquad = -f(x, y)$

$\qquad\therefore\ f(x, -y) + f(x, y) = 0$ ……(＊)

(i) $f(x, y) = 0$ は領域の境界を表す．

　(＊)は，点 (x, y) が曲線 $f(x, y) = 0$ 上にあれば，x 軸に関して対称な点 $(x, -y)$ も $f(x, y) = 0$ 上にあることを示している(図1)．

　よって，$f(x, y) = 0$ が表す境界線は，x 軸対称であることがわかる．

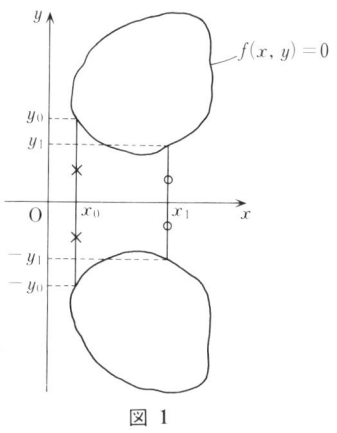

(ii) $f(x, y) > 0$（正領域）のとき，(＊)より，
　　$f(x, -y) = -f(x, y) < 0$
　一方，
　　$f(x, y) < 0$（負領域）のとき，(＊)より，
　　$f(x, -y) = -f(x, y) > 0$

　よって，$f(x, y) = 0$ によって囲まれる領域の正・負は，x 軸に関して対称な領域において逆転していることがわかる(図2)．

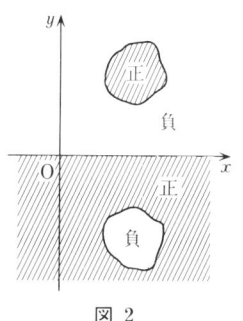

　以上より，
　　《$f(x, y) > 0$ なる領域の面積》
　　＝《$f(x, y) < 0$ なる領域の面積》
　いま，$-5 \leqq x \leqq 5$, $-5 \leqq y \leqq 5$ なる領域の面積を T とすると，
　　$T : 10 \times 10 = 100$

図 1

図 2

§2 関数の対称性に着眼して考慮すべき変域を絞り込め 47

よって，$f(x, y)>0$ なる領域の面積は，T の半分であるから，**50** ……(答)

(補足)
　$f(x, y)>0$ なる領域を実際に図示してみよう．
　$f(x, y)=0$
をみたす直線または曲線を平面上に描くと，それによって，xy 平面は 20 個の領域に分割される (図 3)．

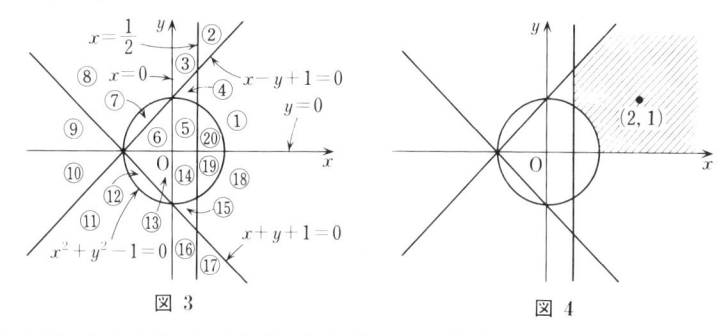

図 3

図 4

たとえば，ある 1 点として点 $(2, 1)$ を $f(x, y)$ に代入してみると，

$$f(2, 1)=2 \cdot 1 \cdot \left(2-\frac{1}{2}\right)(2-1+1)(2+1+1)(2^2+1^2-1)$$

$$=2 \cdot \frac{3}{2} \cdot 2 \cdot 4 \cdot 4$$

$$=96>0$$

よって，点 $(2, 1)$ を含む領域は，$f(x, y)>0$ をみたすことがわかる (図 4 の斜線部)．

境界を横切るたびに $f(x, y)$ の符号が変化すること，および $-5 \leqq x \leqq 5$，$-5 \leqq y \leqq 5$ をみたすことから，題意の領域は図 5 の斜線部である (すなわち，図 3 に示した領域の番号順にたどり，① → ③ → ⑤ → … と奇数番号に斜線をつけていけば図 5 を得る)．

図 5 より，斜線部の面積は正方形 ($-5 \leqq x \leqq 5$, $-5 \leqq y \leqq 5$) の面積の半分であることがわかる．

よって，求める面積は **50** ……(答)

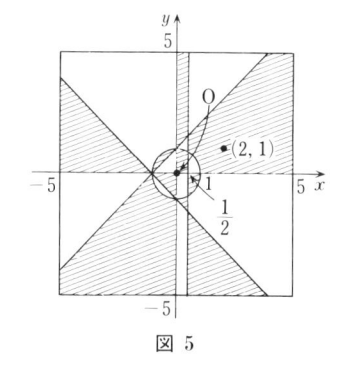

図 5

[例題 1・2・4]

3次関数 $y=f(x)=\dfrac{1}{6}x^3+\dfrac{1}{2}x-\dfrac{1}{3}$ の逆関数を $y=g(x)$ とする．このとき，曲線 $y=g(x)$ と $y=f(x)$ で囲まれる部分の面積を求めよ．

(群馬大 工)

発想法

$y=f(x)$ の逆関数 $y=g(x)$ は，$x \to y$, $y \to x$ の変換をした関数であるから，$y=f(x)$ と $y=g(x)$ は，$y=x$ に関して対称である．したがって，$y=g(x)$ なる関数を具体的に求めなくとも，$y=f(x)$ と $y=x$ によって囲まれる面積を2倍すれば，求めるべき面積にほかならないことに注意しよう．

解答 関数 $y=f(x)$ のグラフと $y=g(x)$ のグラフは，直線 $y=x$ に関して対称である．$y=f(x)$ と $y=x$ の交点の x 座標は，

$$\dfrac{1}{6}x^3+\dfrac{1}{2}x-\dfrac{1}{3}=x$$

$$\iff x^3-3x-2=0$$

$$\iff (x+1)^2(x-2)=0$$

$$\therefore \quad x=-1 \text{(重複解)}, \ 2$$

また，$f'(x)=\dfrac{1}{2}x^2+\dfrac{1}{2}>0$

よって，$y=f(x)$ は単調増加で，グラフは右図のようになり，求める面積 S は，図1の斜線部分の2倍である．

$$S=2\int_{-1}^{2}\left\{x-\left(\dfrac{1}{6}x^3+\dfrac{1}{2}x-\dfrac{1}{3}\right)\right\}dx$$

$$=2\left[-\dfrac{x^4}{24}+\dfrac{x^2}{4}+\dfrac{x}{3}\right]_{-1}^{2}$$

$$=2\left(-\dfrac{2}{3}+1+\dfrac{2}{3}+\dfrac{1}{24}-\dfrac{1}{4}+\dfrac{1}{3}\right)$$

$$=\dfrac{9}{4} \quad \cdots\cdots\text{(答)}$$

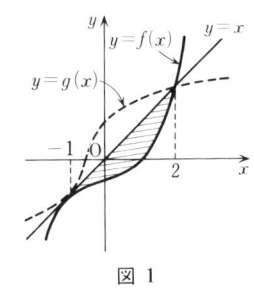

図1

§2 関数の対称性に着眼して考慮すべき変域を絞り込め   49

―― ⟨練習 1・2・4⟩ ――
(1) 次の式で表される曲線 C を描け．
$$C:|y+1|\cdot|y-1|+|x|=1\quad(y\geqq 0)$$
(2) 直線 $x=a\ (a>0)$ が，曲線 C と 2 点 P, Q で交わっているとする．PQ を 1 辺とし，4 頂点が，曲線 C 上にある長方形 PQRS の面積が最大となるときの a の値を求めよ． (東京医科歯科大)

発想法

曲線 C は，$f(x,y)=f(-x,y)$，すなわち，y 軸に関して対称な図形である．

よって，曲線 C を描くには，$x\geqq 0$ の場合についてのみ調べ，それを y 軸に関して折り返せばよい．(2)も，曲線 C が y 軸対称であることから，点 R, S はそれぞれ点 Q, P と y 軸に関して対称な点であることがわかる．PQRS の面積は a を用いて容易に表すことができる．

解答 (1) $C:|y+1|\cdot|y-1|+|x|=1\quad(y\geqq 0)$ ……①

① は，y 軸対称な図形なので，$x\geqq 0$ の部分について調べて描き，それを y 軸に関して折り返せば曲線 C を得ることができる．

$\underline{x\geqq 0,\ y\geqq 1\ \text{のとき}}$：
$\quad C:y^2=-x+2$

$\underline{x\geqq 0,\ 0\leqq y\leqq 1\ \text{のとき}}$：
$\quad C:y^2=x$

よって，曲線 C は，図1(実太線部)のようになる．

(2) 直線 $x=a$ が，曲線 C と 2 点 P, Q で交わるとき，すなわち，$0<a<1$ のとき
$$P(a,\sqrt{2-a}),\ Q(a,\sqrt{a})$$
と表せる．曲線 C は y 軸に関して，対称であるから，長方形 PQRS の面積 $S(a)$ は，図1の斜線部を2倍したものすなわち，
$$S(a)=2\times a(\sqrt{2-a}-\sqrt{a})$$
と表せる．よって，
$$\begin{aligned}S'(a)&=2(\sqrt{2-a}-\sqrt{a})+2a\left(\frac{-1}{2\sqrt{2-a}}-\frac{1}{2\sqrt{a}}\right)\\&=2\sqrt{2-a}-3\sqrt{a}-\frac{a}{\sqrt{2-a}}\\&=\frac{1}{\sqrt{2-a}}\{4-3a-3\sqrt{a(2-a)}\}\end{aligned}$$

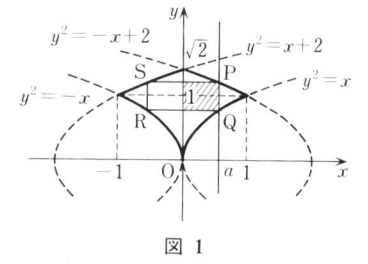

図 1

$$= \frac{(4-3a)^2 - 9a(2-a)}{\sqrt{2-a}\{4-3a+3\sqrt{a(2-a)}\}}$$

$$= \frac{18a^2 - 42a + 16}{\sqrt{2-a}\{4-3a+3\sqrt{a(2-a)}\}}$$

ここで，$18a^2 - 42a + 16 = 0$ をみたすのは，

$$a = \frac{7 \pm \sqrt{17}}{6}$$

よって，右の増減表を得る．

a	0		$\dfrac{7-\sqrt{17}}{6}$		1
$S'(a)$		$+$	0	$-$	
$S(a)$		↗		↘	

これより，$S(a)$ は，$\boldsymbol{a = \dfrac{7-\sqrt{17}}{6}}$ ……(答)

のとき，極大かつ最大．

§3 対称性を扱うときは，n 個の文字の間に大小関係を設定せよ

文字をたくさん含む式を扱うのは難しい．しかし，その式が対称式であるとき，それらの文字の間に大小関係を設定することにより，比較的容易に問題を解くことができる．その効果の1つは，§2, §4 のように考慮すべき場合を減らすことができるということである．たとえば，"A, B, C 君3人の身長は 169 cm, 176 cm, 183 cm のいずれかであることがわかっている．このとき，3人の身長の平均 M を求めよ"という問題について考えてみる．この問題は，"$\{a, b, c\} = \{169, 176, 183\}$ のとき $M=(a+b+c)/3$ の値を求めよ" という問題と同値である．M は a, b, c の対称式だから（すなわち，どの2文字を入れ替えても同じ式だから），$a<b<c$ のように大小関係を設定しようが，$a>b>c$ と設定しようが，M の値は $M = \dfrac{169+176+183}{3} = 176$ のように一通りに定まる．すなわち，a, b, c 3つの数の組が $\{169, 176, 183\}$ であるということが重要なのであり，a, b, c の大小関係はどうでもよいのである．

しかし，"$A=3a+2b+c$ の値を求めよ"という問題ならば，A は a, b, c の対称式でないので，a, b, c の値（すなわち，a, b, c の大小関係）を勝手に設定してはならない．すなわち，（場合1）$a=169$, $b=176$, $c=183$, （場合2）$a=169$, $b=183$, $c=176$, ……，（場合6）$a=183$, $b=169$, $c=176$ という6パターンについて考えなければならないのである．

上述の例は，文字 a, b, c の情報として3つの数の組が具体的に与えられている問題であるが，本節で扱う問題は，もう少し高度なもので，対称式に現れる文字は具体的には与えられていない．そのような問題は解答の手がかりをつかむことさえ難しいので，文字の大小関係を設定することにより，初めて議論が進められるようになる．これが，文字に大小関係を設定する第2の効果である．

[例題 1・3・1]

3つの実数 x, y, z のうち,最大の数を $\max(x, y, z)$ で表し,最小の数を $\min(x, y, z)$ で表す.

いま,次の条件をみたす x, y, z を座標とする点全体の集合を R とする.

$x \geq 0, \ y \geq 0, \ z \geq 0$

$\max(x, y, z) \leq a$

$x + y + z - \min(x, y, z) \leq a + b$

このとき,R の体積を求めよ.ただし,a, b は定数で,$a > b > 0$ とする.

発想法

$x \geq 0, \ y \geq 0, \ z \geq 0$ ……①
$\max(x, y, z) \leq a$ ……②
$x + y + z - \min(x, y, z) \leq a + b$ ……③

とおく.

非回転体の体積であるから,当然,ある(平行な)平面群による切り口の面積を最初に考える(Vの**第2章**)わけであるが,max や min が入っているために,切り口の面積は,単純には表現できない.したがって,x, y, z の大小関係に基づく場合分けが,必要になってくる.

この問題の本質とは,立体を表す式において,x, y, z が,対称的に扱われていることである.つまり,可能な6つの場合;

$x \geq y \geq z, \ y \geq x \geq z, \ z \geq x \geq y, \ x \geq z \geq y, \ y \geq z \geq x, \ z \geq y \geq x$

のおのおのについて考えるまでもなく,どの場合についても,①,②,③をみたす部分の体積は,等しくなる.よって,

$x \geq y \geq z$ ……④

なる部分の体積についてのみ調べ,それを6倍すればよい.また,場合分けの手間が省けたというだけでなく,④という新たな条件をつけ加えることにより,

$\max(x, y, z) = x$
$\min(x, y, z) = z$

となり,問題が簡易化される.以上,まとめると,①,②,③,および④より得られる3つの条件

$$\begin{cases} x \geq y \geq z \geq 0 & \cdots\cdots ①' \\ x \leq a & \cdots\cdots ②' \\ x + y \leq a + b & \cdots\cdots ③' \end{cases}$$

をみたす領域の体積を求め,それを6倍すれば R の体積は求められる.

解答

x, y, z が対称的に扱われていることにより,一般性を失うことなく,

§3 対称性を扱うときは，n 個の文字の間に大小関係を設定せよ 53

$$x \geqq y \geqq z \quad \cdots\cdots ④$$

として考えればよい．すると，①, ②, ③, ④ をみたす領域の体積 V' を6倍したものが答えとなる．そこで，V' を求める．④ を考慮すると，①, ②, ③ は，それぞれ次に示す ①′, ②′, ③′ と表せる．

$$\begin{cases} x \geqq y \geqq z \geqq 0 & \cdots\cdots ①' \\ x \leqq a & \cdots\cdots ②' \\ x+y \leqq a+b & \cdots\cdots ③' \end{cases}$$

①′, ②′, ③′ なる立体を $x=t$ (一定) なる x 軸に垂直な平面で切った切り口は，

$$\begin{cases} t \geqq y \geqq z \geqq 0 & \cdots\cdots ①'' \\ t \leqq a & \cdots\cdots ②'' \\ y \leqq a+b-t & \cdots\cdots ③'' \end{cases} \quad \cdots\cdots (☆)$$

で表される．ここで，図1を参照して考えると，t の値によって，切り口に現れる三角形の面積は異なるので，次のように場合分け（Iの**第3章**）して考える必要性が生じる．

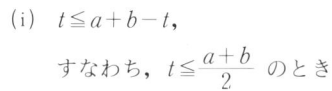

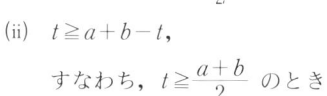

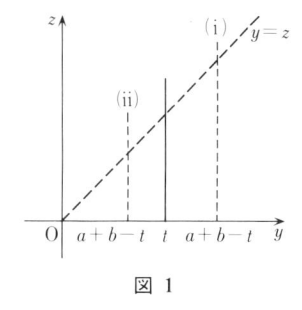

(i) $t \leqq a+b-t$,

すなわち，$t \leqq \dfrac{a+b}{2}$ のとき

(ii) $t \geqq a+b-t$,

すなわち，$t \geqq \dfrac{a+b}{2}$ のとき

図 1

おのおのの場合について ①″ かつ ②″ かつ ③″ をみたす領域を yz 平面に図示すると，図2のようになる．

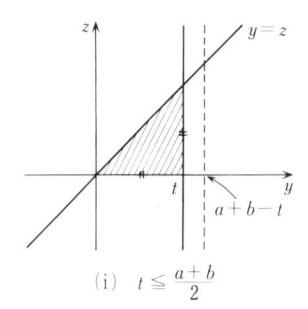

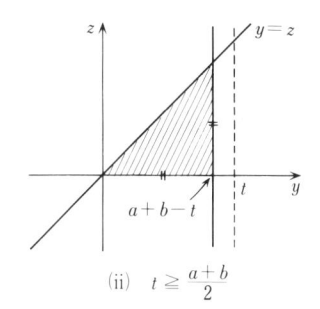

(i) $t \leqq \dfrac{a+b}{2}$

(ii) $t \geqq \dfrac{a+b}{2}$

図 2

また，"このような切り口が存在する"，すなわち，"①″, ②″, ③″ を同時にみたすような y, z が存在する" t のとりうる範囲は，

$$0 \leqq t \leqq a$$

であり，かつ，

$(0<b<)\dfrac{a+b}{2}<a$ であることから,

(i) $0\leqq t\leqq\dfrac{a+b}{2}$ なる部分の体積 V_1 は,

$$V_1=\int_0^{\frac{a+b}{2}}\dfrac{t^2}{2}dt=\dfrac{1}{6}\left(\dfrac{a+b}{2}\right)^3$$

(ii) $\dfrac{a+b}{2}\leqq t\leqq a$ なる部分の体積 V_2 は,

$$V_2=\int_{\frac{a+b}{2}}^a\dfrac{1}{2}(a+b-t)^2dt=\left[-\dfrac{1}{6}(a+b-t)^3\right]_{\frac{a+b}{2}}^a$$

$$=-\dfrac{1}{6}b^3+\dfrac{1}{6}\left(\dfrac{a+b}{2}\right)^3$$

よって,体積 V' は,

$V'=V_1+V_2$

$=\dfrac{1}{3}\left(\dfrac{a+b}{2}\right)^3-\dfrac{1}{6}b^3$

したがって,求めるべき R の体積 V は,

$V=6V'=\dfrac{1}{4}(a+b)^3-b^3$ ……(答)

§3 対称性を扱うときは，n 個の文字の間に大小関係を設定せよ　　55

〈練習 1・3・1〉

$0 \leq a, b, c \leq 1$ のとき，次の不等式が成り立つことを示せ．
$$\frac{a}{b+c+1}+\frac{b}{c+a+1}+\frac{c}{a+b+1}+(1-a)(1-b)(1-c) \leq 1$$

発想法

与式を直接，通分や展開すると，極めて複雑な形になり，このようにして解くのはよい方法とはいえない．ここで，式の中に現れる3つの文字 a, b, c の対称性を考える．そうすれば，一般性を失うことなく，

$$0 \leq a \leq b \leq c \leq 1$$

と仮定して考えてよいことがわかる．このとき，この大小関係を導入したご利益として，

$$a+b+1 \leq c+a+1 \leq b+c+1 \qquad \cdots\cdots(*)$$

という新たな大小関係を得て，以下の議論が進めやすくなる．

不等式 (*) より，左辺の最初の3つの項に関して，

$$\frac{a}{b+c+1}+\frac{b}{c+a+1}+\frac{c}{a+b+1} \leq \frac{a+b+c}{a+b+1}$$

が成立する．したがって，与えられた不等式が成り立つことを示すためには，

$$S \equiv \frac{a+b+c}{a+b+1}+(1-a)(1-b)(1-c) \leq 1 \qquad \cdots\cdots(**)$$

が示せれば十分である．もちろん，この評価によって，左辺を大きく評価しすぎて，不等式 (**) が成立しなくなる危険性もある．しかし，難しい不等式を示すために，このような方法で式を簡易化して考えてみることは，しばしば，有効な手段になるのである（IIIの第3章§2）．

解答　「発想法」に示した不等式 (**) を示せば，本問の不等式を示したことになるので，(**) を以下において示す．不等式 (**) の左辺をうまく式変形していく（IIIの第4章§3）．いまの場合は，最初にまず，いちばん大きな数 c を固定する（分離する）ようにして変形していく．

$$S \equiv \frac{a+b+c}{a+b+1}+(1-a)(1-b)(1-c)$$

$$=\frac{a+b+1}{a+b+1}+\frac{c-1}{a+b+1}+(1-a)(1-b)(1-c)$$

$$=1-\left(\frac{1-c}{a+b+1}\right)\{1-(1+a+b)(1-a)(1-b)\}$$

ここで，$\quad 0 \leq (1+a+b)(1-a)(1-b) \leq (1+a+b+ab)(1-a)(1-b)$
$$=(1+a)(1+b)(1-a)(1-b)$$
$$=(1-a^2)(1-b^2) \leq 1$$

であるから，

$$\left(\frac{1-c}{a+b+1}\right)\{1-(1+a+b)(1-a)(1-b)\} \geqq 0$$

であり，また，$\dfrac{1-c}{a+b+1} \leqq 1$ より，

$$\left(\frac{1-c}{a+b+1}\right)\{1-(1+a+b)(1-a)(1-b)\} \leqq 1$$

である．

よって，

$$S = 1-\left(\frac{1-c}{a+b+1}\right)\{1-(1+a+b)(1-a)(1-b)\} \leqq 1$$

が成り立つので，以上より与えられた不等式が成り立つことが示された．

〈練習 1・3・2〉

a, b, c, d を正の整数とし，
$$r = 1 - \frac{a}{b} - \frac{c}{d}$$
とする．また，
$$a + c \leq 1982 \quad \text{かつ} \quad r > 0$$
であるとする．このとき，次の不等式を証明せよ．
$$r > \frac{1}{(1983)^3}$$

発想法

不等式 $A \geq B$ を証明したいとする．このとき，直接これを示すことは難しいが，適当な C を仲介にして $A \geq C$, $C \geq B$ を示すことは，比較的容易であることがある．つまり，うまく仲介役の C を捜し，$A \geq C$, $C \geq B$ を示し，推移的に $A \geq B$ を示すのである．

本文についていえば，A, B に相当するものがそれぞれ r, $\frac{1}{(1983)^3}$ であることは明白なのだが，ここで C としてどんな数を選べばよいかが証明のカギになる．なるべく議論の流れの中で自然に生じる C を選んでみよう．

解答

$r = 1 - \frac{a}{b} - \frac{c}{d} = \frac{bd - ad - bc}{bd} > 0 \quad \cdots\cdots \text{①} \quad (\because \ r > 0)$

a, b, c, d が正の整数であることと，① より，
$$\text{``}bd - ad - bc \text{ は，正の整数（すなわち，1 以上の整数）''} \quad \cdots\cdots(\text{☆})$$
であり，よって，
$$r = \frac{bd - ad - bc}{bd} \geq \frac{1}{bd}$$

したがって，$\frac{1}{bd} > \frac{1}{(1983)^3}$ が示されれば，十分である（すなわち，「発想法」で述べた C として $\frac{1}{bd}$ を選んだのである）．ここで，$\frac{1}{bd}$ が，b と d に関して，対称であることから，一般性を失うことなく，$b \leq d$ として考えてよい．

次に，以下の 3 つの場合に分けて考える．

(i) $0 < b \leq d \leq 1983$ のとき，
$$r \geq \frac{1}{bd} \geq \frac{1}{(1983)^2} > \frac{1}{(1983)^3}$$

(ii) $1983 \leq b \leq d$ のとき，
$a + c \leq 1982$ であることから，

$$r = 1 - \frac{a}{b} - \frac{c}{d}$$
$$r \geq 1 - \frac{a}{1983} - \frac{c}{1983} \geq 1 - \frac{1982}{1983}$$
$$\iff r \geq 1 - \frac{1982}{1983} = \frac{1}{1983} > \frac{1}{(1983)^3}$$

(iii) (i), (ii)以外のとき,すなわち,

$b < 1983 < d$ のとき,

ここで,a, b, c を固定したときに,

$$r = 1 - \frac{a}{b} - \frac{c}{d} \quad (>0)$$

が最小となるような $d = d_1$ をひき合いに出して議論をすすめる(Ⅰの**第5章§3**).双曲線 $r = 1 - \frac{a}{b} - \frac{c}{d}$ かつ $r > 0$, $d > 0$ を dr 平面に図示すると図1のようになる.この双曲線と d 軸との交点を P とする.P の d 座標は $0 = 1 - \frac{a}{b} - \frac{c}{d} \iff d = \frac{bc}{b-a}$ であるが,これは整数とは限らない.そこで,点 P のいちばん近くにある d 軸上の整数点で,かつ P より右側($r > 0$ となる)に位置する点 Q に注目する.すなわち,Q の d 座標が求めるべき d_1 である.Q の d 座標 d_1 は,ガウス記号を用いて次のように表現できる.

$$d_1 = 1 + \left[\frac{bc}{b-a}\right] \quad \cdots\cdots(*)$$

$\left(\begin{array}{l}\text{ただし,この等式でつかった[ ]は,ガウス記号とよばれ,}[x]\text{とは,}\\ n \leq x \text{ をみたす整数 }n\text{ のうち,最大の整数のことである.}\end{array}\right)$

いま,$(b-a)d - bc = bd - ad - bc > 0$ より,$(b-a)d > bc > 0$

ここで,$d > 0$ だから,$b - a > 0$ であり,a, b は整数だから,$b - a \geq 1$ である.また,$a + c \leq 1982$ かつ $a > 0$ より,$c < 1982$ である.

よって,$(*)$ をみたす d は,

$$d_1 = 1 + \underbrace{\left[\frac{bc}{b-a}\right] \leq 1 + \left[\frac{1981b}{1}\right]}_{(\because\ b-a \geq 1,\ c \leq 1981)} = \underbrace{1 + 1981b < 2b + 1981b}_{(\because\ 1 \leq b\ \text{より}\ 1 < 2b)}$$
$$= 1983b$$

より,$1983b$ 未満である.さらに $1983 > b$ であることを考えて,

$$r \geq \frac{1}{bd} \geq \frac{1}{1983 b^2} > \frac{1}{(1983)^3}$$

以上より,すべての場合において,$r > \frac{1}{(1983)^3}$ であることが示された.

(注) 「**発想法**」で述べた仲介役の C として,本問では $\frac{1}{bd}$ を選んだが,これは,$\frac{1}{bd}$ は b と d に関して対称で,扱いやすいということもその理由の1つである.

§4 対称性を見出し，守備範囲を絞り込め

ある点に関して180°回転させたり，ある直線に関して折り返したりして一致する図形を，それぞれ点対称，線対称の図形という．対称性をもった図形は，まったく同じ性質をもった部分に分割することができる．たとえば図A(a)の図形は，(b)のような部分に分割できる．

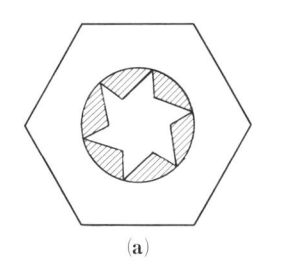

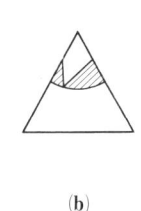

図 A

分割された断片は他の部分の性質を代表している．それゆえ，実際に問題を解くときは，分割された断片についてのみ考察し，その結果を他の部分に反映させることにより，図形全体をみたす解を求めることができる．たとえば，図(a)の斜線部の面積 S は，図(a)で考えるのではなく，図(b)の斜線部の面積 s を求めてから，$S=6s$ とすればよい．つまり，対称な図形を扱うときは，まったく同じ考察を繰り返すというような二度手間を避けることができるのである．

また，図形を分割し考慮すべき範囲を絞り込むという操作により，絞り込む以前には見抜けなかった性質が新たに浮き彫りにされ，問題が解決しやすくなる．

このように，問題をある観点から絞り込むとうまく解決できる例として，興味深い話がある．ある調味料会社では，日夜，売上げを倍増しようと会議を重ねていた．しかし，販売ルートの改造，新製品の開発など，いろいろな方向から検討されたにもかかわらず，あまり効果はなかった．そこで，幹部は社内からアイデアを公募することにしたのである．すると，OLの1人が「調味料の出る部分の穴を大きくすればいい」という提言をした．実際にこれを実行してみたところ，売上げは倍増したという実話である．このOLの発想がスゴイことはいうまでもないが，この発想は，"売上げを倍増させる" という問題を，"調味料の消費量を増やす" という問題に絞り込んだことにより浮かんだアイデアといえるであろう．

§2，§3では，関数や式の形からそのグラフや文字が対称であることを判断して，考慮すべき範囲を絞り込むという方法を学習した．§4では，対称性に着目することより，考慮する場合の数を限定し，本質的な部分を描出して考えやすくし，守備範囲を絞り込み計算の手間を減らす，という方法を学ぶ．

60　第1章　対称性を活かした解答のつくり方

[例題 1・4・1]

　xy 平面上に，原点 O を中心として頂点が x 軸上にある1辺の長さが n の正六角形 H_n がある．さいころを振り，点 A を原点から出発させ，x 軸上の正の方向に対して（出た目の数）$\times 60°$ の方向へ1進める．続いてさいころを振り，その位置から x 軸の正の方向に対して（出た目の数）$\times 60°$ の方向へ1進める．

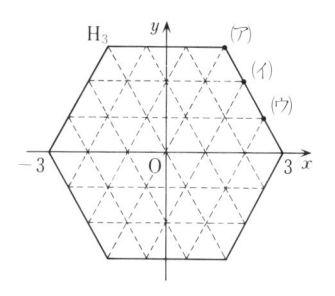

　この試行を n 回繰り返すとき，点 A の最終の位置が正六角形 H_n の辺（頂点を含む）上にくる確率を P_n とする．次の各問いに答えよ．

(1) $n=3$ のとき，点 A の最終の位置が図のような点(ア)にくる場合の数と点(イ)にくる場合の数を求めよ．

(2) P_3 を求めよ．

(3) P_n を求めよ．

発想法

　(1)は(2)を，(2)は(3)を求めるための誘導であることに気づかなくてはいけない（IIIの第4章§4参照）．

　(2)において，正六角形 H_n が原点に関して点対称であることから，"点 A が，ある点と，それを原点に関して $60° \times n$ ($n=1, 2, \cdots, 6$) 回転した位置にくる確率は等しい"ことを見抜くことがポイントである．そうすれば，考慮する範囲を $\dfrac{1}{6}$ に減らせる．

　(3)は，(2)で求めた H_3 の場合の結果から，P_n に関する一般的な規則をとらえることにより解決できる．

解答

(1) さいころを3回振って点(ア)の位置にくるのは，さいころを3回振って3回とも1の目が出たときのみであるから，**1通り** ……(答)

　点(イ)にくるのは，1の目が2回，6の目が1回出る場合で，**3通り** ……(答)

(2) 点(ウ)にくるのは，1の目が1回，6の目が2回出る場合で，3通りである．

　したがって，正六角形の辺上の3点(ア), (イ), (ウ)のいずれかに，A がくる場合の数は，

　　　$1+3+3=7$（通り）

である．

　よって，H_3 の辺上の点にくる場合の数は，正六角形の対称性から，$7 \times 6 = 42$（通

り）である．また，3回さいころを振って出る目の組合せは全部で6^3個のパターンがあり，それらのどの場合も等確率でおこることから，

$$P_3 = \frac{42}{6^3} = \frac{7}{36} \qquad \cdots\cdots(答)$$

(3) (2)より，(ア),(イ),(ウ)に点Aがくる場合の数は，それぞれ${}_3C_0, {}_3C_1, {}_3C_2$（通り）であり，$H_3$の辺上にくる場合の数は，$6({}_3C_0 + {}_3C_1 + {}_3C_2)$通りであった．

このことより，n回の試行で，H_nの辺上にくる場合の数は，

$$6({}_nC_0 + {}_nC_1 + {}_nC_2 + \cdots\cdots + {}_nC_{n-1}) \text{ 通り}$$

であることがわかる．

$$\therefore \quad P_n = \frac{6({}_nC_0 + {}_nC_1 + \cdots\cdots + {}_nC_{n-1})}{6^n} = \frac{2^n - 1}{6^{n-1}} \qquad \cdots\cdots(答)$$

〈練習 1・4・1〉

正六角形の頂点を反時計まわりの順に，$A_0, A_1, \cdots\cdots, A_5$ とし，次のルール ①, ②, ③ に従ってゲームを行う．
① A_0 を出発点とする．
② コインを投げ，表が出たら反時計まわりに隣の頂点に移動し，裏が出たら時計まわりに隣の頂点に移動する．
③ A_0 の反対側の頂点 A_3 に達したらゲームは終了する．
整数 $n\ (\geqq 0)$ に対して，
 $p_n = (2n+1)$ 回コインを投げて移動を行ってもゲームの終了しない確率
 $q_n = $ ちょうど $(2n+1)$ 回目の移動によってゲームの終了する確率
とする．コインを投げたとき，表，裏の出る確率はそれぞれ $\dfrac{1}{2}$ ずつである．p_n および q_n を求めよ． (京都大 文)

発想法

考えるべき場合が無数に存在するときは，漸化式を立てて解く方法が，有効な解法の一つである．本問も，漸化式を立てて考えるのがよい．
たとえば，p_n に関して漸化式を立てるのなら，p_n と 1 つ手前の p_{n-1} との関係を把握することが大切である．それらの関係をつかかむときに，樹形図を利用すると見通しがよくなる．

解答

コインを 1 回，2 回，……と投げたときにおこりうる場合の数を樹形図を利用して整理してみよう．横軸にコインを投げる回数を，縦軸に頂点 $A_0, A_1, \cdots\cdots, A_5$ をとり（縦軸をとる際に，題意の移動が A_0 を中心として対称的であることを考慮したことに注意せよ），各格子点上の数字はおこりうる場合の数を表すことにする（おこりうる場合の数が 0 のときは何も書かないことにする）．このようにして，図 1 を得る．
すると，図 1 より規則性をつかむことができる．すなわち，一般に，コインを $(2n+1)$ 回，$(2n+2)$ 回，$\{2(n+1)+1\}$ 回 投げたときの $p_n, q_n, p_{n+1}, q_{n+1}$ の関係がわかり，これを樹系図で表すと，図 2 のようになる．
したがって，樹系図 2 の対称性も考慮すると，

$$\frac{p_n}{2} = \frac{1}{2} \cdot \frac{p_{n-1}}{4} + \frac{1}{2} \cdot \frac{2 \cdot p_{n-1}}{4}$$

$$\therefore \quad p_n = \frac{3}{4} p_{n-1}$$

ここで，$p_0 = 1$ であるから，

$$p_n = \left(\frac{3}{4}\right)^n \qquad \cdots\cdots(\text{答})$$

次に，$1\,(=2\cdot 0+1)$ 回でゲームが終了することはないので，
$$q_0=\mathbf{0} \qquad\qquad\cdots\cdots\text{(答)}$$
また，$n\geqq 1$ の場合に $q_n=p_{n-1}-p_n$ であるから（図2），
$$q_n=\left(\frac{3}{4}\right)^{n-1}-\left(\frac{3}{4}\right)^n=\frac{1}{4}\left(\frac{3}{4}\right)^{n-1}\quad(\boldsymbol{n}\geqq \boldsymbol{1})\qquad\cdots\cdots\text{(答)}$$

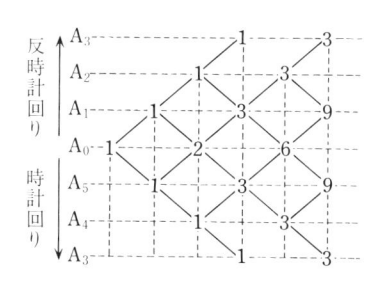

図1 図中の数字は i 回目に頂点 A_j に達する場合の数を表す

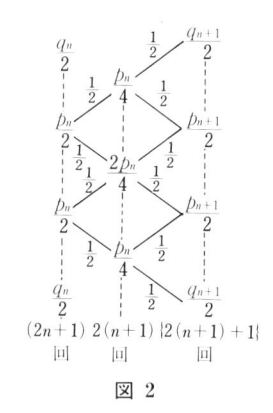

図2

〈練習 1・4・2〉

座標平面上で,動点 P は 1 回の移動で点 (m, n) から 4 点
$$(m+1, n), (m-1, n), (m, n+1), (m, n-1)$$
のどれかに,同等の確からしさで移るものとする.点 P が,原点 O を出発して,4 回の移動によって到達する点を P′ とする.このとき,点 P′ と O との距離の 2 乗の平均値を求めよ.
(関西学院大 理 改)

発想法

題意より,1 回の移動で点は,図 1 に示す 4 方向に移る.まず,点 P が 1 回移動した場合,2 回移動した場合について,点 P が到達し得る点,およびその点に至る確率を具体的に求めてみよ.これらの例を通じて,何らかの規則性が発見できないだろうか.

解答 1 回, 2 回, 3 回の移動のそれぞれの場合について,点 P の位置とそこに至る確率を図示すると,図 2 のようになる.

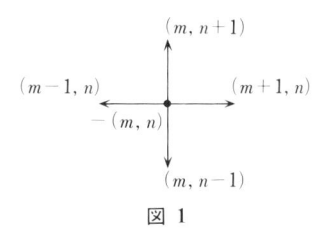

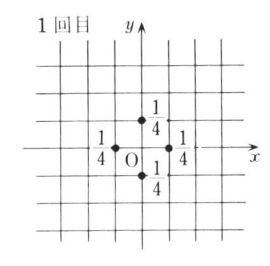

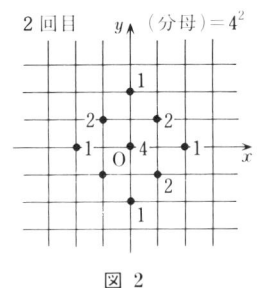

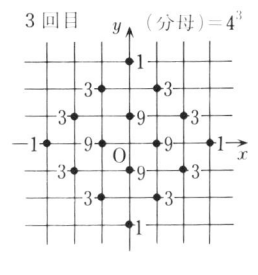

図 1

図 2

点 P の到達する点の分布およびその点に至る確率は,原点に関して対称であることがわかる.よって,4 回の移動の場合についてすべて調べなくても,$x \geq 0, y \geq 0$ の範囲について調べればよい(図 3 参照).

また,おこりうるすべての場合の数は $4^4 = 256$ である.よって,求める平均値は,

$$\frac{0^2 \cdot 36}{256} + \frac{4}{256}\{2^2 \cdot 16 + 4^2 \cdot 1 + (\sqrt{2})^2 \cdot 24 + (\sqrt{10})^2 \cdot 4$$
$$+ (2\sqrt{2})^2 \cdot 6 + (\sqrt{10})^2 \cdot 4\}$$
$$= \frac{1}{64}(64 + 16 + 48 + 40 + 48 + 40) = \frac{256}{64} = 4 \quad \cdots\cdots\text{(答)}$$

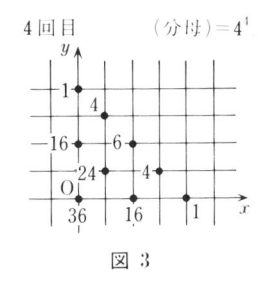

図 3

§4 対称性を見出し，守備範囲を絞り込め 65

[例題 1・4・2]

xyz 空間内に，3辺がそれぞれ座標軸にあり，2点 O$(0, 0, 0)$，A$(1, 1, 2)$ を対角線の両端とする直方体 V がある．点 P$(0, 0, t)$ ($0 \leq t \leq 3$) を通り，直線 OA に垂直な平面 α で V を切ったときの切り口の面積 S を t の関数 $f(t)$ としてグラフに表せ．

発想法

　t が 0 から出発してだんだん大きくなっていくに従って，切り口の図形は，三角形 → 五角形 → 四角形 → 五角形 → 三角形 と変化していくことはわかるであろう（図1）．また，五角形 → 四角形に変化するときの t の値は，平面 α が点 $(1, 1, 0)$ を通るときであるということから求まり，四角形 → 五角形に変化するときの t の値は，平面 α が点 $(2, 0, 0)$ を通ることからわかる．さらに，幾何学的考察により，このときの面積の変化が，切り口が四角形であるときの t の値の平均値 t_0 を境にして対称になっていることまで見抜ければ，$0 \leq t \leq t_0$ なる t に関してのみ面積変化を調べればよいことがわかる．

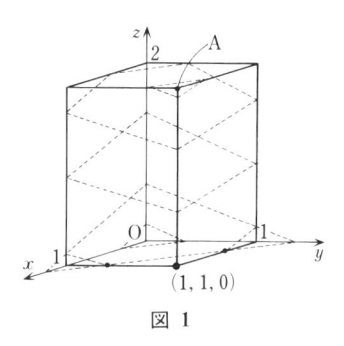

図 1

　また，空間の平面図形の面積は，xy 平面上への正射影の面積を利用する（Vの第1章§3参照）という方法をとれば，結局，xy 平面上の図形の面積の問題に帰着される．また，そのように正射影すれば各場合において，"平面と直方体の交点の座標から辺の長さや角度を求めた後に切り口の面積を求める" という煩わしい作業をしなくてもよくなる．

解答　$\overrightarrow{\mathrm{OA}}$ に垂直な平面の方程式は，$\overrightarrow{\mathrm{OA}} = (1, 1, 2)$ より，
$$x + y + 2z = k$$
の形に書ける．これが点 P$(0, 0, t)$ を通ることから，
$$0 + 0 + 2t = k \quad \therefore \quad k = 2t$$
よって，点 P を通り，$\overrightarrow{\mathrm{OA}}$ に垂直な平面の方程式は，
$$x + y + 2z = 2t \quad \cdots\cdots ①$$
とおける．

　平面 ① と xy 平面のなす角 θ ($0 \leq \theta \leq \pi$) は，それぞれの法線ベクトル $\vec{u} = (1, 1, 2)$，$\vec{v} = (0, 0, 1)$ のなす角に等しく，
$$\cos\theta = \frac{\vec{u}\cdot\vec{v}}{|\vec{u}|\cdot|\vec{v}|} = \frac{2}{\sqrt{6}}$$
である．したがって，切り口に現れる図形の面積を S，その図形を xy 平面に正射影

して得られる図形の面積を S' としたとき，$S'=\cos\theta\cdot S$ なる関係がある（Vの**第1章§3**）ことから，

$$\frac{S'}{S}=\frac{2}{\sqrt{6}}$$

$$\therefore\quad S=\frac{\sqrt{6}}{2}S' \quad \cdots\cdots ②$$

なる関係式を得る．

次に，切り口の形状のちがいによって，場合分けして考える．

(場合 1) $0\leq t\leq\dfrac{1}{2}$ のとき，

直方体の切り口は三角形で，xy 平面への正射影は図2の斜線部のような三角形となる．この面積は $2t^2$ であり，したがって，切り口の面積は②より，

$$\frac{\sqrt{6}}{2}\times 2t^2=\sqrt{6}t^2$$

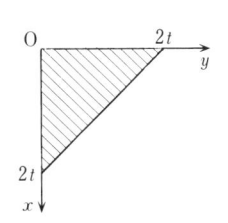

(場合 2) $\dfrac{1}{2}\leq t\leq 1$ のとき，

切り口は五角形で，それの xy 平面への正射影は図3の斜線部である．この面積は正方形の面積から隅の三角形の面積を除くことにより，

$$1-\frac{1}{2}\{1-(2t-1)\}^2=1-\frac{1}{2}(2-2t)^2$$
$$=-2t^2+4t-1$$

したがって，切り口の面積は，

$$\frac{\sqrt{6}}{2}(-2t^2+4t-1)$$

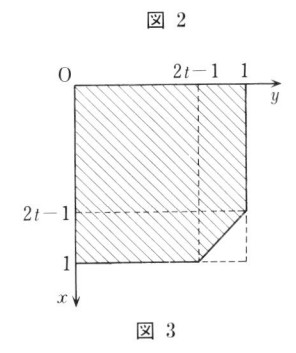

(場合 3) $1\leq t\leq\dfrac{3}{2}$ のとき，

切り口は四角形で，正射影は面積1の正方形となる．したがって，切り口の面積は，

$$\frac{\sqrt{6}}{2}\times 1=\frac{\sqrt{6}}{2}$$

$S=f(t)$ のグラフは，直線 $t=\dfrac{3}{2}$ に関して対称となるので，求めるグラフは図4のようになる． ……(答)

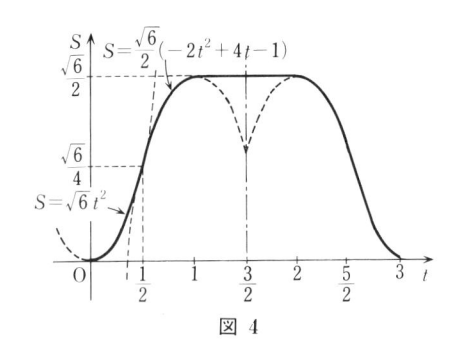

(補足) なお，$\dfrac{3}{2}\leq t\leq 2$，$2\leq t\leq\dfrac{5}{2}$，

図 2

図 3

図 4

$\frac{5}{2} \leq t \leq 3$ における $f(t)$ の具体的な関数式は，直線 $t=\frac{3}{2}$ に関し，それぞれ対称な区間 $1 \leq t \leq \frac{3}{2}$, $\frac{1}{2} \leq t \leq 1$, $0 \leq t \leq \frac{1}{2}$ における $S=f(t)$;

$$S=\frac{\sqrt{6}}{2}, \quad S=\frac{\sqrt{6}}{2}(-2t^2+4t-1), \quad S=\sqrt{6}t^2$$

の t を，$2 \cdot \left(\frac{3}{2}\right) - t = 3-t$ でおきかえることにより，それぞれ

$$S=\frac{\sqrt{6}}{2}, \quad S=\frac{\sqrt{6}}{2}(-2t^2+8t-7), \quad S=\sqrt{6}(3-t)^2$$

と得られる．

─〈練習 1・4・3〉─

空間において，6枚の平面 $x=0$, $x=1$, $y=0$, $y=1$, $z=0$, $z=1$ で囲まれてできる立方体を V とする．

$0<t<3$ である実数 t に対し，平面 $x+y+z=t$ で V を2分したとき，小さいほうの体積(等しいときは，どちらでもよい)を $f(t)$ とするとき，$f(t)$ を求めよ．

発想法

平面：$x+y+z=t$ は，点 $(t, 0, 0)$, $(0, t, 0)$, $(0, 0, t)$ を通る平面である．この事実をもとに，図を描いて，この平面が V を2分する様子を描くと図1のようである．

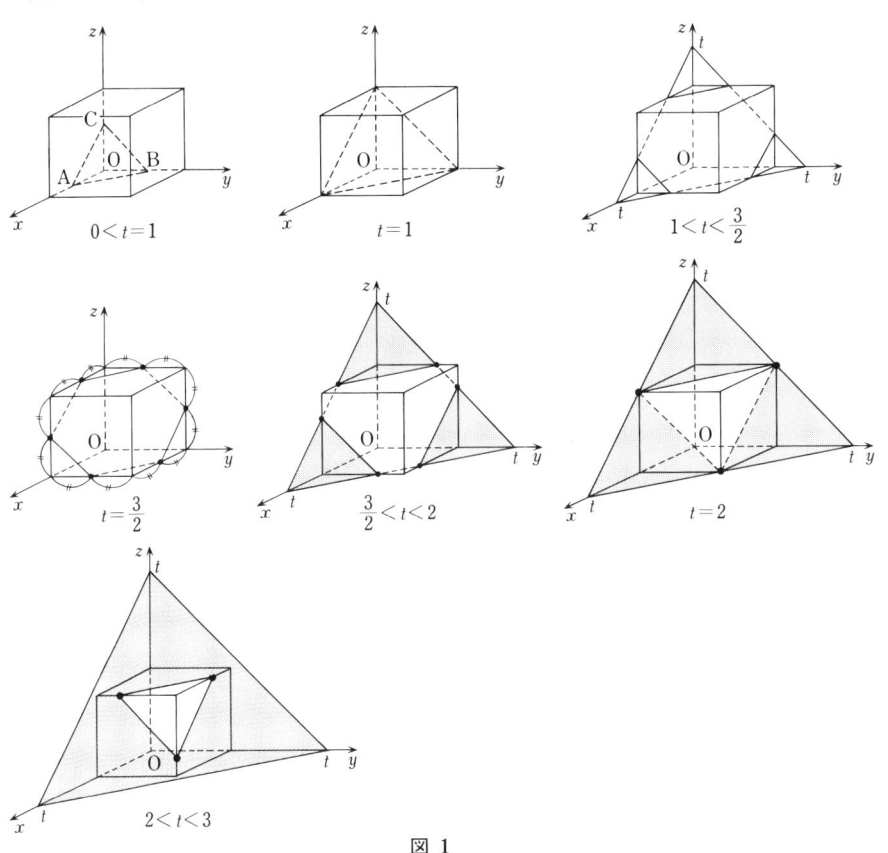

図 1

これより，V を2分して得られるときの小さくなるほうの立体は $t=\dfrac{3}{2}$ を境とし

て対称なことがわかる.

よって, $\dfrac{3}{2} \leq t < 3$ なる範囲での $f(t)$ ……① のグラフは, $0 \leq t \leq \dfrac{3}{2}$ における $f(t)$ ……② のグラフと, 直線 $t = \dfrac{3}{2}$ に関して対称なグラフ, すなわち, ① を $f_1(t)$, ② を $f_2(t)$ とおくとき,

$$\dfrac{3}{2} \leq t \leq 3, \quad f_2(t) = f_1(3-t)$$

として得られることから, $0 < t \leq \dfrac{3}{2}$ の範囲でのみ $f(t)$ を調べればよい.

解答

図 2 $0 < t \leq 1$

図 3 $1 \leq t \leq \dfrac{3}{2}$

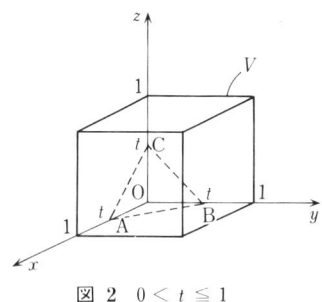

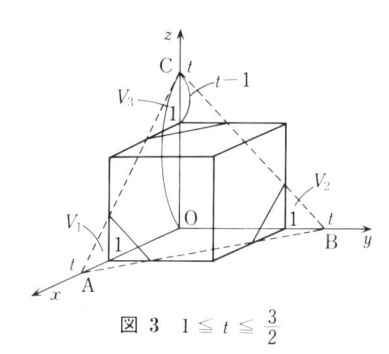

(i) **$0 < t \leq 1$ のとき**, 図 2 を参照して,
$$f(t) = \dfrac{t^2}{2} \times t \times \dfrac{1}{3} = \dfrac{t^3}{6} \quad \cdots\cdots ①$$

(ii) $1 \leq t \leq \dfrac{3}{2}$ のとき, 求める体積は, V と四面体 OABC の共通部分である (図 3 参照).

四面体 OABC で V に含まれていない部分, すなわち, 四面体 OABC と相似な小さい四面体の部分を V_1, V_2, V_3 とする. V_1, V_2, V_3 はすべて等しく, それらと四面体 OABC の相似比は, $(t-1) : t$ である (図 3).

したがって, その体積比は $(t-1)^3 : t^3$

よって, 求める体積は,
$$\begin{aligned}
f(t) &= (\text{四面体 OABC}) - (V_1 + V_2 + V_3) \\
&= \dfrac{t^3}{6} - 3 \cdot \left(\dfrac{t^3}{6}\right) \cdot \left(\dfrac{t-1}{t}\right)^3 \\
&= \dfrac{t^3}{6} \left\{ 1 - 3\left(\dfrac{t-1}{t}\right)^3 \right\} \\
&= \dfrac{1}{6} \{ t^3 - 3(t-1)^3 \} \quad \cdots\cdots ②
\end{aligned}$$

次に，$f(t)$ は，平面 $x+y+z=t$ が V を 2 等分するときの t の値 $t=\dfrac{3}{2}$ に関して対称であり，したがって $\dfrac{3}{2}\leqq t<3$ において $f(t)=f(3-t_1)$ $\left(0<t_1\leqq\dfrac{3}{2}\right)$ が成立する．よって，

(iii) $\dfrac{3}{2}\leqq t\leqq 2$ のとき，対称性より，②の t に $(3-t)$ を代入したものが $f(t)$ であることから，

$$f(t)=\dfrac{1}{6}\{(3-t)^3-3(3-t-1)^3\}$$
$$=\dfrac{1}{6}\{(3-t)^3-3(2-t)^3\}$$

(iv) $2\leqq t<3$ のとき，対称性より①の t に $(3-t)$ を代入したものが $f(t)$ であることから，

$$f(t)=\dfrac{1}{6}(3-t)^3$$

以上より，

$$f(t)=\begin{cases} \dfrac{t^3}{6} & (0<t\leqq 1) \\ \dfrac{1}{6}\{t^3-3(t-1)^3\} & \left(1\leqq t\leqq \dfrac{3}{2}\right) \\ \dfrac{1}{6}\{(3-t)^3-3(2-t)^3\} & \left(\dfrac{3}{2}\leqq t\leqq 2\right) \\ \dfrac{1}{6}(3-t)^3 & (2\leqq t<3) \end{cases} \quad \cdots\cdots(\text{答})$$

§4 対称性を見出し，守備範囲を絞り込め

[例題 1・4・3]

1辺の長さ1の正方形ABCDにおいて，辺AD, DC, CB, BAの中点をそれぞれE, F, G, Hとして，図のように，この正方形に8本の線分をかき入れたとき，それらのすべての線分で囲まれた部分(図の斜線部)の面積を求めよ．

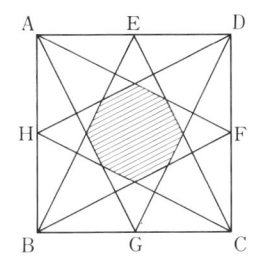

発想法

この図形を見たら，線分EG, HF, AC, BDに関して，対称となっていることに気づかなければならない．

よって，それらの線分をひいて，この図形を分割してみよう．すると，求めるべき図形が図1の8つの合同な三角形(斜線部)からなっていることがわかる．

そこで，この三角形について調べてみよう．

解答 与えられた図形は，正方形の中心Oのまわりの対角線ACとBD，および中線EGとHFに関して対称である(図2参照)．

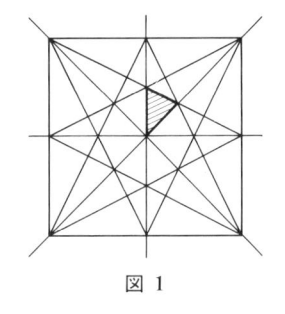

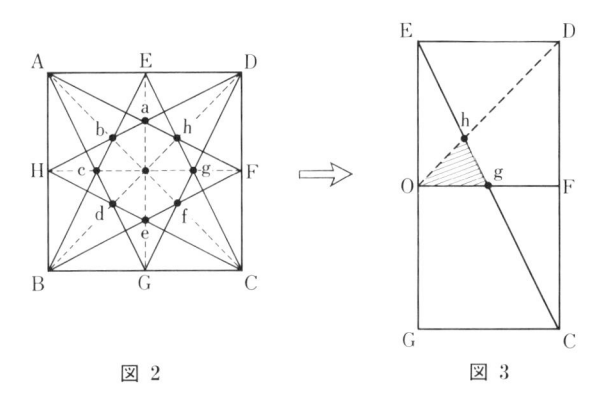

図1

図2　　　図3

よって，八角形abcdefghは，8つの合同な三角形($\triangle$Ohg, $\triangle$Oha, $\triangle$Oab, ……，ただし，これらが正三角形でないことに注意せよ)
からなっているので，

　　(求める面積) = 8 × ($\triangle$Ohgの面積)

として求まる．

では，次に△Ohg の面積を求めよう（注．別に他の 7 つの三角形のどれでもよい）．
図 3 を見ると，
$$ED = GC = \frac{1}{2}$$
（計算するまでもないが，）
$$\triangle ECG = \frac{1}{2} \cdot 1 \cdot \frac{1}{2} = \frac{1}{4}$$
△EgO∽△ECG は，相似比が 1:2（∵ EO:EG=1:2）なので，面積比は 1:4 である．よって，
$$\triangle EgO = \frac{1}{4} \cdot \frac{1}{4} = \frac{1}{16}$$
また，△Ogh∽△DEh も相似比が 1:2（∵ Og:DE=1:2）であるから，
$$Eh : hg = 2 : 1$$
である（図 4）．
よって，
$$\triangle Ohg = \frac{1}{3} \cdot \triangle EgO = \frac{1}{3} \cdot \frac{1}{16}$$
したがって，
$$求める面積 = 8 \cdot \triangle Ohg = 8 \cdot \frac{1}{3} \cdot \frac{1}{16} = \boldsymbol{\frac{1}{6}} \quad \cdots\cdots (答)$$

図 4

（補足） 座標軸を図 5 のように導入して，$g\left(\frac{1}{4}, 0\right)$，h の座標を直線 $y = x$ と直線 $y = -2x + \frac{1}{2}$ との交点として求めて，△Ogh の面積を計算しても答えを得るが，本解答のほうが，より簡潔かつエレガントである．

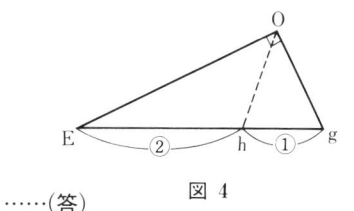

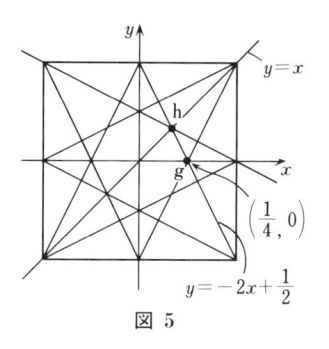

図 5

―〈練習 1・4・4〉――――――――――――――――――
1辺の長さが a である正方形 ABCD の対角線の交点 O を中心として，この正方形をその平面内で $\theta(0<\theta\leqq 90°)$ だけ回転したものを A′B′C′D′ とする．初めの正方形と回転後の正方形との共通部分の面積 S を a と θ で表せ．
また，θ を変化させるとき，S の最小値を求めよ． (京都大)

発想法

正方形が中心 O に関して点対称な図形であることと，正方形 ABCD と正方形 A′B′C′D′ の中心が一致していることから，面積を求める図形も中心 O に関して点対称であることがわかる(図1)．よって，中心を通る任意の直線によって題意の図形の面積は2等分される．そこで，まず，4本ある対角線のうちの任意の1本(ここではBDとする)に関して半分の部分(図2の斜線部)について調べればよいことがわかる．

さらに，その斜線部は，先に選んだ対角線(BD)に垂直なもう1本の対角線(BDに対しては AC)に関しても対称であるから，その線分に関して半分の部分(図3の斜線部)の面積が求める面積の $\dfrac{1}{4}$ であることがわかる．

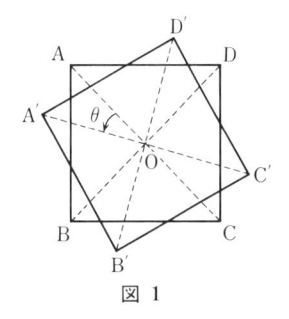

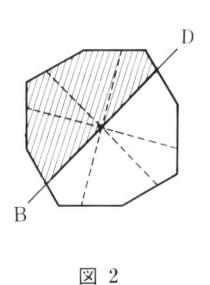

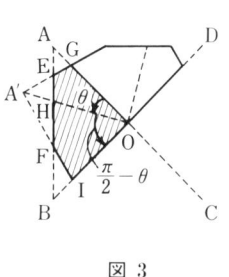

図 1   図 2   図 3

また，"θ 回転称動させる"ということは，

"移す点と回転の中心を結ぶ直線を $\dfrac{\theta}{2}$ 回転させた直線に関して折り返す"

ことにほかならないという事実により，

△GOE ≡ △HOE, △OHF ≡ △OIF

であるから，結局，

　　求める面積 = 8・△OEF

である．よって，△OEF の面積を求めればよい(図4)．

△OEF の面積を求めるためには，次の2つの方針が考えられる．

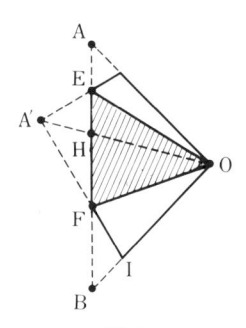

図 4

74　第1章　対称性を活かした解答のつくり方

[**方針 1**]　底辺を EF とみると，高さは，点 O から AB への距離であるから $\dfrac{a}{2}$ となる (図5)．

$$\triangle \text{OEF} = \dfrac{1}{2} \cdot \text{EF} \cdot \dfrac{a}{2}$$

よって，あとは EF を求める．

[**方針 2**]　$\angle \text{EOF} = \dfrac{1}{2} \cdot \dfrac{\pi}{2} = \dfrac{\pi}{4}$

$$\therefore \quad \triangle \text{OEF} = \dfrac{1}{2} \cdot \text{OE} \cdot \text{OF} \cdot \sin \dfrac{\pi}{4}$$

よって，あとは OE, OF を求めることになる．

OE は，図6の △OEB に関して正弦定理を用いて，

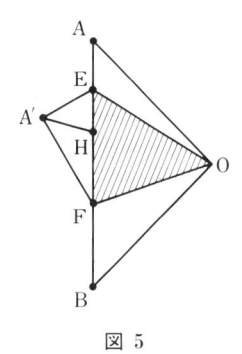

$$\dfrac{\text{OE}}{\sin \dfrac{\pi}{4}} = \dfrac{\dfrac{\sqrt{2}}{2}a}{\sin\left(\dfrac{\pi}{4} + \dfrac{\theta}{2}\right)}$$

これより OE は求まり，同様にして OF も求まる．

以上どちらの方法でも，△OEF の面積は求まるが，計算量を比較すると [**方針 1**] のほうが楽である．

解答　対称性により，$0° \leq \theta \leq 90°$

AB と A′B′ が図7のように交わるとすると，AO を θ 回転させたものが A′O であることから，$\angle \text{AOA}'$ を2等分する直線 OE に関して，△OAE と △OA′E は合同である．よって，

$$\text{A}'\text{E} = \text{AE}, \quad \text{A}'\text{F} = \text{BF}$$

$$\therefore \quad \text{A}'\text{E} + \text{A}'\text{F} + \text{EF} = a$$

また，A′B′ と AB のなす角は回転角 θ に等しい (後述 (**注**) 参照) から，

$$\text{A}'\text{E} : \text{A}'\text{F} : \text{EF} = \sin\theta : \cos\theta : 1$$

$$\therefore \quad \text{EF} = \dfrac{a}{\sin\theta + \cos\theta + 1}$$

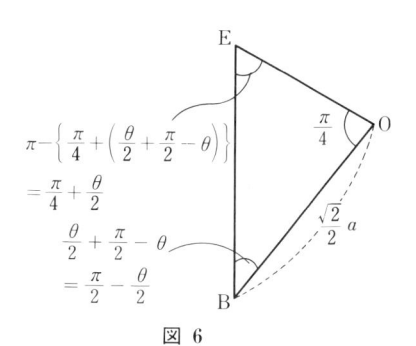

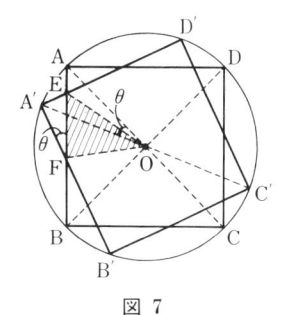

$$\therefore \quad S = 8 \cdot \triangle\text{OEF} = 8 \cdot \dfrac{1}{2} \cdot \text{EF} \cdot \dfrac{a}{2}$$

$$= 2\text{EF} \cdot a$$

$$= \dfrac{2a^2}{\sin\theta + \cos\theta + 1} \quad \cdots\cdots\text{(答)}$$

図 5

図 6

図 7

ここで，$\sin\theta+\cos\theta=\sqrt{2}\sin(\theta+45°)$ により，$0<\theta\leq 90°$ では，
$1\leq \sin\theta+\cos\theta \leq \sqrt{2}$

よって，S は $45°$ で最小となり，最小値は，

$$\frac{2a^2}{\sqrt{2}+1}=2(\sqrt{2}-1)a^2 \qquad \cdots\cdots(答)$$

（注）A'B' と AB のなす角が回転角 θ に等しいことは自明のようだが，納得のいかない人のために証明しておく．

図 7 の 4 点 A，A'，F，O において

$\angle\mathrm{OAF}=\angle\mathrm{OA'F}=45°$

よって，4 点 A，A'，F，O は同一円周上の点である．

ゆえに，

$\angle\mathrm{AOA'}=\angle\mathrm{AFA'}=\angle\theta$

76　第1章　対称性を活かした解答のつくり方

───〈練習　1・4・5〉───

　正方形ABCDの内側に，正三角形ABK，BCL，CDM，DANを描く．各正三角形の辺のうち，正方形ABCDと重ならない辺，すなわち辺AK，BK，BL，CL，CM，DM，DN，ANの各中点および線分KL，LM，MN，NKの各中点の合計12個の点(図のようにa，b，……，lとする)が，正十二角形の頂点を形成することを示せ．

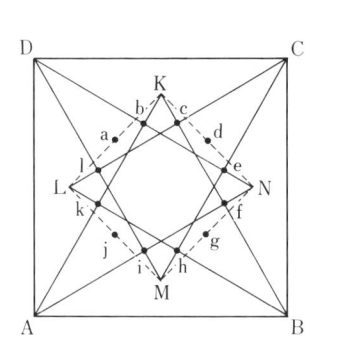

発想法

　まず，十二角形が与えられたとき，それが正十二角形であるための必要十分条件を検討しよう．
　一般に正n角形は，円周をn等分する点(円の中心O，および円周上隣り合う任意の2点P，Qに対し $\angle POQ = \dfrac{360°}{n}$ となる)をとって結ぶことによって描くことができる．すなわち，正n角形は，合同なn個の二等辺三角形からなるのである(図1)．これより，題意の図形が正十二角形であるための必要十分条件は，
　　　"$\angle aOb = \angle bOc$"

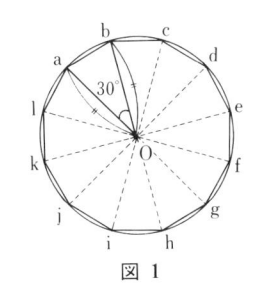

図 1

　さて，与えられた図が，直線KM，LN，対角線BD，ACに関して対称であることから，正方形の中心をOとすると，12個の三角形のうち，
　　　△aOb，△aOl，△cOd，△dOe，
　　　△fOg，△gOh，△iOj，△jOk
がすべて合同であり，また，
　　　△bOc，△eOf，△hOi，△kOl
がすべて合同であることがわかる(図2)．したがって，題意を示すためには，
　　△aObと△bOcについて，
　　　　$\angle aOb = 30°$, $aO = bO$ 　……①
　　かつ
　　　　$\angle bOc = 30°$, $bO = cO$ 　……②
を示せばよい．②に関しては直線KMに関する対称性を考慮すれば，
　　　　② $\Longleftrightarrow \angle bOK = 15°$

となる．

解答 図2に示す図形が，直線 LN, KM, 対角線 BD, AC に関して対称であることから，一般性を失うことなく，線分 DO と線分 KO で囲まれた部分についてのみ調べればよい．そして，求めるものが正十二角形であることを示すためには（「**発想法**」より），

∠KOb=15° かつ ∠aOb=30° かつ aO=bO

を示せばよい．

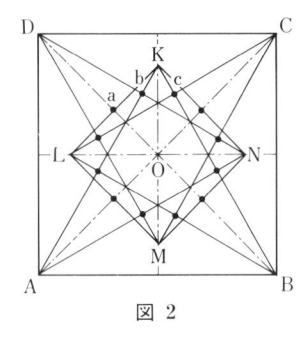

AN が BK の垂直二等分線である（∵ 題意より，△AKB は正三角形でかつ Bf=fK）ことに注意すれば，△KfN ≡ △BfN より |KN|=|NB| を得る．また，対称性より，|NB|=|MB|．よって，△MBN は正三角形（以降，その1辺の長さを S とする）であり，かつ，∠CBN=15° である．

さて，ここで △DBN について考えよう．Ob は DB の中点と DN の中点を結ぶので，中点連結定理により，Ob // BN，Ob の長さは BN の長さの半分である．かくして，$|Ob|=\dfrac{S}{2}$，かつ，$\angle bOK = \angle NBC = \dfrac{90° - \angle NBM}{2} = 15°$ を得る．これより容易に，∠aOb=∠DOK−∠bOK=45°−15°=30°，かつ，$|Oa|=\dfrac{|KN|}{2}=\dfrac{S}{2}$ を得る．

よって，題意は示された．

図 2

第 2 章　対称性の上手な導入のしかた

　自然の法則を研究する人々にとって，避けて通ることができない概念がある．その概念とは〝対称性〞である．そして，〝対称性〞という概念は，自然法則を理解しようという意志のある人ならだれにでも理解することのできる簡明な概念である．自然界に存在する真理は，極めて複雑で，驚くほど個性的なものが多いのだが，それらにたどり着くには，〝対称性〞などの人間の頭脳にもよく理解することのできる簡明な真理を出発点として演繹的な方法をとることによって成し遂げられることが多い．

　本章では，おもに次の 2 つのことについて学習する．
(ⅰ)　一見，対称性の見えにくいものに，対称性が浮き彫りにされるような，ウマイ記号や座標などを導入する．
(ⅱ)　図形問題において，折れ線や離ればなれになっている角などを，ある直線や点に関して対称に折り返すことによって，まとまったものとしてとらえる．

　問題集などで数学の問題の解答を見ると，「どうして，ここに補助線をひくことが思いつくのだろう．」とか，「なぜ，このような記号（または座標軸）を導入したのか？」などと，解答者の発想を不思議に思うことがあるだろう．「頭がいいから」または，「たまたま，ひらめいたのだ」というのは，ちゃんとした理由にはならない．そういう人は，無意識のうちに，または意識的に，数学の基本的な性質に基づいてそのような思いつきをしているのである．数学の基本的性質のなかには，次数，偶奇性，凸性など，いくつかあげられるが，最も広い範囲で，それも，しばしば関与する性質は対称性なのである．

　前章で学んださまざまな場面における〝対称性〞の性質や扱い方を念頭において，〝それらの性質や扱い方を利用するには，与えられた対象をどのように変形したら（とらえ直したら）よいか〞を考え，対称性に習熟していなければ思いつかないような補助線や記号などを導入して鮮かに問題を解決するという，数学のやや高度なテクニックを身につけてもらうことが本章の目的である．

§1　対称な図形や記号を意図的につくれ

　先日，あるテストで，2つの図形の面積が等しいことを示させる問題を出題した．多くの学生は，それらの図形のおのおのを式や不等式で表し，積分を用いて面積を計算し，それらが等しいことを示していた．採点もいいかげん飽きてきたころ，答案用紙に1本線がひかれていて，〝その線に沿って答案用紙を折って重ね合わせ，それを透かして見てください．2つの図形がぴったり重なります．よって，2つの図形の面積は一致します．″という答案に遭遇した．

　この答案をどう評価すべきか，しばし迷ったあと，〝この答案は，多くの人が気づかなかった対称性を完全に把握した答案であるので，偉い！″という私自身の結論に達した．鮮やかな解答は，往々にして対称性をとらえたものが多い．人に見にくければ見にくい対称性ほど，それをとらえた答案は鮮やかになるものである．

　年配の人が赤提灯で昔を回顧し，数学を語るとき，たいてい〝幾何がおもしろかった．補助線を1本入れると，サーッと展望が開け，みごとに問題が解けたその快感は忘れ難い．おじさんは，数学が好きだったなぁ．″とくる．

　最後のセンテンスが真実か嘘かは別として，補助線1本の効用は納得のいくところである．その補助線のひき方は，何らかの意味で対称性に依存していることが多いのである．諸君も，50年後には，場末の赤提灯できっと同じ言葉を繰り返すにちがいない．

[例題 2・1・1]

次の方程式を解け．
$$\tan x = \tan(x+10°)\tan(x+20°)\tan(x+30°)$$

発想法

加法定理
$$\tan(\alpha+\beta) = \frac{\tan\alpha + \tan\beta}{1-\tan\alpha\tan\beta}$$
をつかって右辺を展開しようとしても，式の形が煩雑になりすぎてどうにもなりそうもない．

この等式に出てくる4つのかたまり x，$x+10°$, $x+20°$, $x+30°$ を数直線上に描くと，図1のように位置している．そして，これら4点の中心は $x+15°$ である．そこで，$y=x+15°$ とおいて与式に代入してみよう．すると，与式に対称性が導入でき，その結果式の見通しがよくなってずっと扱い易くなるはずだ．

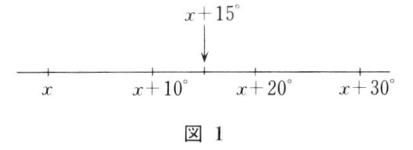

図 1

解答 $x+15°=y$ とおく．すると，与式は，
$$\tan(y-15°) = \tan(y-5°)\tan(y+5°)\tan(y+15°)$$
となる．さらに，左辺に $y\pm 15°$ を集め，右辺に $y\pm 5°$ が集まるように（すなわち，対称性を壊わさないように注意して）変形すると，

$$\frac{\sin(y-15°)\cos(y+15°)}{\cos(y-15°)\sin(y+15°)} = \frac{\sin(y-5°)\sin(y+5°)}{\cos(y-5°)\cos(y+5°)} \quad \cdots\cdots ①$$

となる．ここで，和の公式
$$\sin A\cos B = \frac{1}{2}\{\sin(A-B)+\sin(A+B)\}$$
$$\sin A\sin B = \frac{1}{2}\{\cos(A-B)-\cos(A+B)\}$$
$$\cos A\cos B = \frac{1}{2}\{\cos(A-B)+\cos(A+B)\}$$
を用いると，①は，

$$\frac{\sin(-30°)+\sin 2y}{\sin 30°+\sin 2y} = \frac{\cos(-10°)-\cos 2y}{\cos(-10°)+\cos 2y} \quad \cdots\cdots ②$$

となる．

$\sin 30°=\dfrac{1}{2}$，$\sin(-30°)=-\dfrac{1}{2}$ を②に代入して，

$$\frac{2\sin 2y-1}{2\sin 2y+1} = \frac{\cos 10°-\cos 2y}{\cos 10°+\cos 2y}$$

両辺の分母を払うと，
$$(2\sin 2y-1)(\cos 10°+\cos 2y)=(2\sin 2y+1)(\cos 10°-\cos 2y)$$
これを整理して，
$$2\sin 2y\cos 2y=\cos 10°$$
これに倍角の公式 $(\sin 2\theta=2\sin\theta\cos\theta)$ を用いると，
$$\sin 4y=\cos 10°$$
を得る．ここで，$\cos\alpha=\sin(\alpha+90°)$ であることから，
$$\sin 4y=\sin(10°+90°)=\sin 100°$$
である．$\sin\alpha=\sin\beta$ の一般解は，
$$\alpha=\beta+360k° \text{ または } \alpha=(180°-\beta)+360k°$$
であることより，
$$4y=100°+360k°, \text{ または } 80°+360k° \quad (k=0, \pm 1, \pm 2, \cdots\cdots)$$
すなわち，
$$y=25°+90k°, \text{ または } 20°+90k°$$
よって，
$$x=y-15°$$
$$=10°+90k° \text{ または } 5°+90k° \quad (k=0, \pm 1, \pm 2, \cdots\cdots) \quad \cdots\cdots\text{(答)}$$

〈練習 2・1・1〉

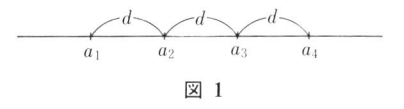

整数からなる等差数列の連続する4項の積と公差の4乗の和は，つねに平方数であることを示せ（記号に対称性を導入することによって，この等式を示せ）．

発想法

数直線上に題意をみたす4点を配置し，対称性を導入するために，それら4点の中心（すなわち，4項の平均値）に着眼し，その点を基準にとって議論してみよ．

解答 連続する4項を a_1, a_2, a_3, a_4 とし，公差を d とする．さらに，$d' = \dfrac{d}{2}$ とおき，a_1, a_2, a_3, a_4 の4項を数直線上に表したときの4点の中心（図1）を考えて，その点を $a\left(=\dfrac{a_2+a_3}{2}=a_2+d'\right)$ とおく．

このとき，
$a_1 = a - 3d'$
$a_2 = a - d'$
$a_3 = a + d'$
$a_4 = a + 3d'$

図 1

となる．よって，
$S = a_1 a_2 a_3 a_4 + d^4$
$= (a-3d')(a-d')(a+d')(a+3d') + 16d'^4$
$= (a^2 - d'^2)(a^2 - 9d'^2) + 16d'^4$
$= a^4 - 10a^2 d'^2 + 25d'^4$
$= (a^2 - 5d'^2)^2 \quad \cdots\cdots(*)$

ここで，
$a^2 - 5d'^2 = (a_2 + d')^2 - 5d'^2 \quad (\because \quad a = a_2 + d')$
$= a_2^2 + 2a_2 d' - 4d'^2$
$= a_2^2 + a_2 d - d^2$

a_2, d ともに整数であるので，$a^2 - 5d'^2$ も整数である．よって，S は $(*)$ より，平方数である．

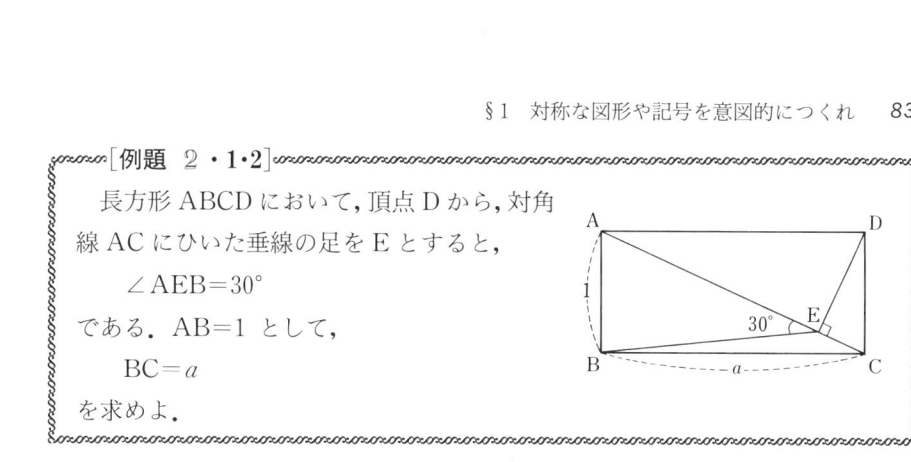

§1 対称な図形や記号を意図的につくれ 83

[例題 2・1・2]

長方形 ABCD において，頂点 D から，対角線 AC にひいた垂線の足を E とすると，
$$\angle \text{AEB} = 30°$$
である．AB=1 として，
$$\text{BC} = a$$
を求めよ．

発想法

"△ABC は直角三角形であり，AB=1 がわかっていて，BC=a を求めよ" というのだから，AC の長さがわかればよいことに気づくであろう．

いま，∠AEB=30° がわかっているのだから，これをうまく利用できないかと考えると，B から AC に垂線を下ろしてみようか，ということになる．その垂線の足を F とおくと（図1），
$$\triangle \text{DCE} \equiv \triangle \text{BAF}$$

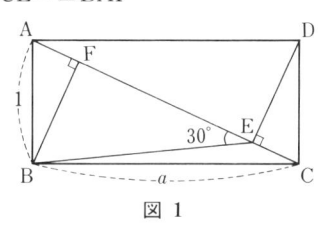

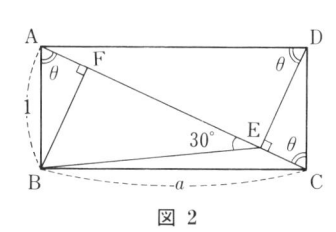

図 1　　　　図 2

また，
$$\triangle \text{DCE} \infty \triangle \text{ADE} \infty \triangle \text{ACB} \infty \cdots\cdots$$

であることから，∠DCE=θ とおくと，図2のようになり，何とか解答の糸口が見えてきたようだ．

解答　∠BAC=∠ACD=θ とおく．

また，B から AC にひいた垂線の足を F とする（図3）．

対称性を考えると，△ABF≡△CDE より，
$$\text{CE} = \text{AF} = \cos\theta$$
また，BF=$\sin\theta$ と，∠AEB=30° より，
$$\text{EF} = \frac{\text{BF}}{\tan 30°} = \sqrt{3}\sin\theta$$

以上より，対角線 AC の長さは，
$$\text{AC} = \sqrt{3}\sin\theta + 2\cos\theta \qquad \cdots\cdots ①$$

図 3

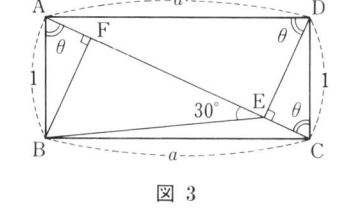

ここで，直角三角形 ABC に着眼すると，

$$\left.\begin{array}{l}\text{AC}=\sqrt{a^2+1}\\ \cos\theta=\dfrac{1}{\sqrt{a^2+1}},\ \sin\theta=\dfrac{a}{\sqrt{a^2+1}}\end{array}\right\}\quad\cdots\cdots ②$$

よって，① は，

$$\sqrt{a^2+1}=\dfrac{\sqrt{3}a+2}{\sqrt{a^2+1}}\quad\cdots\cdots ③$$

分母を払い，整理すると，

$$a^2-\sqrt{3}a-1=0\quad\cdots\cdots ④$$

$a>0$ を考え，

$$\text{BC}=a=\dfrac{\sqrt{3}+\sqrt{7}}{2}\quad\cdots\cdots(\text{答})$$

【別解 1】 ① のあと，

$$\text{AC}=\dfrac{\text{AB}}{\cos\theta}=\dfrac{1}{\cos\theta}\quad\cdots\cdots ②'$$

を用いると，① は，

$$\dfrac{1}{\cos\theta}=\sqrt{3}\sin\theta+2\cos\theta\quad\cdots\cdots ③'$$

$\cos\theta\ (\neq 0)$ で両辺をわり，$\dfrac{1}{\cos^2\theta}=1+\tan^2\theta$ を用いると，

$$1+\tan^2\theta=\sqrt{3}\tan\theta+2$$
$$\therefore\ \tan^2\theta-\sqrt{3}\tan\theta-1=0\quad\cdots\cdots ④'$$

$a=\tan\theta\ (>0)$ を考え，

$$\boldsymbol{a=\tan\theta=\dfrac{\sqrt{3}+\sqrt{7}}{2}}\quad\cdots\cdots(\text{答})$$

【別解 2】 図 4 のように，

$$\text{BF}=\text{DE}=p,\ \text{AF}=\text{CE}=q$$

とおく．

2 角相等より，$\triangle\text{ABC}\backsim\triangle\text{AFB}$ だから，

$$a:1=p:q\quad\therefore\ a=\dfrac{p}{q}\quad\cdots\cdots ⓐ$$

$\triangle\text{BEF}$ において，$\angle\text{BEF}=30°$ より，

$$\text{BE}=2p,\ \text{EF}=\sqrt{3}p\quad\cdots\cdots ⓑ$$

となるから，$\triangle\text{AFB}\backsim\triangle\text{BFC}$ を考え，

$$p:q=\sqrt{3}p+q:p$$

これより，

$$p^2=(\sqrt{3}p+q)q$$

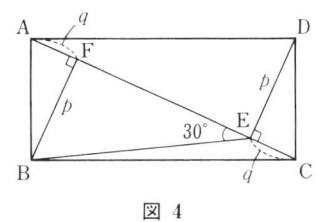

図 4

§1 対称な図形や記号を意図的につくれ 85

両辺を q^2 でわって,

$$\left(\frac{p}{q}\right)^2 - \sqrt{3}\left(\frac{p}{q}\right) - 1 = 0 \quad \cdots\cdots ⓒ$$

$a = \dfrac{p}{q} > 0$ だから, $\quad a = \dfrac{p}{q} = \dfrac{\sqrt{3}+\sqrt{7}}{2} \quad \cdots\cdots$(答)

【別解3】 図5のように,座標を導入して考える.

Eの座標を求めると,

$$E = \left(\frac{a^3}{a^2+1}, \frac{1}{a^2+1}\right)$$

これより,

$$BE = \frac{\sqrt{a^6+1}}{a^2+1} = \frac{\sqrt{a^4-a^2+1}}{\sqrt{a^2+1}} \quad \cdots\cdots ㋐$$

また, $\quad BF = DE = \dfrac{a}{\sqrt{a^2+1}} \quad \cdots\cdots ㋑$

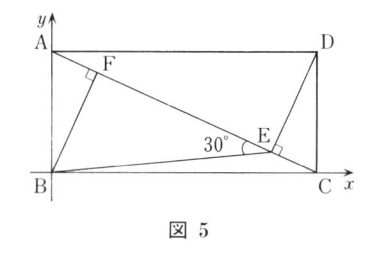

図 5

直角三角形 EFB に関して $\angle FEB = 30°$ より $BE = 2BF$, これに ㋐, ㋑ を代入して,

$$\sqrt{a^4 - a^2 + 1} = 2a \quad \cdots\cdots ㋒$$

両辺を平方して,

$$a^4 - 5a^2 + 1 = 0 \quad \cdots\cdots ㋓$$

因数分解して,

$$(a^2 + \sqrt{7}a + 1)(a^2 - \sqrt{7}a + 1) = 0$$

ここで, $a > 0$ を考え,

$$a^2 - \sqrt{7}a + 1 = 0 \quad \cdots\cdots ㋔$$

さらに, $a > 1$ を考え,

$$a = \frac{\sqrt{7}+\sqrt{3}}{2} \quad \cdots\cdots$$(答)

[コメント] どの解法でも,さほどたいへんではないが,上述の4つの解法を比較するのならば,「解答」または【別解1】に比べて,【別解2】は2文字 p, q を扱うためやや煩雑であり,【別解3】はいちばん計算を要するためやや手間がかかる.よって,「解答1」または【別解1】のように解答するのがよいだろう.

86   第2章 対称性の上手な導入のしかた

──〈練習 2・1・2〉──────────────
　2点F, F′を焦点とするだ円上の点Pにおける接線lは，$\angle$F′PFの外角を2等分することを示せ。
────────────────────────

発想法

　点Pにおける接線lに関して，点Fと対称な位置にある点F″をとる(図1)。

　このとき，$\angle$F″PX $=\angle$FPX であるから，

　「3点F″, P, F′が一直線上にある(すなわち，$\angle$F′PFの外角が $\angle$F″PFである)」　……(＊)

ことが示せれば，題意が示されたことになる(IIIの第4章§2参照)。

図 1

解答　だ円周上の点Pにおけるだ円の接線をlとする。点Qがl上を動くとき，QF$+$QF′($=$QF″$+$QF′)

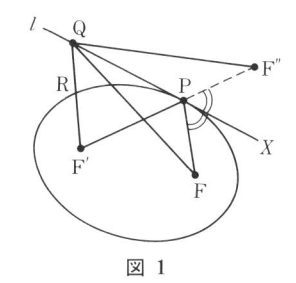

を最小にする点Qの位置は，点Qが点Pの位置にあるときであり，また，そのときに限る。

　よって，発想法の(＊)を示すには『l上を動く点Qに関して，QF$+$QF′が最小となるとき(P$=$Q のとき)，3点F′, Q, F″が一直線上に位置する』ことを示せばよいので，そのことを以下に示す。

　l上を動く点Qに対して，

　　点Qが QF$+$QF′ を最小にする $\iff$ 点Qが QF′$+$QF″ を最小にする．

　　　　　　　　　　　　　　　　　　$\iff$ 点Qが直線F′F″上にある．

　　　　　　　　　　　　　　　　　　$\iff$ 3点F′, Q, F″が一直線上に位置する．

　よって，点Pにおける接線lは，$\angle$FPF′の外角を2等分する．

[コメント]　次の解法も当然考えられるであろう．

　図2のように座標を導入して，

　　$\angle$F′PF $=\theta$ とおくと，

$$\cos\theta = \frac{\overrightarrow{\text{PF}′}\cdot\overrightarrow{\text{PF}}}{|\overrightarrow{\text{PF}′}||\overrightarrow{\text{PF}}|}$$

直線lの方程式を求めて，図2に示す点Rの座標を表して，

$$\cos(\angle\text{FPR}) = \frac{\overrightarrow{\text{PF}}\cdot\overrightarrow{\text{PR}}}{|\overrightarrow{\text{PF}}|\cdot|\overrightarrow{\text{PR}}|} = \cos\left(\frac{\pi-\theta}{2}\right)$$

であることを示す．

図 2

　しかし，この方針で解答しようとすると，前述の解答と比べてかなりの計算を必要とし，よい解法とはいえないだろう．

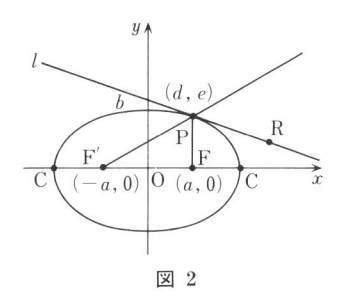

§1 対称な図形や記号を意図的につくれ 87

[例題 2・1・3]
　空間で，xy 平面 E に関してその同じ側に 2 点 $A(a, b, 5)$，$B(c, d, 13)$ が
ある．E 上の点 P で，$l = AP + PB$ が最小となる点 P の座標を a, b, c, d
を用いて表せ．

発想法

　この問題の解法として，次の 2 つの方針が考えら
れるであろう．

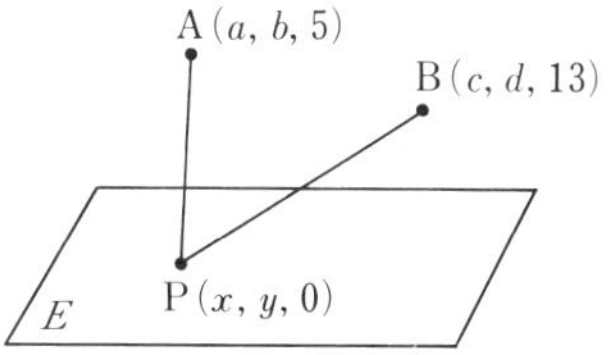

[方針 1]　点 P の座標を $(x, y, 0)$ とおいて (図 1)，
　$l = AP + BP$ の距離を x, y を用いて表す方法；

$$l = AP + PB$$
$$= \sqrt{(a-x)^2 + (b-y)^2 + 5^2}$$
$$\quad + \sqrt{(c-x)^2 + (d-y)^2 + 13^2}$$

　そして，x, y の 2 変数をもつ最小値問題として考える．
　しかし，この解法ではこのあとの計算がたいへん！！

[方針 2]　対称性を導入して首尾よく解決する方法；
　平面 E に関して点 B と対称な点をとり，これを
B′ とする (ここで対称性を導入したのである) (図 2
参照)．
　BP = B′P であるから，$l = AP + BP$ の最小値を
考える代わりに，$l = AP + PB'$ の最小値を考えれば
よいことになる．そして，"AP + BP よりも AP
+ B′P のほうが考えやすい．" なぜならば，A と B
は E に関して同じ側にある点であったため，AP + BP はつねに折れ線の状態で考
えざるをえない．

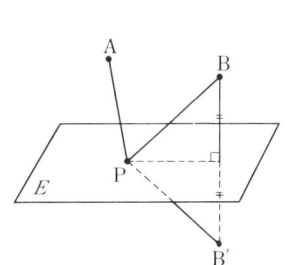

　それに反し，点 B の平面 E に関して，(点 A と反対側にある) 点 A の対称点 B′ を
とると，図 3 のような位置関係で "AP + B′P を最小にするような平面 E 上の点 P"
といわれたら，"線分 AB′ と平面 E との交点 P_0 である．"

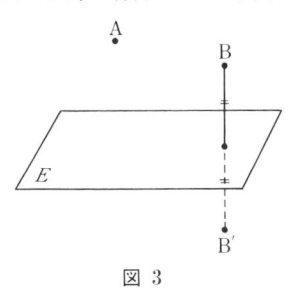

図 3

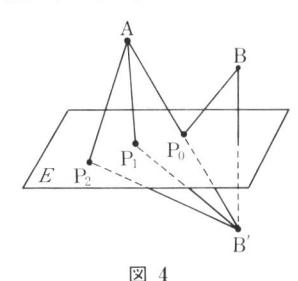

図 4

このことは，図 4 から，△AP$_i$B′ ($i≧1$ の整数) に関する三角不等式
(三角形の 2 辺の長さの和 > 残りの 1 辺の長さ)　より簡単に示される．

解答　xy 平面 E に関して B と対称な点を B′$(c, d, -13)$ とおくと，PB=PB′ だから，l=(AP+PB=) AP+PB′ が最小となるときを考えればよい．したがって，求める点 P は直線 AB′ と平面 E との交点 (図 5 の P$_0$) にほかならないことがわかる．

直線 AB′ の方程式；

$$\frac{x-a}{a-c}=\frac{y-b}{b-d}=\frac{z-5}{5+13}$$

より，AB′ 上の任意の点は媒介変数 t を用いて次のように表せる．

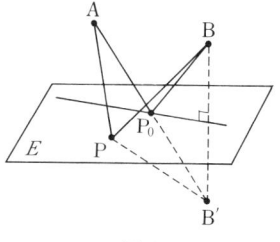

(☆) $\begin{cases} x=(a-c)t+a \\ y=(b-d)t+b \\ z=18t+5 \end{cases}$

また，求める点 P は xy 平面上の点であることから $z=0$．これを (☆) に代入して，

$$t=-\frac{5}{18}$$

よって，

$\begin{cases} x=\dfrac{13a+5c}{18} \\ y=\dfrac{13b+5d}{18} \\ z=0 \end{cases}$

∴ $\left(\dfrac{13a+5c}{18}, \dfrac{13b+5d}{18}, 0\right)$　……(答)

図 5

§1 対称な図形や記号を意図的につくれ　89

<練習 2・1・3>
(1) 三角形 ABC の内部の 1 点を M とするとき,
　　　MB+MC＜AB+AC
　が成り立つことを証明せよ．
(2) 長方形 ABCD の辺 AD, CD (頂点は除く) 上にそれぞれ点 P, Q をとる．このとき,
　　　PB+PQ＜AB+AQ
　が成り立つことを証明せよ．　　　　　　　　　　　　　　(富山大 改)

発想法

(i) 座標を導入して, 解析幾何学的に解こうとするのは, 計算量の見地から判断すると筋の悪い解法である．

　本問は, "三角形の辺の長さに関する不等式" の問題であることから, "三角不等式 (三角形の任意の 2 辺の長さの和 ＞ 他の 1 辺の長さ)" の利用を連想すべきだ．

(ii) 次に証明すべき不等式を見ると, 両辺を直接比べる手だてがないので, それらを比較するための "橋渡し" の役割を果たす補助線をひかなくてはならないが, どこにひけばその目的が達成されるかを考える．

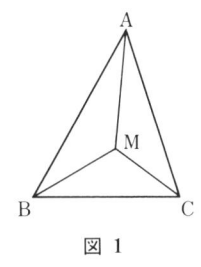

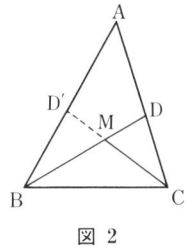

　　　　図 1　　　　　　　　　図 2

　図 1 のように補助線をひくと, MB, MC という長さも AB, AC という長さも生きてこないので, このような補助線のひき方はよくない．そこで, MB (または MC) を延長してみよう．その際にできる AC (または AB) との交点を D (または D') とする (図 2)．すると, 示すべき不等式の右辺

　　　AB+AC＝AB+AD+CD　(または　＝AD'+D'B+AC)
　　　AB+AD＞BD＝MB+MD
　　　MD+DC＞MC
　　　　　………

となり, 解法の糸口が見えてきた!!

　(2) を解くために, (1) の結果を利用することを考えてみるべきである (Ⅲの**第 4 章 §4** 参照)．そのために, (2) において, (1) が首尾よく利用できるようにくふうをす

ることが，(2)を解決するための重要なカギとなる．

しかし，△ABQ の内部に点 P があれば，(1)よりそのまま証明は終わるのだが，図 3 を見ればわかるように，点 P は △ABQ の内部になく，このままの形ではすんなり (1) の結果を利用することはできない．

そこで，"点 P を内部の点とする三角形は……"と必死に考えてみて，点 Q の AD に関して対称な点 Q′（あるいは，点 B と AD に関して対称な点 B′）を考えることを思いつけばもうシメたものである．

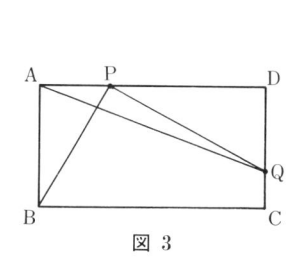

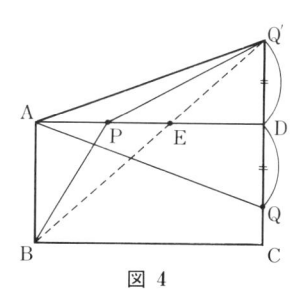

図 3　　　　　図 4

ただし，次の場合分けを怠ってはならない（Ⅰ の第 3 章 §1）．線分 Q′B と AD との交点を E としたときに（図 4），

(a) 　AE＞AP のとき；
　　　点 P は，△AQ′B の内部の点となる（図 4）．

(b) 　AE＝AP のとき；（図 5）
　　　PB＋PQ＝BQ′　よって，△ABQ′ に三角不等式を用いればよい．

(c) 　AE＜AP のとき；
　　　点 P は △AQ′B の内部の点ではない（図 6）．そこで，点 P を内部に含む三角形ができるように補助線をひくことを考える必要がある．

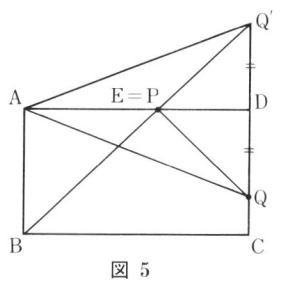

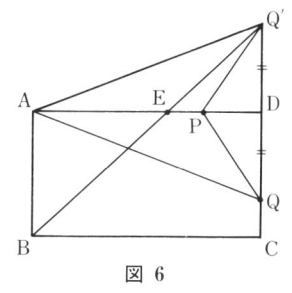

図 5　　　　　図 6

解答　(1)　BM の延長と辺 AC との交点を D とすると（図 7），
　　　AB＋AC
　　＝AB＋AD＋DC＞BD＋DC
　　＝MB＋MD＋DC＞MB＋MC

(2) Q の AD に関する対称点 Q′ をとる（対称性の導入）と，
 PQ=PQ′，AQ=AQ′
 BQ′ と辺 AD との交点を E とする．
 (a) AP＜AE のとき；
  P は，△ABQ′ の内部の点であるから，(1)により，
   PB+PQ′＜AB+AQ′
  したがって，
   PB+PQ＜AB+AQ
 (b) AP＝AE のとき；
   PB+PQ′＝BQ′＜AB+AQ′
  したがって，
   PB+PQ＜AB+AQ
 (c) AP＞AE のとき；
  B を通って AQ′ に平行な直線が辺 CD と交わる点を R とすると，点 P は △RBQ′ の内部の点であるから，(1)により，
   PB+PQ′＜RB+RQ′
       ＝AQ′+AB
    (∵ △ABRQ′ は平行四辺形)
   ∴ PB+PQ＜AB+AQ
  よって，題意は示された．

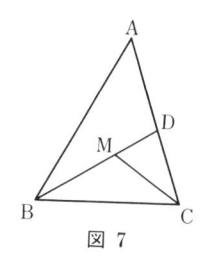

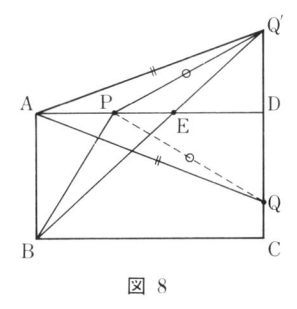

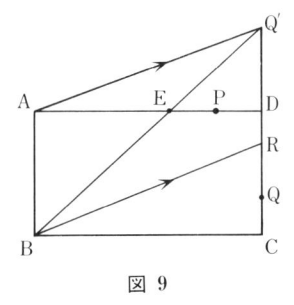

図 7

図 8

図 9

[例題 2・1・4]

光を反射する壁 AOB がある．

図のように，点 P_0 から角 α で出た光が，点 $P_1, P_2, P_3, \cdots\cdots$ において次々に反射し，点 P_n において壁に垂直に入射したとする．光が進んだ距離

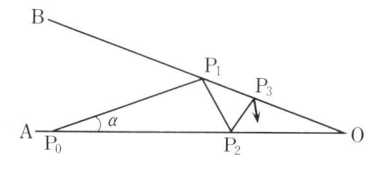

$$d = P_0P_1 + P_1P_2 + P_2P_3 + \cdots\cdots + P_{n-1}P_n$$

を OP_0 と角 α とを用いて表せ．ただし，$\angle P_0P_1O > \dfrac{\pi}{2}$ とする．　　　(山口大)

発想法

中学校の理科で，光がある平面で反射するときに，
「入射角と反射角は等しい」　……(＊)
という事実を習ったであろう (図 1)．

"$P_0P_1, P_1P_2, \cdots\cdots, P_{n-1}P_n$ を OP_0 と α を用いて表し，その後，それらを加えあわせて ……" という腕力にまかせて計算でゴリ押しする方針は，あとでそれらの和 d を求めるところで破綻をきたすということを察知すべきである．

そこで，何かキラリと輝く知的な発想でもって，直面する困難を回避することを考えよう．

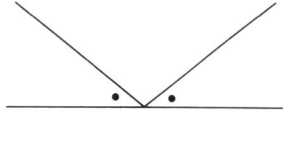

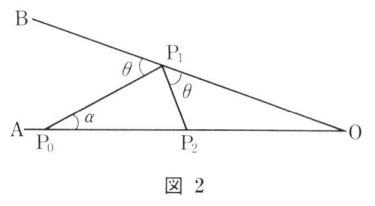

"線分 P_1P_2 を $OB(=OP_1)$ に関して対称に折り返すと (図 3)，$(\angle BP_1P_0 = \angle P_2P_1P_3$ であり，かつ対頂角が等しいことから)，点 P_0, P_1, P_2' が一直線上に配置される" ことに注目せよ．すると，$P_0P_1 + P_1P_2$ を求めるには，P_0P_2' を求めればよいことになる (図 3)．

同様に P_2P_3 を OP_2' に関して対称的に折り曲げると，4 点 P_0, P_1, P_2', P_3' が一直線上に並ぶ (図 4)．

図 3　　　図 4

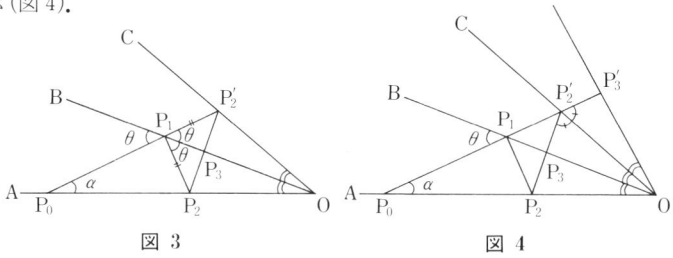

よって，　　　$P_0P_1+P_1P_2+P_2P_3=P_0P_3'$

光が壁に垂直に入射するまでこれを繰り返せば，展望が開ける．

解 答　$P_1 \sim P_n$ の折れ線を OB に関して折り返すと，図5に破線で示した折れ線になり，3点 P_0, P_1, P_2' は一直線上に配置される．

次に，破線 $P_2' \sim P_n$ を図6の OC ($=OP_2'$) に関して折り返すと，初めの $P_0 \sim P_3$ の 4点からなる折れ線の長さが一直線上に表現できる．

同様な操作を繰り返すと，初めの $P_0 \sim P_n$ の折れ線の長さは図6の線分 P_0H に一致する．したがって，

$$d = P_0P_1 + \cdots\cdots + P_{n-1}P_n = P_0H = \mathbf{OP_0 \cos \alpha} \qquad \cdots\cdots（答）$$

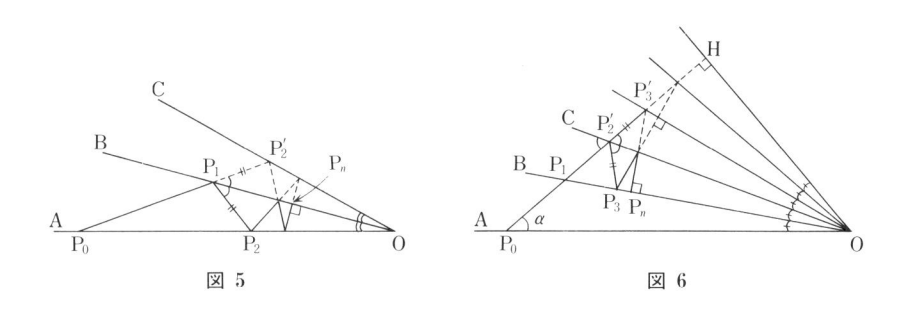

図 5

図 6

─〈練習 2・1・4〉─

AD=3AB であるような長方形の辺 AD，BC のそれぞれの 3 等分点を右図のように E，F，G，H とする．∠EAC=α，∠FEC=β とするとき，$\alpha+\beta$ の値を求めよ． (東海大)

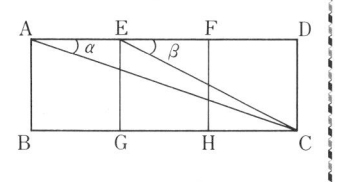

発想法

角 ($\alpha+\beta$) を求めたいのに，2 つの角 α と β が離れたままでは扱いにくい．α，β を移動させて 1 か所に集めるために，BC を対称軸として与えられた図形を折り返してみよう (ここで，故意に図形に対称性を導入したわけである)．

解答 線分 BC に関して線対称になるように，BC を対称軸として与えられた図形を折り返すと図 1 のようになる．

$$\angle ECH = \angle FEC = \beta \quad (\because \ 錯角)$$
$$\angle A'CH = \angle ACH = \angle EAC = \alpha$$

であるから，

$$\angle ECA' = \alpha + \beta$$

である．

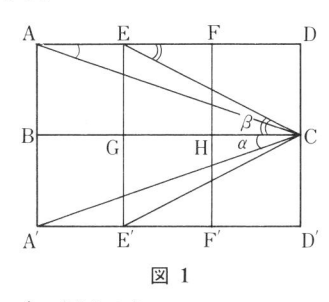

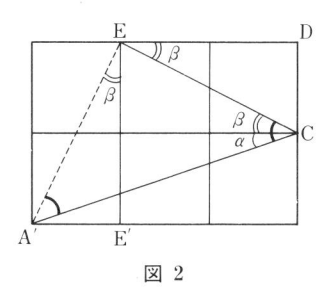

図 1　　　図 2

一方，図 2 より，

"△ECD≡△EA'E'" ……(∗) であるから，EC=EA'，よって△EA'C は底角が $\alpha+\beta$ の二等辺三角形である．

また，(∗) より，

$$\angle CED = \angle A'EE' = \beta$$

であり，

$$\angle CED + \angle CEE' = 90° \iff \angle A'EE' + \angle CEE' = \angle A'EC = 90°$$

したがって，△EA'C は直角二等辺三角形である．

∴　$\alpha+\beta = \mathbf{45°}$　……(答)

　　<練習　2・1・5>

正方形 ABCD が図に描かれている．

ここで，
　　∠ECD＝∠EDC＝15°
である．

このとき，△AEB は正三角形であることを示せ．

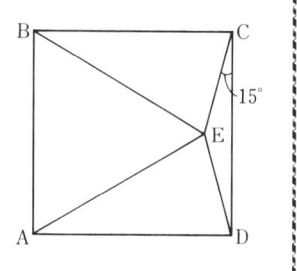

発想法

　この問題を解くカギは，図形に (点) 対称性を導入することにある．そのために，とくに (辺 CD に対する点 E と同様に)，AB, BC, AD の各辺に関してもそれらを底辺とし，底角 15° の二等辺三角形を描いてみよ．

解答　「発想法」で述べたように図を描き，図1のように点 F, G, H とおく．

　まず，対称性により EB＝EA であるから，示すべきことは，
　　AB＝EB
である．

　HC＝EC，∠HCE＝60° より，
△HCE は正三角形である．よって，
　　∠CHE＝60°　……①
　　HC＝HE　　　……②
　　∠BHC＝180°－2×15°＝150°　（△BHC に着目）
　　∠BHE＝360°－(∠BHC＋∠CHE)
　　　　＝360°－(150°＋60°)　（①より）
　　　　＝150°

よって，△HBC と △HBE に関して，
$$\begin{cases} \angle BHC＝\angle BHE \\ BH は共通 \\ HC＝HE \quad (②より) \end{cases}$$
であるから，
　　△HBC≡△HBE　　∴　BC＝BE＝EA＝AB
より，△AEB が正三角形であることは示された．

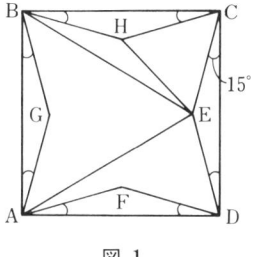

図 1

§2 対称性をひき出すように座標軸を設定せよ

　図形問題を処理する際に，座標を導入して処理するのか，それともベクトルや三角比，または三角関数などをつかうのかは，判断を要するところである．とくに，2次曲線や3次関数，4次関数などの図形に関し，面積や距離，道のりなどを求める問題は，幾何学的に解くよりも座標軸を導入して，対象としている2次曲線の方程式や直線や曲線の方程式を用いたほうが，最短の解決策となることもしばしばある．

　しかし，何も考慮することなく，ただ座標軸を導入すればよいというわけではない．というのは，うまい座標を導入すれば，扱うべき方程式が簡単になり，計算量が少なくなるからである．扱うべき図形に何らかの対称性があるときは，その対称性に着眼して座標を導入するのが賢いやり方だ．なぜ，対称性に着眼したらよいのかという理由はわかるだろうか？

　"対称性に着眼して座標を導入する"ことのメリットは，そのように導入すれば扱う対象を表現する際に，変数やパラメータ，文字などの個数が少なくてすんだり，方程式が対称式となったりして扱いやすくなることにあるのである．しかし，ごくまれには，上述の事実に反し，対称性以外の事柄に注目して座標を導入したほうがよりよい解答になることもあるので御用心（〈練習 2・2・2〉参照）*！*

（例）　座標の導入のしかたによって，同じ曲線でも方程式が異なる．

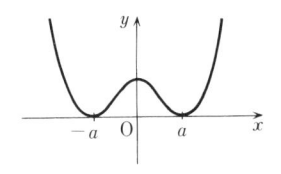

図 A　$C : y = (x-a)^2(x+a)^2$

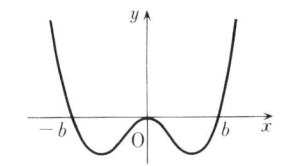

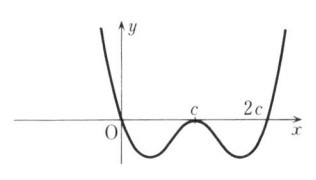

図 B　$C : y = x^2(x+b)(x-b)$

図 C　$C : y = x(x-c)^2(x-2c)$

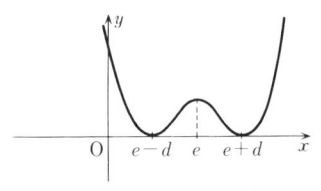

図 D　$C : y = (x-(e+d))^2(x-(e-d))^2$

本節の後半では、3次関数に関する問題を解く際に重要な、点対称性を考慮した座標の導入や座標軸の平行移動のしかたについて学ぶ。2次関数や3次関数は、基礎解析の範囲に出てくる微分・積分の主役である。2次関数のグラフ、すなわち放物線に関しては、中学時代から習っているせいもあって、放物線の特徴（その軸に対して線対称であるなど）については学生諸君は比較的よく知っているようである。しかし、3次関数の問題となると、3次関数 $y=f(x)$ のグラフの特徴をまったく無視していきなり微分したり、積分をし始める人が多い。

　任意の3次関数を表す際に、$f(x)=ax^3+bx^2+cx+d$ と、以後の計算の手間数を考慮することなく、無作為においてしまう人がいる。このような人は、3次関数のグラフの極めて重大な性質を認識していないのだ。

　3次関数のグラフの数多くの性質の中でも、とりわけ重要なものが、この章のテーマである"対称性"である。すなわち、"どんな3次関数も変曲点に関して点対称である"という性質である。

　では、まず、この事実を確認しておこう。

〈定理 2・2・1〉

3次関数 $y=g(x)$ は、変曲点に関して点対称である。

【証明】

　　$y=g(x)=a(x^3+px^2+qx+r)$ の3次の係数 a ($\neq 0$) が1でないときは、$g(x)$ を a でわって得られた関数を改めて $y=g(x)$ とおいて考えればよい。なぜならば、このような操作をしても、グラフは y 軸方向に $\frac{1}{a}$ 倍されるだけであるから、点対称性の有無には影響を与えないからである。

　よって、3次関数 $y=g(x)$ を次のようにおく。

　　$y=g(x)=x^3+px^2+qx+r$ ……(★)

について、$X=x+\frac{p}{3}$ ……(*) とおく（すなわち、x 軸方向に $+\frac{p}{3}$ 平行移動する）と、

　　(★) $\iff y=X^3+AX+B$ ……(★★)

（ただし、$A=q-\frac{1}{3}p^2$, $B=\frac{2}{27}p^3-\frac{pq}{3}+r=g\left(-\frac{p}{3}\right)$）

となる。さらに、$Y=y-B$ ……(**) とおく（すなわち、y 軸方向に $-B$ だけ平行移動する）と、

　　(★★) $\iff Y=X^3+AX$

　ここで、このグラフは原点対称である。すなわち、$y=g(x)$ を

$\vec{l} = \left(+\dfrac{p}{3},\ -g\left(-\dfrac{p}{3} \right) \right)$ 平行移動したグラフが原点対称になったことから，$y = g(x)$ は点 $\left(-\dfrac{p}{3},\ g\left(-\dfrac{p}{3} \right) \right)$ に関して点対称である．その点が変曲点であることを以下で示す．

式（★）から，
$$y' = 3x^2 + 2px + q$$
$$y'' = 6x + 2p = 6\left(x + \dfrac{p}{3} \right)$$

よって，$y = g(x)$ のグラフは変曲点 $\left(-\dfrac{p}{3},\ g\left(-\dfrac{p}{3} \right) \right)$ であり，(*)，(**) より，$y = g(x)$ は，この点 $\left(-\dfrac{p}{3},\ g\left(-\dfrac{p}{3} \right) \right)$ に関して対称である．

3次関数に関する問題では，そのグラフが変曲点に関して点対称であることから，対称性を大いに活用して問題を図形的にとらえることが可能となり，その結果，首尾よく問題を処理できるということがある（たとえば，「**例題　2・2・1**」）．

また，図形的に処理するほどは解答が簡単にならなくとも，上述の定理（〈**定理 2・2・1**〉）を踏まえて，その3次関数のグラフを変曲点が原点となるように新しい座標を自力で導入して（または，グラフを平行移動して），原点対称な3次関数の問題に帰着させてから論じたほうが，解答における計算の手間がずっと減り，かつ見通しが立てやすくなることがしばしばあるのだ．

§2 対称性をひき出すように座標軸を設定せよ　　99

[例題 2・2・1]

図において，ABCD は 1 辺の長さ 2 km の正方形であり，M は CD の中点，N は AD の中点である．

放物線 p_1 は，A, B を通り，その頂点 M で CD に接している．

放物線 p_2 は，B, C を通り，その頂点 N で AD に接している．

いま，甲，乙 2 人は同時にそれぞれ，A, B を出発し，甲は p_1 上を B まで，乙は p_2 上を C まで歩く．

ただし，どの時刻にも甲の速さと乙の速さとは相等しい（一定とは限らない）ものとする．

甲，乙間の最短距離を求めよ．

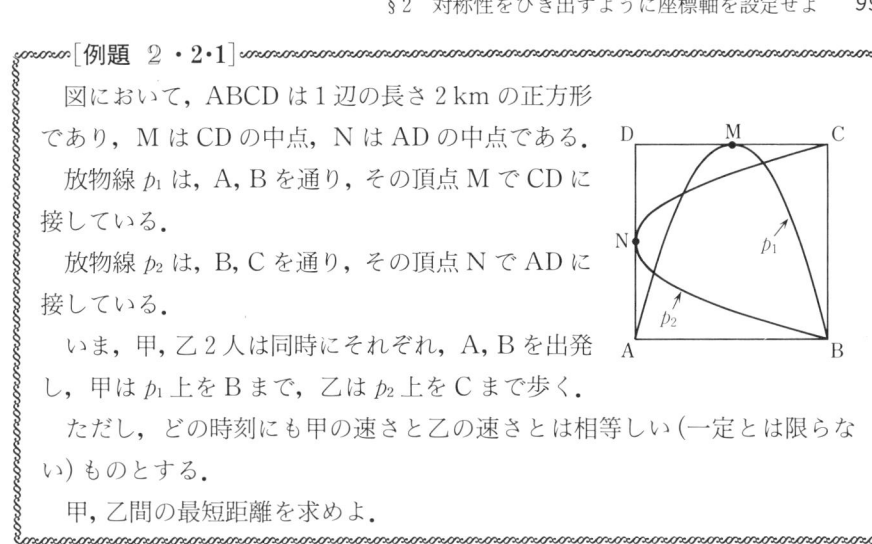

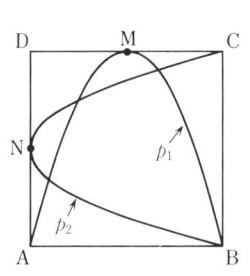

発想法

問題にされているのが，放物線上の動点であることから，座標を導入して解くのがよい．

この図形の対称性に基づいて図 1 のように座標を導入しよう．

このように対称性に基づいて座標を導入するとなぜよいのかというと，計算を簡易化されるからである．座標の導入のよし悪しが運命を左右する一大事になるということを確かめたい人は，図 2 の (a), (b) のように座標軸を設定したらどうなるか，その先の解答を実際につくって比較してみればわかる．

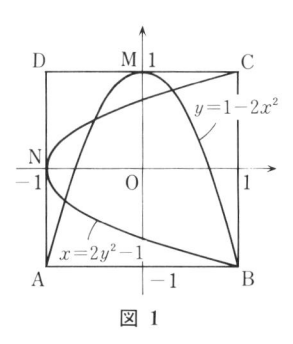

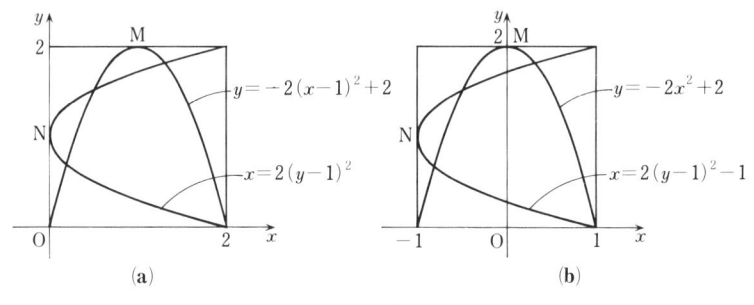

図 1

図 2

解答 正方形の中心 O を原点とし，辺 AB に平行に x 軸，BC に平行に y 軸をとる．長さの単位を 1 km とすると，

$\quad$ A$(-1, -1)$, B$(1, -1)$, ……, M$(0, 1)$,

となる（図3）．2曲線 p_1, p_2 は，$y = -x$ に関して対称である．よって，p_1 の方程式を $f(x, y) = 0$ とすると，p_2 の方程式は，$f(-y, -x) = 0$ である．よって，

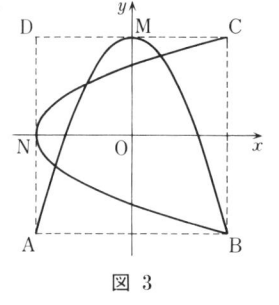

放物線 p_1 の方程式は，

$\quad f(x, y) = 0 \Longleftrightarrow 1 - 2x^2 - y = 0$, $y = 1 - 2x^2$

放物線 p_2 の方程式は，

$\quad f(-y, -x) = 0 \Longleftrightarrow 1 - 2(-y)^2 - (-x) = 0$
$\quad\qquad\qquad\qquad \Longleftrightarrow x = 2y^2 - 1$

甲，乙の進み方の条件により，任意の時刻において，

$\quad$ "甲の x 座標" = "乙の y 座標" ……(☆)

が成立している．そこで，甲の x 座標 $= t$ とおくと，t の変域；$-1 \leqq t \leqq 1$ のもとで，甲，乙の座標は，

$\quad$ 甲 $(t, 1 - 2t^2)$, 乙 $(2t^2 - 1, t)$

となる．

$\therefore \ \overline{\text{甲乙}}^2 = (2t^2 - 1 - t)^2 + (1 - 2t^2 - t)^2$
$\qquad\quad = \{(2t^2 - 1) - t\}^2 + \{(2t^2 - 1) + t\}^2$
$\qquad\quad = 2(2t^2 - 1)^2 + 2t^2$
$\qquad\quad = 8t^4 - 6t^2 + 2$
$\qquad\quad = 8\left(t^2 - \dfrac{3}{8}\right)^2 + \dfrac{7}{8} \geqq \dfrac{7}{8}$

よって，図4のグラフを得る．

これより，変域内の

$\quad t = \pm\sqrt{\dfrac{3}{8}}$

において，$\overline{\text{甲乙}}^2$ が最小値 $\dfrac{7}{8}$ をとることがわかる．

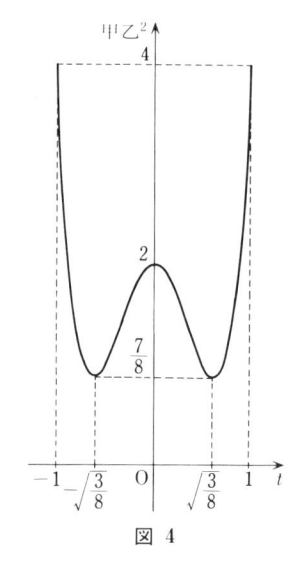

よって，

$\quad \sqrt{\dfrac{7}{8}} = \dfrac{\sqrt{14}}{4}$ [km] ……(答)

図 3

図 4

〈練習 2・2・1〉

1辺の長さ2の正方形 ABCD の各辺の中点を E, F, G, H とする.

右図のように，4つの放物線で囲まれる斜線で示されている図形の面積を求めよ． (東海大 工)

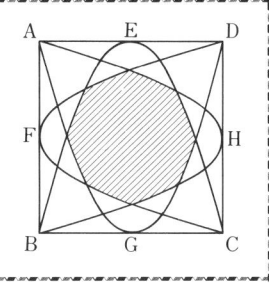

発想法

放物線で囲まれた面積を求めるには，"図形的に……" とガンバッタってムリだ．対称性を考慮した座標を導入して各放物線を式で表し，その後，題意の領域の面積を積分を用いて求めればよい．

座標の導入のしかたは，4つの放物線が，EG と FH の交点に関して点対称であることから，x 軸を FH に，y 軸を EG にとろうと思うのが自然であろう．

解答　図1のように座標を設定すると，太線の放物線の方程式は，

$$y = 2x^2 - 1 \quad \cdots\cdots ①$$

であるから，図の点 P の座標は $\left(\dfrac{1}{\sqrt{2}}, 0\right)$ である．

次に，点 B の座標を求める．点 B が①と $y = -x$ の交点であることから，

$$2x^2 - 1 = -x$$

$$\therefore \quad 2x^2 + x - 1 = (2x-1)(x+1) = 0$$

よって，B の座標は $\left(\dfrac{1}{2}, -\dfrac{1}{2}\right)$ である．

面積を求める図形が，x 軸，y 軸，$y = \pm x$ に関して対称であることから，

求める面積 = (斜線部の正方形の面積) + 8×(打点部の面積)

$$= 1 \times 1 + 8 \times \int_{\frac{1}{2}}^{\frac{1}{\sqrt{2}}} (1 - 2x^2) dx$$

$$= 1 + 8 \times \left[x - \dfrac{2}{3}x^3 \right]_{\frac{1}{2}}^{\frac{1}{\sqrt{2}}} = \dfrac{8\sqrt{2} - 7}{3} \quad \cdots\cdots (答)$$

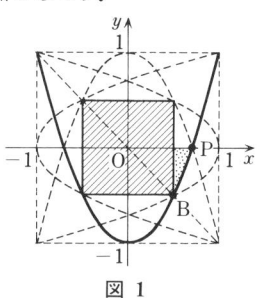

[例題 2・2・2]

1辺の長さが a の正方形の内部にあって，正方形の中心までの距離と，正方形の辺までの最短距離が等しいような点 P を考える．このような点 P 全体のつくる図形によって囲まれる部分の面積を求めよ． (東京工大)

発想法

まず最初に図をかいて，求めるべき点 P の軌跡のようすを調べようと考えるであろう．図1の4点を見つけるのは簡単だが，そのほかの軌跡上の点に関しては，少し考えこむかもしれない．しかし，次の放物線の定義を思い出せば，求めるべき軌跡の概形の見当がつくだろう．

放物線の定義

平面上に定直線 l と，その上にない定点 F とがあるものとする．この平面上の動点 P から F にいたる距離 $\overline{PF}$ と，P から直線 l にいたる距離 $\overline{PH}$（H は P から l にひいた垂線の足）とが等しいような点 P の軌跡が放物線である（F がこの放物線の**焦点**, l がこの放物線の**準線**）．

図 1

これより，求める領域の概形が中心 O を焦点，各辺を準線とする 4 つの放物線で囲まれる領域であることはわかるが，その面積を求める必要があることからも，与えられた正方形に対して，対称性を見抜き，図 2 のように座標を導入して点 $P(x, y)$ の軌跡の方程式を求めよう．ここで，正方形が原点 O に関して点対称な図形であることから，正方形の任意の1辺について調べればよいことに注意しよう．

図 2

解答

正方形がその中心 O に関して点対称であることから，O までの距離と図3の辺 AB（すなわち，式で表すと $y = \dfrac{a}{2}$）までの最短距離が等しい点 P の軌跡を考え，あとはそれを O を中心として $\dfrac{\pi}{2}, \pi, \dfrac{3}{2}\pi$ 回転させれば，所望の図形が得られる．

O から点 P までの距離は，$\sqrt{x^2 + y^2}$

点 P から辺 AB までの最短距離は，$\left| \dfrac{a}{2} - y \right|$

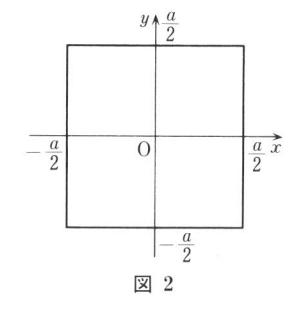

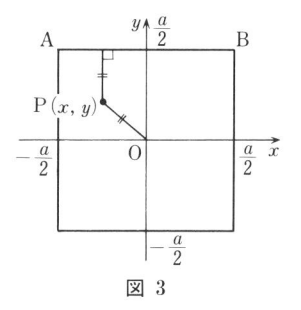

より，O までの距離と辺 AB までの最短距離が等しい点の軌跡 C は，

図 3

$$\sqrt{x^2+y^2} = \left| \frac{a}{2} - y \right|$$

$$\therefore \quad x^2 + y^2 = \left(\frac{a}{2} - y \right)^2$$

よって，放物線 $y = \dfrac{1}{a}\left(\dfrac{a^2}{4} - x^2 \right)$ が得られる．

この図形（図 4 の太線部分）と，それを $\dfrac{\pi}{2}, \pi, \dfrac{3}{2}\pi$ 回転させたものが求める図形である（図 4）．

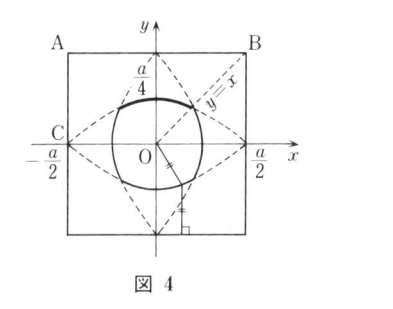

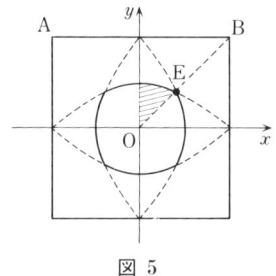

図 4

図 5

求める面積 S は，曲線 C で囲まれた図形が x 軸，y 軸，直線 $y = \pm x$ のどれに関しても対称であることから，図 5 の斜線部の面積の 8 倍である．

曲線 C と線分 OB との交点 E の x 座標を b とおくと，E(b, b) より，

$$\frac{1}{a}\left(\frac{a^2}{4} - b^2 \right) = b$$

これより，

$$4b^2 + 4ab - a^2 = 0$$

$$\therefore \quad b = \frac{\sqrt{2}-1}{2}a \quad (\because \ b > 0) \quad \cdots\cdots ①$$

$$\therefore \quad S = 8 \times \int_0^b \left\{ \frac{1}{a}\left(\frac{a^2}{4} - x^2 \right) - x \right\} dx = 8 \times \left[\frac{a}{4}x - \frac{x^3}{3a} - \frac{x^2}{2} \right]_0^b$$

$$= 2b\left(a - \frac{4}{3}b^2 - 2b \right)$$

ここで，$\dfrac{1}{a}\left(\dfrac{a^2}{4} - b^2 \right) = b$ すなわち $b^2 = \dfrac{a^2}{4} - ab$ であるから，

$$S = 2b\left\{ a - \frac{4}{3a}\left(\frac{a^2}{4} - ab \right) - 2b \right\} = \frac{4}{3}b(a-b) \quad (\text{ここで，①を用いて})$$

$$= \frac{(\sqrt{2}-1)(3-\sqrt{2})}{3}a^2 = \boldsymbol{\frac{4\sqrt{2}-5}{3}a^2} \quad \cdots\cdots(\text{答})$$

〈練習 2・2・2〉

AB＝AC であるような二等辺三角形 ABC において，D を BC の中点，E を D から AC へひいた垂線の足とし，F を DE の中点とする（図1）。

このとき，AF⊥BE を証明せよ。

発想法

適切な座標系を導入し，関連する点を座標で表せば，線分 BE の傾き m_{BE} と，線分 AF の傾き m_{AF} との積が -1 になることを示せばよい．

その1つの方法として，図1のように三角形を描き，D を原点 $(0, 0)$，A＝$(0, a)$，B＝$(-b, 0)$，C＝$(b, 0)$ とする方法がある．この方法は，二等辺三角形は AD に関して**線対称**であるという性質をうまく利用しているので，自然な座標の導入であるといえる．しかし，この座標系は，E と F の座標を求めるとき，計算が複雑になる．

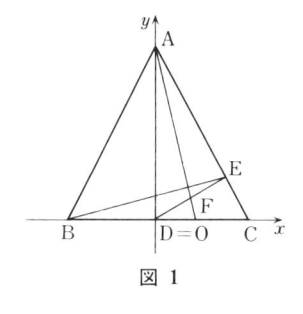

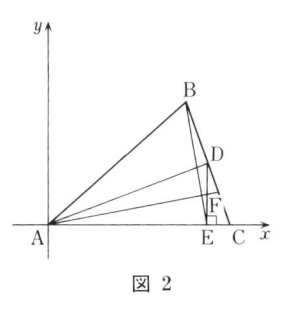

より適切な座標系は，図2のように，A＝$(0, 0)$，B＝$(4a, 4b)$，C＝$(4c, 0)$ とすることである．このようにすれば，線分 DFE は y 軸に平行となり，また，AF は原点を通る直線になることから，非常に扱いやすくなるのだ．

解答

「発想法」で述べた，図2のような座標を導入する．

このとき，AB＝AC より　$a^2+b^2=c^2$，

$$D(2a+2c, 2b),\ E(2a+2c, 0),\ F(2a+2c, b)$$

である（以上の点の座標を求めるのにはほとんど計算を必要としない）．これより，

$$m_{AF} \cdot m_{BE} = \left(\frac{b}{2(a+c)}\right)\left(\frac{4b}{4a-(2a+2c)}\right) = \frac{b^2}{a^2-c^2}$$

$$= \frac{c^2-a^2}{a^2-c^2} = -1$$

となり，証明は完結する．

§2 対称性をひき出すように座標軸を設定せよ　105

[例題 2・2・3]
　3次関数 $y=f(x)$ のグラフの変曲点以外の任意の点を P とする．点 P における接線と曲線が再び交わる点を Q とし，点 Q における接線と曲線が再び交わる点を R とする．さらに，3点 P, Q, R のおのおのから x 軸に下ろした垂線の足をそれぞれ P′, Q′, R′ とする．
　このとき，$\overline{P'Q'}:\overline{Q'R'}$ を求めよ．

発想法

　$y=f(x)$ は"3次関数"というだけの情報しか与えられていない．だから，どのような座標を設定すればよいのかということが，その後の計算を進めていくうえでの一つのポイントになる．まったく無作為に座標を導入すると，関数 $f(x)$ の式は，
$$f(x)=a(x-b)(x-c)(x-d)$$
$$=ax^3-a(b+c+d)x^2+a(bc+cd+db)x-abcd$$
となり，あとの計算がとりとめなくなる．ここで気がつかなければいけないのは，3次関数がその変曲点に関して点対称(〈定理 2・2・1〉参照)であるという事実である．

　そこで，変曲点が原点となるように座標を導入しよう．このようにすると，扱う3次関数は原点対称となって，
$$y=ax^3+bx$$
とおけ，先の見通しがよくなる(図1)．

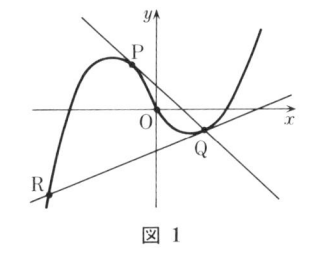

図 1

解答　3次関数は，その変曲点に関して点対称である．求める比の値は座標系の選び方に依存しないので，変曲点が原点となるような座標を導入する．このとき，3次関数が原点に関して対称，すなわち，奇関数 ($f(-x)=-f(x)$) になることから，
$$f(x)=ax^3+bx,\quad a\neq 0$$
とおける．

　x_0 を点 P の x 座標とする．点 P における接線の方程式を $y=g(x)$ ($g(x)$ は x のたかだか1次関数)とおき，Q の x 座標を q とおく．x_0 は接点だから，
$$f(x)-g(x)=a(x-x_0)^2(x-q)$$
の形に書けるはずである．

　左辺には3次と1次の項しかなく，2次の項がないので，右辺において，x^2 の係数は，
$$-aq-2ax_0=0$$
でなければならない．これより，
$$q=-2x_0$$

点Qにおける接線と曲線との交点Rについても，そのx座標は，上とまったく同じプロセスで得られる．すなわち，(再び，ハデな計算をすることなく)Rのx座標は，

$$-2(-2x_0)=4x_0$$

と求まる．

したがって，P′$(x_0, 0)$，Q′$(-2x_0, 0)$，R′$(4x_0, 0)$ と表される(図2)．

よって，

$$\overline{\mathrm{P'Q'}}:\overline{\mathrm{Q'R'}}=3x_0:6x_0=\mathbf{1:2} \qquad \cdots\cdots\text{(答)}$$

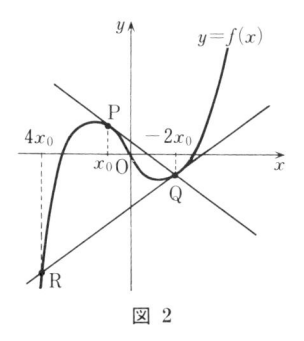

図2

〈練習 2・2・3〉

a は実数の定数とする．実数 b の値を適当にきめることによって，方程式 $x^3-3ax^2+3bx-9b=0$ が等差数列をなす相異なる3つの実数解をもつようにできるためには，a がどのような範囲の値であればよいか．

発想法

与えられた方程式 $x^3-3ax^2+3bx-9b=0$ ……(☆)
が相異なる3つの実数解をもつためには，

"3次曲線 $C: y=x^3-3ax^2$ と直線 $l: y=-3bx+9b$ が相異なる3点で交わる"

ことが必要十分である．

また，方程式(☆)をみたす相異なる3つの実数解が等差数列をなすためには，前述の3点の x 座標の小さいものから順に，P, Q, R とするとき，
$$\overline{PQ}=\overline{QR}$$
であることが必要十分条件である．

ここで，3次関数のグラフがその変曲点に関して点対称であることを考慮すると，$\overline{PQ}=\overline{QR}$ となりうるためには，

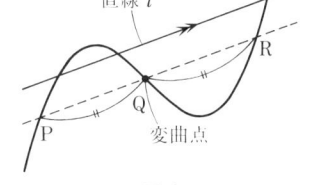

"直線 l が曲線 C の変曲点を通る"

ことが必要である(図1)．これを手がかりとして，解答しよう．

図 1

解答 与えられた方程式；$x^3-3ax^2+3bx-9b=0$ ……(☆)

の3つの解が等差数列をなすためには，直線 $l: y=-3b(x-3)$ が曲線 $C: y=x^3-3ax^2$ の変曲点 $(a, -2a^3)$ を通ることが必要である．よって，

$$-2a^3=-3b(a-3) \quad \therefore \quad 2a^3=3b(a-3) \quad \cdots\cdots ①$$

が必要．①において，$a=3$ ならば 左辺 $=54$，右辺 $=0$ となり矛盾するので，以後，$a \neq 3$ として議論を進めてよい．

(☆)を $(a-3)$ 倍して，①を用いると，
$$(a-3)(x^3-3ax^2)+3b(a-3)(x-3)=0$$
$$\iff (a-3)(x^3-3ax^2)+2a^3(x-3)=0 \quad \cdots\cdots (☆)'$$

ここで，方程式(☆)が $x=a$ を解にもつことに注意して，(☆)' を因数分解すると，
$$(x-a)\{(a-3)x^2-2a(a-3)x+6a^2\}=0 \quad \cdots\cdots(☆☆)$$

方程式(☆☆)の第2因数(波線部)を0とした2次方程式が相異なる2つの実数解をもてば，題意はみたされる．よって，方程式；(波線部)$=0$ の判別式を D とすると，

$$\frac{D}{4}=a^2(a-3)^2-6a^2\cdot(a-3)>0$$
$$\iff a^2(a-3)(a-9)>0$$
$$\iff a<3 \text{ または } 9<a \quad (\text{ただし，} a\neq 0) \quad \cdots\cdots(答)$$

108　第2章　対称性の上手な導入のしかた

[例題 2・2・4]

(1) 実数 m が，曲線 $y=f(x)=x^3+3ax^2+bx+c$ の接線の傾きとなるとき，m の値の範囲を求めよ．

(2) m を傾きとする2つの接線の接点をそれぞれ P, Q とする．点 P, Q を通る直線は m の値にかかわらず定点を通ることを証明せよ．

発想法

　(1)は問題なかろう．(2)は次のように考えてみるとわかりやすいであろう．

　3次関数のグラフは，〈定理 2・2・1〉より，その変曲点に関して点対称である．すなわち，3次関数 $y=f(x)$ のグラフ上の任意の点 P を変曲点のまわりに π 回転させた点 Q は，必ず $y=f(x)$ のグラフ上にある(図1)．また，点 P における $f(x)$ の接線 l を変曲点のまわりに π 回転させた直線は，l と傾きが等しい．この直線を m とすると，直線 m は点 Q における $f(x)$ の接線にほかならない．

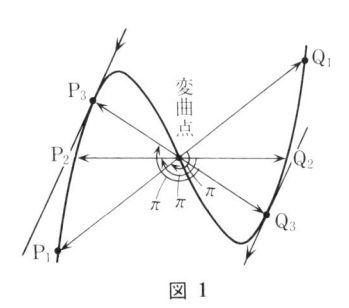

図 1

　したがって，(1)の条件 $(m \geq b-3a^2)$ をみたす各 m に対して，m を傾きとするような接線をもつ点は，3次関数 $y=f(x)$ 上に，ちょうど2個しかないこと(すなわち，図1に示した P_i と Q_i の2個)に気づけば，P, Q の中点が変曲点(すなわち定点)であることがわかり，題意が示せたことになる．

　つまり，3次関数の点対称性を考えれば，(2)は当り前の事実を述べている問題なのである．

解答　(1)　$f'(x)=3x^2+6ax+b$
　　　　　　　　$=3(x+a)^2+b-3a^2 \geq b-3a^2$

すなわち，x の値によらず $f'(x) \geq b-3a^2$ であるから，接線の傾き m は
　　　$\boldsymbol{m \geq b-3a^2}$　……(答)

(2)　$m=3x^2+6ax+b$ から，
　　　$3x^2+6ax+b-m=0$　……①

①の解を α, β とすると，接点の座標は，
　　　$P(\alpha, f(\alpha))$, $Q(\beta, f(\beta))$
とおける．

2次方程式①に関する解と係数の関係より，
　　　$\alpha+\beta=-2a$,　$\alpha\beta=\dfrac{b-m}{3}$　……②

点 P, Q は接線の傾きが m に等しい曲線上の点であるから，3次関数 $y=f(x)$

のグラフの点対称性によって，P と Q は変曲点 (すなわち，PQ の中点) に関して点対称の位置にある．よって，P, Q の位置にかかわらず直線 PQ が通る定点とは，PQ の中点であることが推測できる．

そこで，P($p, f(p)$), Q($q, f(q)$) の中点 M(X, Y) が p, q の値によらず一定であることを以下に示す．② を用いて，

$\dfrac{\alpha+\beta}{2}=-a$

$p+q=-2a, \ pq=\dfrac{b-m}{3}$

よって，

$X=\dfrac{p+q}{2}=\dfrac{-2a}{2}=-a$

$Y=\dfrac{f(p)+f(q)}{2}=\dfrac{1}{2}\{(p^3+q^3)+3a(p^2+q^2)+b(p+q)+2c\}$

ここで，$p^3+q^3=(p+q)\{(p+q)^2-3pq\}=-8a^3+2ab-2am$

$p^2+q^2=(p+q)^2-2pq=4a^2-\dfrac{2}{3}b+\dfrac{2}{3}m$

であるから，

$Y=\dfrac{1}{2}(4a^3-2ab+2c)=2a^3-ab+c$

したがって，　M($-a, 2a^3-ab+c$)

これは，2 動点 P, Q のペアーの位置，すなわち p, q にかかわらず一定であることから，条件をみたす 2 点 P, Q を結ぶ直線は，m の値にかかわらず，すべて定点 M を通る．

(注)　「発想法」における考察では，P, Q の中点 M(X, Y) が変曲点 S であることは既知のこととして扱ったが，この事実を実際に示してみよう．

$y=f(x)$ の変曲点を S(x, y) とおく．

$f''(x)=6(x+a)$

$f''(x)=0$ とおいて，$x=-a$

$f(-a)=-a^3+3a^3-ab+c$

$=2a^3-ab+c$

∴　変曲点 S($-a, 2a^3-ab+c$)

よって，中点 M と変曲点 S は同一点である．

─〈練習 2・2・4〉─

$k>0$ とするとき，xy 平面上の 2 曲線 $y=k(x-x^3)$，$x=k(y-y^3)$ が第 1 象限に $\alpha \neq \beta$ なる交点 (α, β) をもつような k の値の範囲を求めよ．

発想法

題意をみたす交点は，直線 $y=x$ に関して対称な位置に対になって存在することに着眼せよ．この事実を考慮して，これら 1 対の点の x 座標のおき方をくふうして計算の簡略化を図ればよい．

解答 2 曲線は，2 つの式の形より，直線 $y=x$ に関して対称であることがわかる．よって，ある点 Q が題意をみたす交点ならば，点 Q の直線 $y=x$ に関する対称点 R も題意をみたす交点であることがわかる (図 1)．

直線 $y=x$ に関して対称な 2 点は，直線 $y=x$ に垂直な直線上にある．よって，その直線を $y=-x+2t$ とおくと，2 交点の x 座標は，これら 2 交点が第 1 象限にあることも考慮して，

$\quad t-a, \quad t+a \quad (0<a<t)$

とおくことができる (図 2)．

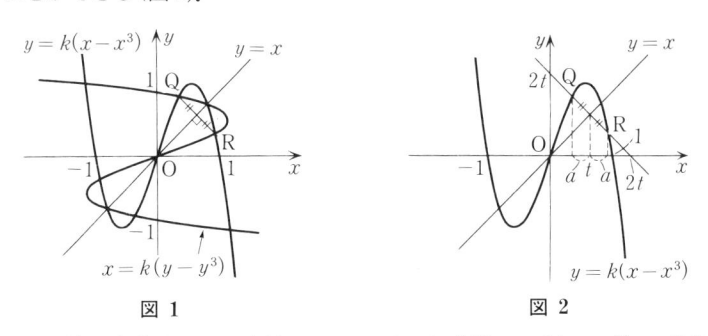

図 1

図 2

また，2 曲線の交点 Q, R は直線 $y=-x+2t$ と曲線 $y=k(x-x^3)$ の交点であるから，これら 2 式を連立して得られる 3 次方程式

$\quad k(x-x^3)=-x+2t \iff kx^3-(k+1)x+2t=0$

が，$t-a, t+a, b$ $(0<a<t,\ b$ は任意$)$ の形の 3 つの解をもつような k の値の範囲が求めるものである．この条件は，3 次方程式の解と係数の関係より，

$\lbrack\!\lbrack \quad (t-a)+(t+a)+b=2t+b=0 \qquad \cdots\cdots ①$

   かつ

$\qquad (t-a)(t+a)+(t+a)b+b(t-a)=t^2-a^2+2bt=-\dfrac{k+1}{k} \quad \cdots\cdots ②$

   かつ

$\qquad (t-a)(t+a)b=(t^2-a^2)b=-\dfrac{2t}{k} \qquad\qquad\qquad \cdots\cdots ③ \quad \rbrack\!\rbrack$

をみたす t, a, b $(0<a<t)$ が存在することで，①と②，①と③をそれぞれ連立して b を消去すると，

$$a^2+3t^2=\frac{k+1}{k} \qquad \cdots\cdots ④$$

$$t^2-a^2=\frac{1}{k} \qquad \cdots\cdots ⑤$$

これより，

〚 $4a^2=\dfrac{k-2}{k}$ （④，⑤から t を消去）……⑥

$t^2=\dfrac{k+2}{4k}$ （∵ ⑤と⑥より） ……⑦

をみたす t, a, b $(0<a<t)$ が存在する 〛

ことと同値である．

ここで，

"⑥をみたす a が存在する" $\iff \dfrac{k-2}{k}>0$

$\iff k(k-2)>0$

$\iff k<0$ または $2<k$

$\iff$ ここで $k>0$ より，$2<k$ ……⑥′

"⑦をみたす t が存在する" $\iff \dfrac{k+2}{4k}>0$

$\iff 4k(k+2)>0$

$\iff k<-2$ または $0<k$

$\iff$ ここで $k>0$ より，$0<k$ ……⑦′

また，b は a, t が存在すれば①よりその存在は保証される．

以上，⑥′かつ⑦′より，求める k の値の範囲は，

$k>2$ ……(答)

――〈練習 2・2・5〉――

$a \neq b$ かつ $\int_a^b (x-a)(x-b)(x-c)dx = 0$

であるとき, a, b, c の間にどんな関係があるか.

発想法

まず, $x = a, b, c$ は, $f(x) = (x-a)(x-b)(x-c) = 0$ の 3 実数解である.

そこで, a, b, c の大小関係によって,

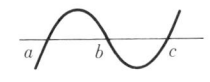

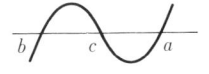

図 1

など, いろいろな場合が考えられるが, c が, a と b の間にある場合に限り, 題意をみたす可能性がある. 一般性を失うことなく, $a < b$ として考えてよい. そのときに,

$\int_a^c f(x)dx = S_1$

$\int_c^b f(x)dx = S_2 \quad (<0)$

に対して, $|S_1| = |S_2|$ であることが, 題意をみたすための必要十分条件である.

3 次曲線が, 変曲点に関して点対称である

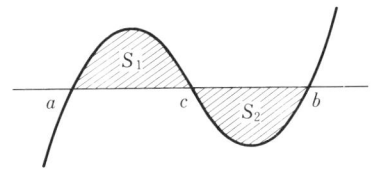

図 2

ことから, 点 $(c, 0)$ が変曲点, 題意をみたす a, b, c の間の関係は, $c = \dfrac{a+b}{2}$ であろうという見当がつけられる. 変曲点に関して, 点対称であるという性質を利用し, また, 積分区間を原点対称になるようにとるために, $y = f(x)$ のグラフを $\dfrac{a+b}{2}$ なる点が原点となるように平行移動してみることから解答を始めよう.

解答 $f(x) \equiv (x-a)(x-b)(x-c)$ とおく. $f(x)$ のグラフを点 $\left(\dfrac{a+b}{2}, 0\right)$ が原点になるように x 軸方向へ $-\dfrac{a+b}{2}$ だけ平行移動すると,

$g(x) = \left(x + \dfrac{a+b}{2} - a\right)\left(x + \dfrac{a+b}{2} - b\right)\left(x + \dfrac{a+b}{2} - c\right)$

$= \left(x + \dfrac{b-a}{2}\right)\left(x + \dfrac{a-b}{2}\right)\left(x + \dfrac{a+b}{2} - c\right)$

$x = a \longrightarrow x = -\dfrac{b-a}{2}, \quad x = b \longrightarrow x = \dfrac{b-a}{2}$

となる.

そこで，$\dfrac{b-a}{2}=h$ とおくと，

$\displaystyle\int_a^b (x-a)(x-b)(x-c)dx=0$
$\iff \displaystyle\int_{-h}^{h}(x^2-h^2)\left(x+\dfrac{a+b}{2}-c\right)dx=0$

（積分区間が，原点対称になってくれた！）

奇関数の部分は，$\int$奇関数$=0$ になるから，偶関数の部分だけ積分して，

$2\left(\dfrac{a+b}{2}-c\right)\displaystyle\int_0^h(x^2-h^2)dx=0$ ……(☆)

ここで，$a\neq b$ により，$h\neq 0$ であるから，

$\displaystyle\int_0^h(x^2-h^2)dx=\left[\dfrac{x^3}{3}-h^2x\right]_0^h=-\dfrac{2}{3}h^3\neq 0$

よって，(☆) が成り立つことから，

$\dfrac{a+b}{2}-c=0$　　∴　$\boldsymbol{a+b=2c}$　　……(答)

§3　対称性に注意して場合分けせよ

　近年，都心の地価が暴騰し，いろいろな障害が生じている．地価の暴騰の最大の理由は，ほとんどすべての官公庁や会社が，東京に集中しているからである．地価の高騰を押さえる方策は，それらを分散させればよい，という至極あたりまえのことである．当時の竹下総理は，故郷創生論を唱え，また，政治家の多くは遷都論を唱えている．いくつかの遷都の候補があがっていて，たとえば，大阪，名古屋，仙台などである．博多や札幌を唱える人はほとんどいない．それはそのはずで，ものごとを捉えるとき，その中心に注目すると都合のよいことが多いからである．というのは，札幌や那覇に遷都したとすると，そこから遠くなる場所が多くなり，不便な所が多すぎてしまうからである．

　これと同様に，ものごとをはしっこから議論し始めると，場合分けの個数が多くなりすぎることになりかねない．よって，ものごとは中心から議論を始めるのがよい．

　本章で学ぶことは，場合分けの数を減らすくふうである．場合分けが数百，数千になった場合，試験時間内にそれをもらさず尽すことは不可能だし，ひょっとすると，何日かけても終局しない可能性もある．場合分けの個数を減らすための有効な方法は,扱っている対象の背後に潜む対称性を上手に利用することが多い．このとき，解答中に，しばしば〝**一般性を失うことなく**……〟という言葉や，〝**同様に**……〟という言葉を用いて場合分けの数を激減させるのである．これらの言葉を適宜，つかいこなすことができるようになったとき，はじめて場合分けのエキスパートといえるのである．

§3 対称性に注意して場合分けせよ

[例題 2・3・1]
1からnまでの自然数のおのおのを勝手に2色(たとえば,赤と青)で塗るとき,同一色の数からなる長さ(項数)kの等差数列が含まれるような最小なnを記号$W(k)$で表す.このとき,$W(3)=9$であることを示せ.

発想法

1から9までのおのおのの自然数を2色で塗る塗り方は,全部で$2^9=512$(通り)もある.そこで,とりあえず次のような方針を試みる人が多いだろう.

たとえば,"1と2がともに赤で塗られている場合には,3を赤で塗ってしまえば,(その他の数の着色を調べるまでもなく)同一色「赤」からなる長さ3の等差数列がつくられる.したがって,3を青で塗った場合を考えていく."という,Iの[例題4・2・4]で述べた,「その後の議論の展開が必要とされる方向へだけ樹形図の枝を伸ばす」方針である.

ところが,この方法だけでさらに議論を続けていっても,かなりの場合分けが出てくる(各自確かめよ).

しかし,何も小さな自然数から順に着色の場合分けをしていく必要はないのである.スタート時点でうまい場合分けをしておけば,おのおのの場合についてゴールを目ざして一直線となる.右に示す解答では,「対称性」に基づいて,最初に下の(i),(ii)の2つの場合分けをする.

まず,1〜9を数直線上に図示したと

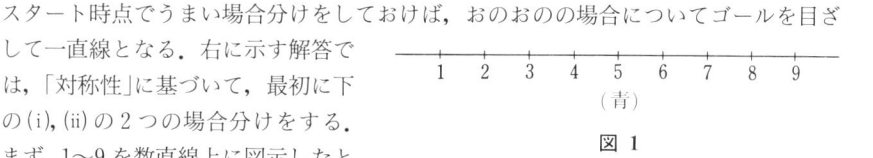

```
1 2 3 4 5 6 7 8 9
     (青)
```
図 1

き,中央にくる数"5"に着目する.これは,9つの文字の,"5"に関する**配置の対称性**に着眼しているのだが,そのご利益は後述することとして,このとき,5を青で塗った場合について議論していけば十分である.というのは,5を赤で塗った場合には,青で塗った場合の議論において,"青"と"赤"をそっくり入れ換えて書き直すだけだからである(**議論の対称性**).この後,もし4と6がともに青なら,4,5,6は青い等差数列をなすので,それ以外のときを考えれば十分である.すなわち,

 (i) 4と6が(赤で)同色のとき
 (ii) 4と6が異色のとき

ここで,1〜9の中央にある数5に着目しておいたお蔭で,実は(ii)の代わりに,

 (ii)' 4が赤で6が青のとき

についてのみ調べれば十分なのである.このことは,9つの自然数に対する命題を,「1cm間隔の9つの球を赤と青で塗るとき,同色で塗られた球が3つ等間隔に表れる」と解釈するとわかりやすいだろう.真ん中の球を青で塗った後,両隣の球を赤と青で塗るとき,赤(青)で塗る球を右隣のものとしても,左隣のものとしても一般性を失うことはない.真ん中の球に関する配置の対称性から,議論の対称性が引き出されたので

ある.

実は，中央の 5 に着目することには，(i), (ii)′ の場合分け以後の議論の枝分かれを制限するのに強い役割を果たす，という面もあるが，このことについては **[コメント]** 参照．

解答 5 が青で塗られている場合について議論して一般性を失わない．

(場合 1) 4 と 6 が同色のとき

このとき，4, 6 がともに赤である場合を考えれば十分である．なぜなら，そうでなければ (4, 6 がともに青)，4, 5, 6 によって，青色の等差数列ができ，題意をみたすからである (以後，「そうでなければ，4, 5, 6 で同色の等差数列ができ，題意はみたされる」というようなことを省略して [4, 5, 6] などと書く)．さらに，2 が青 (B_2) である場合を考えればよいことがわかる ([2, 4, 6] 図 2)．

```
1 2 3 4 5 6 7 8 9
○ ○ ○ ○ ○ ○ ○ ○ ○
  B   R B R
```
図 2 (B, R はそれぞれ青，赤を意味する)

このとき，8 を
　赤で塗れば，4, 6, 8 の赤の
　青で塗れば，2, 5, 8 の青の
長さ 3 の等差数列ができる．

(場合 2) 4 と 6 が異色のとき

対称性を考慮すれば，4 が赤，6 が青としてよい．

このとき，7 が赤である場合を考えればよい．([5, 6, 7])

同様に考えていくと，以下順に，1 が青 ([1, 4, 7])，3 が赤 ([1, 3, 5])，2 が青 ([2, 3, 4])，8 が赤 ([2, 5, 8]) である場合を考えればよい，と続き (図 3)，最後に 9 は，
　赤で塗れば，7, 8, 9 の赤の
　青で塗れば，1, 5, 9 の青の
長さ 3 の等差数列ができるので，(場合 2) に関しても証明が終わった．

```
1  2  3  4 5 6 7  8  9
○  ○  ○  ○ ○ ○ ○  ○  ○
B₂ B₄ R₃ R B B B R₁ R₅
```
図 3 (添字の番号の順に色がきまっていく．)

以上ですべての場合がつくされたことになり，$W(3) \leq 9$ であることが示された．

(もしかすると，1〜8 まででも，どのように塗っても長さ 3 の等差数列を含むかもしれない．しかし図 3 のように，1〜8 までを着色すれば，この中には，長さ 3 の同色からなる等差数列は存在しないのだから，結局 $W(3) = 9$ となる．

[コメント] 中央の 5 は，9 つの数から 3 つ選んでつくる「長さ 3 の等差数列」の 1 つの項として最も多くのものに含まれうる．したがって，最初に中央の色を指定することにより，他の数の着色にかなり制限を与えてしまう，という効果もある．「**解答**」において，この「制限」の強さを確認せよ．

§3 対称性に注意して場合分けせよ　117

―〈練習 2・3・1〉―

15個の1円玉を右図のような形に置く．その1円玉の面を，黒または白で塗る．どのように各1円玉を黒と白で塗ろうとも，同じ色の3つの1円玉が存在し，それらの1円玉の中心を頂点とする正三角形が存在することを証明せよ．

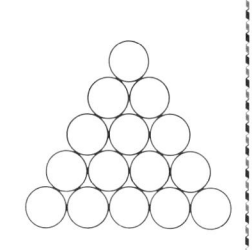

ただし，正三角形の向きは〝上向き〟(△の向き)，または〝下向き〟(▽の向き)とする．

解答　1円玉に図1のように1から15まで番号をつける．以下図において，黒で塗った1円玉を ● で，白で塗った1円玉を ◉ で，そしてまだ色を指定していない1円玉を ○ で表す．

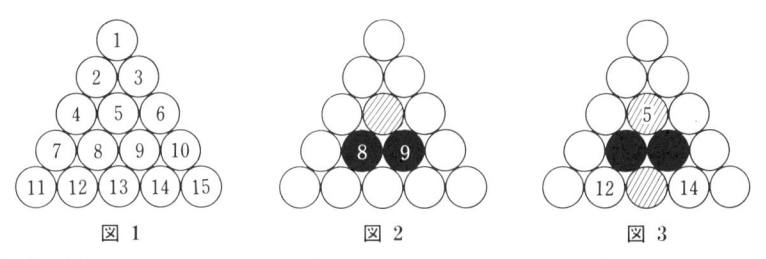

図1　　図2　　図3

まず，中央の 5, 8, 9 の1円玉に着目する．これらがすべて同色であれば，題意はみたされるので，そうでない場合を考える．1円玉の配置の対称性を考慮すれば，一般性を失うことなく，8 と 9 が同色で塗られており，5 がこれらと異なる色で塗られている場合を考えれば十分であり，また，議論の対称性(前問「**発想法**」参照)より，8, 9 がともに黒で，5 が白で塗られている場合を考えれば十分である(図2)．

さらに，13 が黒で塗られていると，8, 9, 13 により題意はみたされるので，13 が白で塗られている場合を考えれば十分である(図3)．

次に，5, 12, 14 の1円玉に着目する．いま，5 は白で塗られているから，12, 14 がともに白で塗られている場合には，題意が示される．したがって，12, 14 のうちの少なくとも一方が黒で塗られる場合について考えていく．そのために，次のように2つの場合に分ける．

(場合 1)　12 と 14 の両方とも黒で塗られている場合

このとき，7, 10 の少なくとも一方でも，黒で塗られている場合には題意がみたされるので，7, 10 とも白で塗られている場合を考えれば十分である．

また，このとき，1, 7, 10 に着目すれば，1 が黒で塗られている場合を考えれば十分(図4)．次に，1, 4, 6 に着目すれば，4 と 6 の少くとも一方が白で塗られている場

118　第2章　対称性の上手な導入のしかた

合を考えれば十分であり，これまでの配色の対称性を考慮すれば，4 が白で塗られている場合を考えれば十分 (4, 6 が，それぞれ白，黒である場合と，ともに白である場合が含まれる)．さらに，2 が黒で塗る場合を考えれば十分 (図 5)．

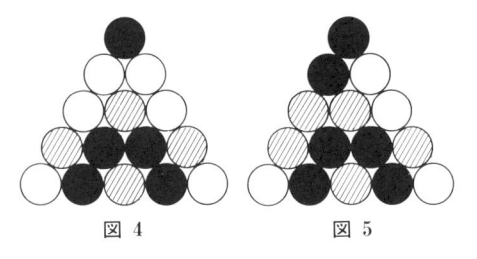

図 4　　図 5

このとき，11 を黒で塗っても，白で塗っても，それぞれ 2, 11, 14；4, 11, 13 が題意をみたす 3 つの 1 円玉となる．

(場合 2)　12 と 14 の一方が黒，他方が白で塗られている場合

それまでの配色 (図 3) の対称性より，一般性を失うことなく，12 が黒，14 が白で塗られている場合を考えれば十分であり，このとき，7, 8, 12 に着目することによって 7 が白で塗られている場合を考えれば十分であることがわかる (図 6)．この後をさらに 10 が白，黒のいずれであるかによって場合分けする (図 6 の状態ではこれ以上は，色を一意にきめてしまえる 1 円玉はない)．

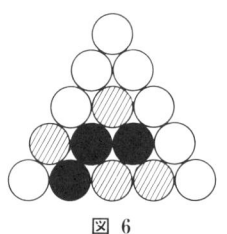

図 6

(場合 2-(i))　10 が黒で塗られている場合

6, 9, 10 に着目すれば，6 が白である場合を考えれば十分 (図 7) であることがわかる．このとき，3 を白で塗っても，黒で塗っても，題意をみたす 3 つの 1 円玉が存在する．

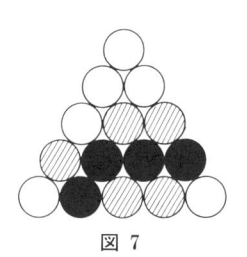

図 7

(場合 2-(ii))　10 が白で塗られている場合 (図 8)

やはり，いままでと同様な議論により，まず，1, 15 がともに黒，そして 3 および 11 がともに白，さらに，2, 4 が黒である場合を考えれば十分であることが順次わかる (図 9)．このとき，6 を白で塗っても，黒で塗っても題意をみたす 3 つの 1 円玉が存在する．

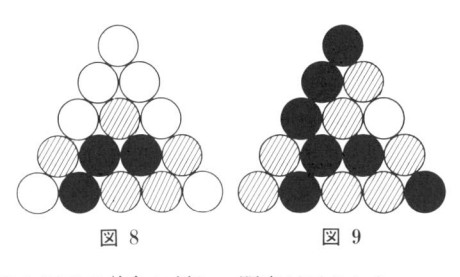

図 8　　図 9

以上より，与えられた配置の 15 個の 1 円玉の着色に対し，題意が示された．

[例題 2・3・2]
　$0 \leqq x \leqq 1$ を満足する x に対し，つねに $|ax+b| \geqq 1-x^2$ ……(∗) が成立するような点 (a, b) の範囲を図示せよ．

発想法

　絶対値記号を含む不等式の解法として，しばしばつかわれる手が〝絶対値記号の中身が，正か負かで場合分けする〟という手である．この問題では，
(場合 I)　$0 \leqq x \leqq 1$ でつねに $ax+b \geqq 0$ である場合
　　　(∗) $\iff ax+b \geqq 1-x^2$　$(0 \leqq x \leqq 1)$
(場合 II)　$0 \leqq x \leqq 1$ でつねに $ax+b \leqq 0$ である場合
　　　(∗) $\iff -ax-b \geqq 1-x^2$　$(0 \leqq x \leqq 1)$
となり，各場合について，容易に絶対値記号をはずすことができる．「やさしい場合から解決（Iの**第4章§1**)」という方針である．しかし，その他の場合，すなわち $ax+b=0$ が $0<x<1$ の範囲に解 α をもつ場合（$x=0$ または 1 を解とする場合は，上の2つの場合のいずれかに含まれる）には，さらに a の正負による場合分けが必要となる．
(場合 III)　$ax+b=0$ が $0<x<1$ の範囲に解 α をもつ場合
　(i)　$a>0$ の場合
　　　$0 \leqq x \leqq \alpha$ で，　　$-ax-b \geqq 1-x^2$
　　　$\alpha \leqq x \leqq 1$ で，　　$ax+b \geqq 1-x^2$
　(ii)　$a<0$ の場合
　　　$0 \leqq x \leqq \alpha$ で，　　$ax+b \geqq 1-x^2$
　　　$\alpha \leqq x \leqq 1$ で，　　$-ax-b \geqq 1-x^2$
となる．かなり面倒になりそうだ．しかしありがたいことに，実は (場合 III)-(i)，(場合 III)-(ii) とも，該当する (a, b) について調べる必要がない．なぜなら，この場合，
　　　$x=\alpha$ において，　$|ax+b|=0$，$1-x^2>0$
となり，$|ax+b| \geqq 1-x^2$ が成立しなくなるからである（その意味では，(場合 III) がやさしい場合といえよう）．
　さて，(場合 I) に該当する (a, b) は，
　　　$0 \leqq x \leqq 1$ で，つねに $ax+b \geqq 0$ が成り立っていて（場合分けの条件）　……㋐
　　かつ，
　　　$0 \leqq x \leqq 1$ で，つねに $ax+b \geqq 1-x^2$ が成り立っている（場合分けの条件㋐のもとでみたされるべき条件）　……㋑
ような (a, b) である．ここで，$0 \leqq x \leqq 1$ ならば $1-x^2 \geqq 0$ であるから，㋑がみたされれば，必然的に㋐もみたされ，条件㋐は，条件㋑に含まれるとしてよい．すなわち，

(場合 I)に該当する (a, b) は,
$\quad 0 \leq x \leq 1$ で, つねに $ax+b \geq 1-x^2$ ……(*)
をみたすような (a, b) である.
　同様に, (場合 II)に該当する (a, b) は,
$\quad 0 \leq x \leq 1$ で, つねに $-ax-b \geq 1-x^2$ ……(**)
をみたすような (a, b) である.
　さあ, 最後は, (*), (**)の (a, b) に対する条件の対称性を見抜いて, スパッとこの問題にカタをつけよう. ＋と－のちがいだから, なんとなく, 対称性がありそうだ, ……と考えたなら, まず具体的な値を代入してみる. たとえば, $(a, b)=(100, 50)$ は, 明らかに(*)をみたす. すなわち,
$\quad 100x+50 \geq 1-x^2$
である. そしてこの式は, (**)において, $-a=100, -b=50$ すなわち, $a=-100, b=-50$ とした式でもあるから, $(a, b)=(-100, -50)$ は, (**)をみたすのである. このように, (*)をみたす各 (a, b) に対して, $(-a, -b)$ は, (**)をみたし, またその逆もいえる. したがって, (*)をみたす (a, b) の領域さえ図示できれば, その領域を原点対称に移動させた領域が, (**)をみたす領域となる. そして, (*)をみたす領域と, (**)をみたす領域の和集合が, 求める領域である.

解答　(場合 1)　$ax+b=0$ が $0<x<1$ に解 $x=a$ をもつ場合を考える.
　このとき, $x=a$ において,
$\quad$(*)の左辺 $=0<$(*)の右辺
となり, (*)は成立しなくなるので, この場合は題意をみたす (a, b) は存在しない.
　したがって, そうでない場合として,
　(場合 2)　$0 \leq x \leq 1$ で, つねに $ax+b \geq 0$ である場合と,
　(場合 3)　$0 \leq x \leq 1$ で, つねに $ax+b \leq 0$ である場合
に分けて考える.
　(場合 2)のとき,
　$0 \leq x \leq 1$ において, $|ax+b|=ax+b$ と書ける. したがって, 場合分けの条件 "$0 \leq x \leq 1$ でつねに $ax+b \geq 0$" のもとに,
$\quad 0 \leq x \leq 1$ でつねに $ax+b \geq 1-x^2$ ……①
となる (a, b) の全体が, この場合で求める (a, b) の全体である.
　$0 \leq x \leq 1$ において, $1-x^2 \geq 0$ であることを考えれば, ①をみたす (a, b) は, 必ず場合分けの条件もみたしているので, 結局, ①をみたしている (a, b) の全体さえ求めればよい. ①の不等式を, $g(x) \equiv x^2+ax+b-1 \geq 0$ と変形して考えていく.
(場合 2-(i))　$g(x)=0$ の判別式 D が $D \leq 0$ のとき, すなわち, $a^2-4b+4 \leq 0$ のときは題意をみたす.
(場合 2-(ii))　$D>0$ のとき, すなわち, $a^2-4b+4>0$ のときは, $y=g(x)$ のグラフ(図1)を考えて,

軸；"$-\dfrac{a}{2}<0$ または $1<-\dfrac{a}{2}$" かつ，

変域の両端での値；"$g(0)=b-1\geqq 0$ かつ $g(1)=a+b\geqq 0$"
が条件として加わる．

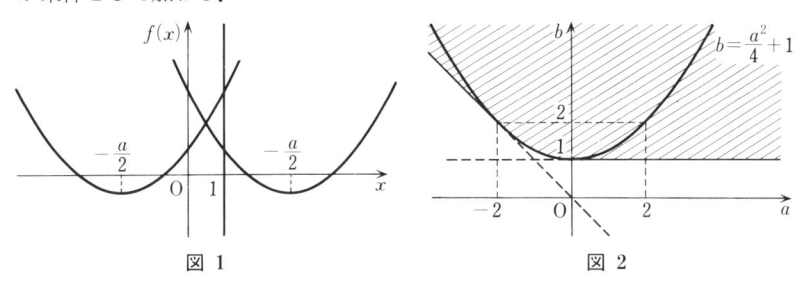

図 1　　　　　　　　図 2

よって，(場合 2) において題意をみたす (a,b) の領域 D は，図 2 のようになる．
(場合 3) (場合 2) のときと同様に，場合分けの条件

　　"$0\leqq x\leqq 1$ でつねに $ax+b\leqq 0$"　　……②

は，そのもとにみたされるべき条件

　　"$0\leqq x\leqq 1$ で，つねに $-ax-b\geqq 1-x^2$"　　……③

に含まれるので，結局，③ をみたしている (a,b) の全体を求めればよい．ここで，① をみたす各 (a,b) に対し，$(-a,-b)$（ab 平面上，原点対称な位置にある点）が，③ をみたしていること，および，その逆：③ をみたしている $(-a,-b)$ に対し，(a,b) が ① をみたしていることを次のように確かめることができる．

　　(a,b) が① をみたす $\iff ax+b\geqq 1-x^2$ $(0\leqq x\leqq 1)$
　　　　　　　　　　　　$\iff -(-a)x-(-b)\geqq 1-x^2$ $(0\leqq x\leqq 1)$
　　　　　　　　　　　　$\iff (-a,-b)$ が ③ をみたす

したがって，③ をみたす (a,b) の領域 D' は，改めて計算するまでもなく，① をみたす (a,b) の全体を表す領域を原点対称に移動することによって得ることができる(図3)．

以上より，求める領域は，2 つの領域，D, D' の和集合として，図 4 のようになる．

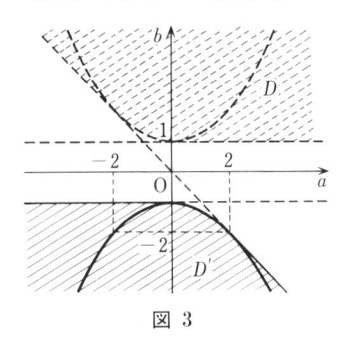

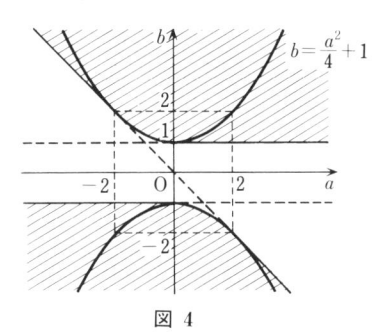

図 3　　　　　　　　図 4

‒‹練習 2・3・2›‒

a, a, b, b, c, c, c, c の8個の文字がある．これらの文字を机の上で円形に並べる並べ方は何通りあるか．

発想法

同種のもの（文字）を含む同順列の問題である．回転すると一致する並べ方どうしは同一の並べ方として扱う．分類の基準として，2個のaの位置関係について，円の中心に関して点対称か否かに着目する．

解答 2つのaの位置関係によって，並べ方を分類すると，図1のタイプⅠ～Ⅳを得る．タイプⅠ～Ⅳは，すべて排反である．

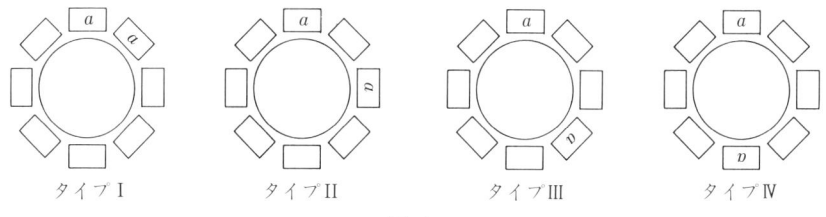

タイプⅠ　　タイプⅡ　　タイプⅢ　　タイプⅣ

図 1

(i) タイプⅠ，Ⅱ，Ⅲは，2つのaの位置は，円の中心に関して点対称ではない．おのおののタイプにおいて，残りの6か所から，2つのbを入れる場所をきめれば，残りの4か所にはすべてcが入り，それらはすべて異なる（回転しても一致しない）ものとなる．よって，タイプⅠ～Ⅲについては，それぞれ $_6C_2=15$（通り）ずつの並べ方がある．

(ii) タイプⅣについては，2つのaが円の中心に関して点対称な位置にある．このときにも b, c の「入れ方」は，$_6C_2=15$（通り）あるが，この中には，(i) 180°回転すると他の並べ方に一致するものと，(ii) 180°回転しても再び自分自身に一致するものとに分けられる．たとえば，図2の2つの並べ方は，それぞれ 180°回転により，互いに他方に一致するので，(i) のタイプだが，(ii) のタイプについては

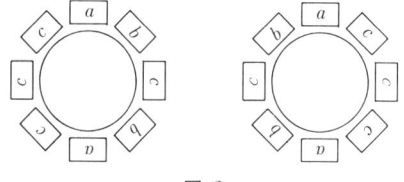

図 2

図3に示す3通りしかないので，(i) のタイプに属する並べ方は，15−3=12（通り）．したがって，180°回転によって一致する並べ方を同一視すれば，$12 \times \dfrac{1}{2} = 6$（通り）である．

これより，タイプⅣについては，6+3=9（通り）の並べ方がある．

図 3

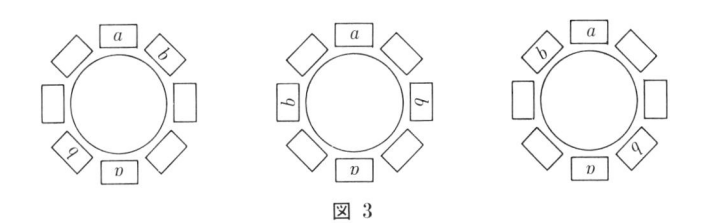

以上より，求める並べ方の総数は，

$15 \times 3 + 9 = \mathbf{54}\,(\textbf{通り})$ ……(答)

第3章　次数に着目した解法

　空間の広がりの度合を表す数に"次元"というものがある．たとえば，直線上の点の座標は1つの数で表され，平面上の点の座標は2つの数の組で表され，空間上の点の座標は3つの数の組で表されるので，それぞれ1次元，2次元，3次元であるという．すなわち，2次元の世界は，1次元の世界に比べてずっと大きい．また，2次元の世界では，ある点を住所表示(位置表示)するには，1次元のときのそれに対し，2つの数を述べることが必要とされるのである．私たちは，日常，平面上を自在に動けるばかりか，エレベーターや飛行機に乗れば，3次元空間で行動していることになる．さらに，刻々と時間が変化するに従って，いま現在の瞬間とは異なる3次元空間が次の瞬間に現れるので，4次元空間(これを4次元時空間とよぶ)に生息していることになる．

　3次以下の整関数の全体からなる，抽象的な世界があったとしよう．すなわち，その世界の各点(要素)は，ある3次以下の整関数なのである．この点の住所表示のしかたについて考えよう．その前に，住所表示をするということが何を意味するかを確認しておこう．その世界のどの点(要素)も，ある1つの住所をもち，異なる2つの点は，異なる住所表示をもたなければならない．$y = ax^3 + bx^2 + cx + d$ に，(a, b, c, d) という住所をつければ，上の2つの要望をみたす．よって，3次以下の整関数の全体からなる世界は4次元の世界，すなわち，私たちが日常生活を営む4次元時空間と同じような広がりをもつ世界なのである．

　一方，通常の会話で，次元の低い話とは，話の内容のレベルが低い簡単な話という意味合いをもつ．すなわち，上述の見地に立てば，奥行きのない単純な話，ということになる．数学においても同様なことがいえる．すなわち，整関数や方程式などの問題を解くときには，まず，その次数をしっかりと見定め，その問題がどんな次元の世界にあり，どのくらいの奥行きをもつのか，次数という尺度から見当をつけ，その特徴に適した取り扱いを適宜するように心がけなければならない．さらには，扱う対象を見るアングルを場合に応じて変えることによって，それをなるべく小さな次数(次元)の世界の話として論じることの重要性を認識しなければならない．

§1　次数を評価し，その事実を解法に反映させよ

　ヘビを捕獲するときには，ヘビの頭を押さえつければ難なくそれを捕獲できる．ウサギだったら，2本の耳元を捕まえればよい．ネコは首ねっこを捕まえたり，もっと非暴力的に行うなら，ネコののどをなでてやれば喜んでついてくる．これに反し，トカゲ（や政治家）のシッポを捕まえても，シッポだけ切って，本体は逃げていってしまうし，ヘビや政治家のシッポを捕まえたところで，逆にかみつかれて体中に毒がまわり，こちらが殺されてしまう，などという恐ろしいことにもなりかねない．動物を捕えるときには，その捕えどころ（急所）があって，そこさえ突けば，暴れまわる怪物も首尾よくしとめることができるのだ．

　このような現象は，格闘技における決め技にも関連している．たとえば，柔道の押え込みの際の関節技や，キックボクシングにおけるみぞおち蹴りなども同様である．また，格闘技ではないが，指圧やマッサージのときも，ちゃんと"ツボ"というものがあって，その点を踏まえてマッサージすれば，大して力を入れなくても，十分に効果があるのである．

　上述の例と同様に，ものごとを処理するときも，その本質を踏まえた方法で対処することにより，労を少なくして目的を的確に達成することができる．

　数学の問題を解決する際も，このことは例外ではない．方程式や整関数という動物の急所は，一般に，（その変数の）次数なのである．次数が異なる方程式や整関数は，その特徴や性格が著しく異なるので，必然的に扱い方（解法）がちがってくるのである．

　だから，整関数や方程式に関する問題を解くときには，その次数を最初に見定め，その特徴を押さえた解法を展開することが，理にかなった方法なのである．

[例題 3・1・1]

x の整関数 $f(x)$ が,すべての実数 x に対して,
$$f(x+2)-2f(x+1)+f(x)=2x \quad \cdots\cdots (*)$$
をみたすとき,次の問いに答えよ.
$f(0)=1$, $f(1)=0$ である場合に,$f(x)$ を求めよ.

発想法

この問題を見て,この関数方程式の解 $f(x)$ として,100次式の $f(x)$ を想像する人は,いないだろう.きっとより小さい次数だろうと推測はできるが,その根拠はない.
そこで,

(i) $f(x)$ が 0 次式の場合;$f(x)=a$ とおいて条件式に代入する
(ii) $f(x)$ が 1 次式の場合;$f(x)=ax+b$ とおいて条件式に代入する
(iii) $f(x)$ が 2 次式の場合;$f(x)=ax^2+bx+c$ とおいて条件式に代入する
$\vdots$

と,次数の小さい順に試していけば,条件をみたす $f(x)$ を1つくらい見つけることはできるだろう.しかし,この方法では,すべての場合を尽くすことは永遠に不可能であり,その $f(x)$ が唯一の解であることを示すことはできない.「他にもっと次数の高い解がない」ことを示すためには,結局,次数についての考察が必要となる.それゆえ,条件 (*) から $f(x)$ の次数を決定するのが早道である.

解答 $f(x)$ は,x の n 次式であるとする.このとき,$n=0$, 1 とすると明らかに矛盾が生じるので,$n \geq 2$ としてよい.このとき,
$$f(x)=a_0 x^n + a_1 x^{n-1} + \cdots\cdots + a_{n-1}x + a_n \quad (a_0 \neq 0)$$
とおいて,
$$f(x+2)-2f(x+1)+f(x)=2x \quad \cdots\cdots (*)$$
に代入すると,

(左辺) $= a_0(x+2)^n + a_1(x+2)^{n-1} + a_2(x+2)^{n-2} + \cdots\cdots + a_n$
$\quad -2a_0(x+1)^n - 2a_1(x+1)^{n-1} - 2a_2(x+1)^{n-2} - \cdots\cdots - 2a_n$
$\quad + a_0 x^n + a_1 x^{n-1} + a_2 x^{n-2} + \cdots\cdots + a_n$

それぞれの次数における x の係数について調べると,

(x^n の係数) $= a_0 - 2a_0 + a_0 = 0$
(x^{n-1} の係数) $= 2na_0 + a_1 - 2(na_0 + a_1) + a_1 = 0$
(x^{n-2} の係数) $= 2n(n-1)a_0 + 2(n-1)a_1 + a_2 - \{n(n-1)a_0$
$\qquad\qquad\qquad + 2(n-1)a_1 + 2a_2\} + a_2$
$\qquad\qquad = n(n-1)a_0 \qquad \cdots\cdots (**)$
$\qquad\qquad \neq 0 \quad (\because n \neq 0, 1, \ a_0 \neq 0)$

よって，左辺は $n-2$ 次である．一方，(右辺)＝$2x$ は1次であるから，
　(左辺の次数)＝(右辺の次数) $\Longleftrightarrow n-2=1$　　∴　$n=3$
ゆえに，$f(x)$ は3次式である．
次に，条件 $f(0)=1$，$f(1)=0$ をみたす $f(x)$ を求める．
(＊)に $x=0$ を代入すると，
　$f(2)-2f(1)+f(0)=0$　　∴　$f(2)=-1$
$x=1$ を代入すると，
　$f(3)-2f(2)+f(1)=2$　　∴　$f(3)=0$
$x=-1$ を代入すると，
　$f(1)-2f(0)+f(-1)=-2$　　∴　$f(-1)=0$
よって，因数定理より，
$$f(x)=\frac{1}{3}(x-1)(x-3)(x+1)$$
$$=\frac{1}{3}x^3-x^2-\frac{1}{3}x+1 \quad \cdots\cdots(答)$$

[コメント1]　$n=3$ を求めた後は，$f(x)=ax^3+bx^2+cx+d$ とおいて(＊)に代入し，両辺の係数を比較することにより係数 $a\sim d$ を決定してもよい．上の解答では，因数定理を利用して計算量を減らしている．

[コメント2]　一般に，$F(x)$ を整式とするとき，$a\neq0$ なる実定数 a に対して，
　「$F(x+a)-F(x)$ が $n-1$ 次式ならば，$F(x)$ は n 次式である」
という事実がある．(証明は，上の解答と同様．各自試みよ)
いま，$g(x)=f(x+1)-f(x)$ とおくと，(＊)は，
　(＊) $\Longleftrightarrow f(x+2)-f(x+1)-\{f(x+1)-f(x)\}=2x$
　　　$\Longleftrightarrow g(x+1)-g(x)=2x$
と書ける．よって，$g(x)$ は2次となり，$f(x)$ は3次であることがわかる．
また，本問はすべての実数 x について(＊)が成立しているのだから，x を自然数に制限して考えると，$g(x)=f(x+1)-f(x)$ は階差を表しているので，数列の一般項を求める要領で次のように解答してもよい．
まず，$g(x+1)-g(x)=2x$，$g(0)=-1$，$g(1)=-1$ より，
$$g(x)=g(1)+\sum_{y=1}^{x-1}2y=-1+(x-1)x=x^2-x-1$$
次に，　$f(x)=f(1)+\sum_{y=1}^{x-1}(y^2-y-1)$
$$=0+\frac{(x-1)x(2x-1)}{6}-\frac{(x-1)x}{2}-(x-1)$$
$$=\frac{1}{3}x^3-x^2-\frac{1}{3}x+1$$
これは無数の自然数について成立するから，すべての実数に対しても成立する．

〈練習 3・1・1〉

$f(x)$ は，3次以上の多項式で，すべての実数 x に対して，次の関係式をみたしているとする．
$$x^2 f'(x) - (6+3x)f(x) - 14x^2 + 48x - 36 = 0 \quad \cdots\cdots(*)$$
このとき，次の各問いに答えよ．

(1) $f(x)$ を決定せよ．

(2) $\displaystyle\int_0^3 |f(x)|\,dx$ を求めよ．

発想法

まず，$f(x)$ の次数を決定しなければ，議論が始まらない．

(2)の積分では，計算の手間を省くためのポイントが2つある．その1つは，被積分関数が絶対値記号を含むから，$f(x)$ のグラフを描いて，それを見ながら，積分区間の場合分けをするとよい．また，区間分けして定積分の計算をする際，たとえば，積分が次のような形になったとする．

$$\int_a^b f(x)dx + \int_b^c f(x)dx = \Big[F(x)\Big]_a^b + \Big[F(x)\Big]_b^c$$
$$= \{F(b) - F(a)\} + \{F(c) - F(b)\} \quad \cdots\cdots\text{㋐}$$
$$= -F(a) + F(c) \quad \cdots\cdots\text{㋑}$$

㋐のように計算すると，$F(b)$ を2回計算することになるが，㋑のように式変形してから計算すると，$F(b)$ を計算しなくてよい．

このように，〝原始関数 $F(x)$ を利用して，後に相殺される計算を避けろ″ ということである．これが2つ目の注意点である．

解答 (1) $f(x)$ を，n 次式 $(n \geq 3)$ とすると，
$$f(x) = ax^n + \cdots\cdots \quad (a \neq 0)$$
と表せる．

このとき，
$$f'(x) = nax^{n-1} + \cdots\cdots$$
$$x^2 f'(x) = \underline{nax^{n+1}} + \cdots\cdots$$
$$(6+3x)f(x) = \underline{3ax^{n+1}} + \cdots\cdots$$
より，
$$x^2 f'(x) - (6+3x)f(x) = (n-3)ax^{n+1} + \cdots\cdots \quad \cdots\cdots\text{①}$$

$(*)$ より，$x^2 f'(x) - (6+3x)f(x)$ は2次関数であるべきだが，$n \geq 3$ という条件の下で $n \neq 3$ のとき $f(x)$ は4次以上の関数となり矛盾．ゆえに，$n = 3$ である．
よって，
$$f(x) = ax^3 + bx^2 + cx + d$$

とおくことができる．これを（＊）式に代入すると，次の恒等式を得る．
$$x^2(3ax^2+2bx+c)-(6+3x)(ax^3+bx^2+cx+d)-14x^2+48x-36=0$$
x^3, x^2, x の係数，および，定数項を考えて，
$$\begin{cases} 2b-6a-3b=0 & \cdots\cdots ② \\ c-6b-3c-14=0 & \cdots\cdots ③ \\ -6c-3d+48=0 & \cdots\cdots ④ \\ -6d-36=0 & \cdots\cdots ⑤ \end{cases}$$

⑤から，$d=-6$

④に代入して，
$$-6c+18+48=0 \quad \therefore \quad c=11$$

③に代入して，
$$11-6b-33-14=0 \quad \therefore \quad b=-6$$

②に代入して，
$$-12-6a+18=0 \quad \therefore \quad a=1$$

以上より，$\boldsymbol{f(x)=x^3-6x^2+11x-6}$　　……（答）

(2) $f(x)=(x-1)(x-2)(x-3)$ と因数分解できることに注意すると，$y=f(x)$ のグラフは図1のようになる．

$$F(x)=\int_0^x (x^3-6x^2+11x-6)dx$$
$$=\frac{x^4}{4}-2x^3+\frac{11}{2}x^2-6x \quad \text{とおくと，}$$

$$\int_0^3 |f(x)|\,dx = -\int_0^1 f(x)dx + \int_1^2 f(x)dx$$
$$\qquad\qquad -\int_2^3 f(x)dx$$
$$=-\Big[F(x)\Big]_0^1+\Big[F(x)\Big]_1^2$$
$$\quad -\Big[F(x)\Big]_2^3$$
$$=-2F(1)+2F(2)-F(3) \quad (\because \ F(0)=0)$$

ここで，$F(1)=\dfrac{1}{4}-2+\dfrac{11}{2}-6=-\dfrac{9}{4}$

$\qquad F(2)=4-16+22-12=-2$

$\qquad F(3)=\dfrac{81}{4}-54+\dfrac{99}{2}-18=-\dfrac{9}{4}$

よって，
$$\int_0^3 |f(x)|\,dx = -2\left(-\frac{9}{4}\right)+2(-2)-\left(-\frac{9}{4}\right)=\frac{18-16+9}{4}$$
$$=\boldsymbol{\frac{11}{4}} \qquad \text{……（答）}$$

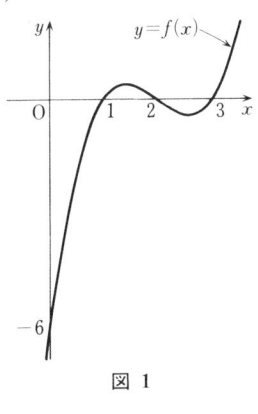

図1

―〈練習 3・1・2〉―

$$f(x) = \sqrt{1 + x\sqrt{1 + (x+1)\sqrt{1 + (x+2)\sqrt{1 + \cdots}}}} \quad \cdots \text{①}$$

が，多項式で表されることを既知とする．
(1) このとき，その多項式を求めよ．
(2) $\sqrt{1 + 2\sqrt{1 + 3\sqrt{1 + 4\sqrt{1 + \cdots}}}}$ の値を求めよ．

発想法

未知関数（多項式）を求めるという問題は，前の2題のように，与えられた関数方程式を解く問題である．ここでも，①を同値な関数方程式におきかえれば，見慣れた問題となるはずだ．

解答 (1) ①の両辺を2乗すると，

$$\{f(x)\}^2 = 1 + x\sqrt{1 + (x+1)\sqrt{1 + (x+2)\sqrt{1 + \cdots}}}$$

また，

$$f(x+1) = \sqrt{1 + (x+1)\sqrt{1 + (x+2)\sqrt{1 + \cdots}}}$$

である．したがって，①は関数方程式

$$\{f(x)\}^2 = 1 + xf(x+1) \quad \cdots \text{②}$$

をみたす．$f(x)$ が x の n 次式であると仮定すると，

$$\left. \begin{array}{l} \text{(②の左辺)} = 2n \text{ 次式} \\ \text{(②の右辺)} = n+1 \text{ 次式} \end{array} \right\} \quad 2n = n+1 \text{ より，} \quad n = 1$$

よって，$f(x) = ax + b$ とおいて，②へ代入すると，

$$(ax+b)^2 = 1 + x\{a(x+1) + b\}$$
$$\therefore \quad a^2x^2 + 2abx + b^2 = ax^2 + (a+b)x + 1$$

これは x に関する恒等式だから，係数を比較することにより，

$$\begin{cases} a^2 = a \\ 2ab = a + b \\ b^2 = 1 \end{cases}$$

これより，$a = b = 1$

$$\therefore \quad \boldsymbol{f(x) = x + 1} \quad \cdots \cdots \text{(答)}$$

(2) $f(x)$ に $x = 2$ を代入することによって，直ちに，

$$f(2) = \sqrt{1 + 2\sqrt{1 + 3\sqrt{1 + 4\sqrt{1 + \cdots}}}} = 2 + 1$$
$$= 3 \quad \cdots \cdots \text{(答)}$$

§1 次数を評価し，その事実を解法に反映させよ　　131

[例題 3・1・2]

　点 P を 3 次関数 $y=f(x)$ のグラフ上の変曲点以外の任意の点とする．
　P を接点とする接線が曲線と再び交わる点を Q とし，A を曲線と線分 PQ によって囲まれる領域の面積とする．また，Q を接点とする接線が曲線と再び交わる点を R とし，曲線と線分 QR によって囲まれる領域の面積を B とする．
　このとき，A と B の間に成り立つ関係を求めよ．

発想法

　一般に，3 次関数は，
　　$f(x)=ax^3+bx^2+cx+d$
とおける．しかし，3 次関数をこのようにおくと，4 つのパラメータ a, b, c, d を含むので，それらを決定するのは面倒な計算になるであろうことは，想像に難くない．

　[例題 3・1・1]のように次数が未知の関数を扱うときは，その次数を決定することが解答への第一歩であったが，本問のように次数が既知の関数を扱うときは，その次数の関数がもつ数学的性質を活かすような解法を考えなければいけない．

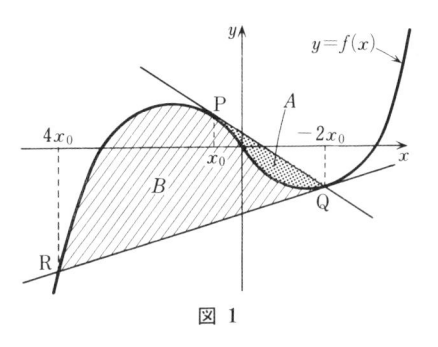

図 1

　ここでは，"3 次関数は，その変曲点に関して点対称である"という重要な事実 (第 2 章 §2 参照) を用いるとよい．求める面積 (比) は，座標系の選び方に依存しないから，変曲点を原点にしても一般性を失わない．(図 1 参照)．このとき，3 次関数は奇関数 (すなわち，$f(-x)=-f(x)$) となるから，
　　$f(x)=ax^3+bx$　$(a \neq 0)$
とおける．すなわち，3 次関数 $f(x)$ を 2 次の項と 0 次の項 (定数項) を含まない形で表すことができるので，一般の形で扱うより，ずっと容易になる．

　また，方程式 $f(x)=0$ が実数 α を解としてもつことは，1 次式 $(x-\alpha)$ を用いて，
　　$f(x)=(x-\alpha)g(x)=0$
と表すことができ，2 曲線 $y=f(x), y=l(x)$ が $x=\alpha$ で互いに接することは，2 次式 $(x-\alpha)^2$ を用いて，
　　$f(x)-l(x)=(x-\alpha)^2g(x)$
と表すことができる．これらの事実を利用せよ．

解答　$y=f(x)=ax^3+cx$ としても一般性を失わない．点 P の x 座標を x_0 とする．点 P における接線の方程式を $y=l(x)$ ($l(x)$ は，x のたかだか 1 次関数) とおき，

点 Q の x 座標を q とおく．x_0 は接点だから，
$$f(x)-l(x)=a(x-x_0)^2(x-q)$$
の形に書ける．このとき，左辺には **2 次の項がない**ので，右辺において，
$$(x^2 \text{ の係数})=-a(q+2x_0)=0 \quad \cdots\cdots ①$$
となる．これより，$q=-2x_0$ を得る．このとき，
$$A=\left|\int_{x_0}^{-2x_0}\{f(x)-l(x)\}dx\right|$$
$$=\left|-\frac{a}{12}\{(-2x_0)-x_0\}^4\right| \quad \cdots\cdots ②$$
$$=\frac{27}{4}|a|x_0^4$$

(上述の計算は，公式 $\int_\alpha^\beta (x-\alpha)^2(x-\beta)dx=-\frac{1}{12}(\beta-\alpha)^4$ を知っていれば，暗算で求められる！)

点 Q における接線と曲線とによって囲まれる領域の面積 B は，上とまったく同じプロセスにより，再び計算することなく (② 式で $x_0 \to -2x_0$，$-2x_0 \to 4x_0$ として)，
$$B=\frac{27}{4}|a|(-2x_0)^4=16\times\frac{27}{4}|a|x_0^4=16A$$
を得る．よって，A と B の間に成り立つ関係式は，

$B=16A$ $\quad \cdots\cdots$ **(答)**

[コメント] 次の公式は，2 曲線に囲まれる図形の面積を求める際，重要である．

(公式) $\int_\alpha^\beta (x-\alpha)^m(\beta-x)^n dx=\dfrac{m!n!}{(m+n+1)!}(\beta-\alpha)^{m+n+1}$

本問では，$m=2$，$n=1$ の場合を利用した．

公式の右辺の形から，2 曲線で囲まれる 2 つの図形の面積の比は，2 曲線の交点の x 座標の差によって決まることがわかる．本問では，$q=-2x_0$ を得た段階で，
$$\frac{(\text{点 Q の } x \text{ 座標})}{(\text{点 P の } x \text{ 座標})}=\frac{(\text{点 R の } x \text{ 座標})}{(\text{点 Q の } x \text{ 座標})}=-2$$
であることから，
$$A:B=(\text{点 P, Q の } x \text{ 座標の差})^4:(\text{点 Q, R の } x \text{ 座標の差})^4$$
$$=(\text{点 P の } x \text{ 座標})^4:(\text{点 Q の } x \text{ 座標})^4$$
$$=1^4:(-2)^4$$
$$=1:16$$

この関係より，
$$B=16A$$
を得ることもできる．

───〈練習 3・1・3〉──────────────────────
(1) 方程式
$$4x^2-4xy+y^2+14x+18y-44=0 \quad\cdots\cdots(*)$$
が放物線を表すことは既知として，その軸の方程式を求めよ．
(2) 方程式
$$2x^2+xy-y^2-x+2y-2=0 \quad\cdots\cdots(**)$$
が双曲線を表すことは既知として，その漸近線の方程式を求めよ．
──────────────────────────────

発想法

(1)では，"放物線とその軸の関係"，(2)では"双曲線とその漸近線の関係"を的確にとらえることが肝心である．そのためには，求めるべき軸や漸近線だけに注目するのではなく，軸や漸近線に平行な直線群にまで視野を広げて考えるとよい．これを考慮すると，次の事実を得る(図1, 2)．

(1) (放物線の性質に着眼する)
　(i) 放物線と，放物線の軸および軸に平行な直線の交点の個数は，(いつも)1個である．
　(ii) 放物線の頂点を通り軸に垂直な直線は，放物線の接線である．
(2) (双曲線の性質に着眼する)
　(i) 双曲線と漸近線に平行な直線の交点の個数は，(いつも)1個以下(漸近線自身に限って0個)である．
　(ii) 双曲線と漸近線は交点をもたない．

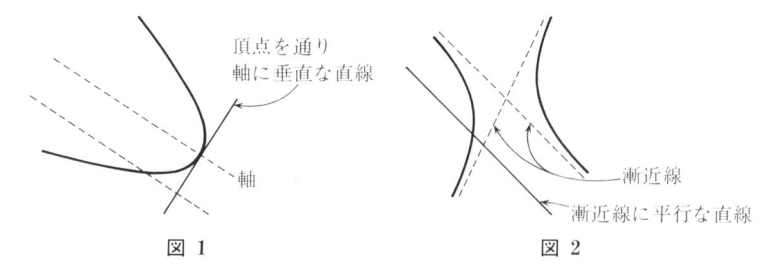

図 1　　　　　　　　　　図 2

解答 (1) 放物線の方程式は，
$$4x^2-4xy+y^2+14x+18y-44=0 \quad\cdots\cdots ①$$
放物線の軸(①の形よりy軸に平行でない)に平行な直線の方程式を
$$y=mx+n \quad\cdots\cdots ②$$
とすると，「発想法」(1)の性質(i)により，①と②を連立した式
$$(m-2)^2x^2+2(mn+9m-2n+7)x+n^2+18n-44=0 \quad\cdots\cdots ③$$
の実数解は，nの値によらず1つでなければならない．よって，必要条件として，

134 第3章 次数に着目した解法

$(x^2 \text{ の係数}) = 0$
$\iff (m-2) = 0$
∴ $m = 2$

(重複解をもつのは，①と②が接する場合に限られるので，②は軸の方程式にはなり得ない．)

次に，頂点を通り軸に垂直な直線を
$$y = -\frac{1}{m}x + k = -\frac{1}{2}x + k \qquad \cdots\cdots ④$$
とすると，「発想法」に示した性質(ii)により，この直線は放物線の頂点における接線である．

よって，①と④を連立した式
$$25x^2 - 20(k-1)x + 4(k^2 + 18k - 44) = 0 \qquad \cdots\cdots ⑤$$
が重複解をもつことから，⑤の判別式を D とすると，
$$\frac{D}{4} = 100(k-1)^2 - 100(k^2 + 18k - 44) = 0$$
$\iff 20k = 45$
∴ $k = \dfrac{9}{4}$

よって，$k = \dfrac{9}{4}$ のときの⑤の重複解が，放物線の頂点の x 座標であることから，

$$⑤ \iff 25\left(x - \frac{2}{5}(k-1)\right)^2 = 0 \quad \text{より，}$$

$$x = \frac{2}{5} \cdot \frac{5}{4} = \frac{1}{2}$$

これらを④に代入することにより，
$$y = -\frac{1}{2} \cdot \frac{1}{2} + \frac{9}{4} = 2$$

よって，放物線の頂点の座標は $\left(\dfrac{1}{2}, 2\right)$ である．したがって，求める軸の方程式は，傾き2点 $\left(\dfrac{1}{2}, 2\right)$ を通る直線だから，

$$\boldsymbol{y = 2\left(x - \frac{1}{2}\right) + 2}$$
$$\boldsymbol{= 2x + 1} \qquad \cdots\cdots (\text{答})$$

(2) 双曲線の方程式は，
$$2x^2 + xy - y^2 - x + 2y - 2 = 0 \qquad \cdots\cdots ①$$

漸近線の傾きを m とし，漸近線および漸近線に平行な直線の方程式を
$$y = mx + n \qquad \cdots\cdots ②$$
とすると，「発想法」(2)の性質(i)により，①と②を連立した式

$$(m+1)(m-2)x^2+(2m-1)(n-1)x+n^2-2n+2=0 \quad \cdots\cdots ③$$
の実数解は，n の値によらず，1つ以下である．よって，
$$(x^2 \text{の係数})=0$$
$$\iff (m+1)(m-2)=0$$
$$\therefore \quad m=-1, 2$$
でなければならない．

すなわち，『$m=2$ または -1 である』……(☆) ことが必要．

次に，「**発想法**」(2) の性質 (ii) により，② が漸近線となるときは，③，すなわち，
$$(2m-1)(n-1)x+n^2-2n+2=0 \quad \cdots\cdots ④$$
が実数解を 1 つももたない．④ の式が，どんな実数 x に対しても，不成立となるための条件は，
$$\begin{cases} (2m-1)(n-1)=0 \\ \text{かつ} \\ n^2-2n+2 \neq 0 \end{cases} \quad \cdots\cdots(☆☆)$$

(☆) かつ (☆☆) より，漸近線となるような n は $n=1$ でなければならない．
よって，求める漸近線の方程式は，
$$\begin{cases} \boldsymbol{y=2x+1} \\ \text{および} \\ \boldsymbol{y=-x+1} \end{cases} \quad \cdots\cdots(\text{答})$$

[コメント] ①を変形すると
$$(2x-y+1)(x+y-1)=1$$
となる．(右辺)$=1 \neq 0$ だから，$y=2x+1$ と $y=-x+1$ が，双曲線 (∗∗) と共通点をもたないことがわかる．

[例題 3・1・3]

2次関数 $f(x)=x^2+ax+b$ において，閉区間 $-1\leqq x\leqq 1$ における $|f(x)|$ の最大値を $\max_{|x|\leqq 1}|f(x)|$ と書くことにすれば，

$$\max_{|x|\leqq 1}|f(x)|\geqq \frac{1}{2}$$

が成り立つ．とくに，等号は，$f(x)=f_0(x)=x^2-\dfrac{1}{2}$ のときに限る．

『任意に与えられた3点を通過する直線は，一般には存在しない』 …(＊)
という事実を用いて，この不等式を証明せよ．

発想法

この問題にはさまざまな解法があるが，次数の見地から見ると一発で解ける．

まず，題意を把握してもらうために，少し例をやってみよう．問題での x の変域は $-1\leqq x\leqq 1$ である．そして，$f(x)$ はモニックな（最高次数の係数が1の多項式のことをモニックな多項式という．日本語にないのでそのままモニックとよぶ）2次関数である．$f(x)=x^2+ax+b$ において a,b がパラメータだから，$y=f(x)$ はいろいろ変わる．しかし，それは $f(x)=x^2$ という関数を上下，左右に平行移動したものにすぎない．さらに，絶対値がついているから，$y=f(x)$ のグラフにおいて x 軸より下に位置する部分は x 軸に関して対称に折り返される（図1）．『このような関数 $|f(x)|$ の変域 $-1\leqq x\leqq 1$ における最大値が $\dfrac{1}{2}$ 以上であることを示せ』という問題である．

問題の意味が理解できたら，証明法を考えよう．

問題文中に述べられているあたりまえ(?)の命題 (＊) をどのように解答につかえばよいかについて考察すべきである．方程式 $y=f(x)$ は，$f(x)$ が1次式であるとき，直線を表し，2次以上のとき曲線を表す．命題(＊)は直線に関するものなので，問題文に与えられた条件から1次式をつくることを考えればよい．

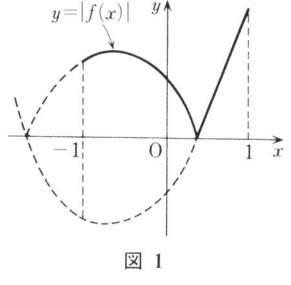

図 1

解答 $R(x)=f(x)-f_0(x)$ ……①

とおけば，$R(x)$ はたかだか1次式である．ここで，背理法を用いよう．すなわち，

$$\max_{|x|\leqq 1}|f(x)|<\frac{1}{2} \quad\text{……②}$$

となる $f(x)$ が存在すると仮定すると，矛盾が生ずることを示せばよい．仮定②より，

$$-\frac{1}{2}<f(-1)<\frac{1}{2}$$
$$-\frac{1}{2}<f(0)<\frac{1}{2}$$
$$-\frac{1}{2}<f(1)<\frac{1}{2}$$

ゆえに，①より，

$$\left.\begin{array}{l} R(-1)=f(-1)-f_0(-1)=f(-1)-\dfrac{1}{2}<0 \\ R(0)=f(0)-f_0(0)=f(0)+\dfrac{1}{2}>0 \\ R(1)=f(1)-f_0(1)=f(1)-\dfrac{1}{2}<0 \end{array}\right\} \quad \cdots\cdots ③$$

$R(x)$ はたかだか 1 次式だから，$y=R(x)$ のグラフは直線になる．ところが，③は，直線 $y=R(x)$ が図 2 の 3 点（×印）を通過することを意味する．これは矛盾．

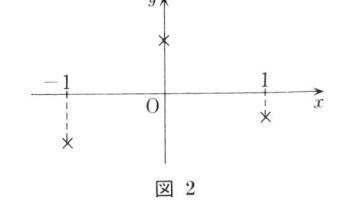

よって，$\max_{|x|\leq 1}|f(x)|\geq\dfrac{1}{2}$ が示された．

次に，等式が成立するのは，$f(x)=f_0(x)$ のときのみであることを示す．

$\max_{|x|\leq 1}|f(x)|=\dfrac{1}{2}$ とおけば，③を導いたときと同様に，

$$\begin{cases} R(-1)\leq 0 \\ R(0)\geq 0 \\ R(1)\leq 0 \end{cases}$$

これを同時にみたす直線は，$y=0$ のみである．このとき，$R(x)$ は恒等的に 0 となる．

ゆえに，等号は $f(x)=f_0(x)$ のときに限る．

図 2

〈練習 3・1・4〉

整式
$$f(x) = x^4 - 2x^3 - x^2 + 2x + 1$$
は，整式 $g(x) = x^2 - x - 1$ を用いて
$$f(x) = \{g(x)\}^2$$
と表せる．$f(x)$ が 2 つの定数でない整数係数の整式の積となるのは，このときに限られることを証明せよ．

発想法

整式 $f(x)$ が 2 つの定数でない整数係数の整式 $p(x)$, $q(x)$ の積で表されるとして，$p(x) = q(x)$ を示せばよい．

$f(x)$ は 4 次関数なので，$p(x)$, $q(x)$ はたかだか 3 次関数である．それゆえ，
$$p(x) = q(x)$$
をみたす異なる 4 点をうまく捜せば，4 点を共有する異なる 3 次以下の関数は存在しないので，証明は完成する．

解答 定数でない整数係数の整式 $p(x)$, $q(x)$ に対して，整式 $f(x)$ が
$$f(x) = p(x)q(x)$$
の形に分解されるとする．$f(x)$ は 4 次関数なので，$p(x)$, $q(x)$ はたかだか 3 次関数である．

$x = 0, 1, -1, 2$ に対して，
$$p(0)q(0) = p(1)q(1) = p(-1)q(-1)$$
$$= p(2)q(2) = 1$$
x が整数のとき $p(x)$, $q(x)$ は整数であり，$1 = 1 \times 1$ または $(-1) \times (-1)$ なので，
$$p(0) = q(0)$$
$$p(1) = q(1)$$
$$p(-1) = q(-1)$$
$$p(2) = q(2)$$

4 点を共有する 3 次以下の関数は 1 通りに定まることから（図 1），
$$p(x) = g(x)$$
ゆえに，
$$f(x) = \{p(x)\}^2$$
このとき，$p(x)$ は 2 次関数なので，
$$p(x) = x^2 - x - 1 \text{ または } p(x) = -x^2 + x + 1$$
であるが，前者のとき題意は成立する．

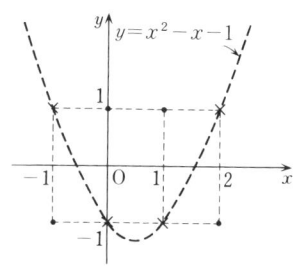

図 1

§1 次数を評価し,その事実を解法に反映させよ　139

[例題 3・1・4]
　a, b は 0 でない定数とする.k が -1 でない任意の実数値をとるとき,
　　円：$(k+1)(x^2+y^2)=ax+kby$
の中心の軌跡を求めよ.

[発想法]
　軌跡を求める一般的手順(IIIの第2章§2参照)を用いてももちろん解けるのだが,パラメータ k が 1 次であることに注目して,より簡単に軌跡を求めてみよう.
　一般に,1 次のパラメータをもつ曲線群(または直線群)は定点を通る.すなわち,1 次のパラメータ k を含む曲線群(または直線群)
　　$kf(x, y)+g(x, y)=0$
は,2 曲線(または2 直線)
$$\begin{cases} f(x, y)=0 \\ g(x, y)=0 \end{cases}$$
の交点を必ず通る.その定点を議論の骨格とすると,問題はずっと考えやすくなる.

[解答]　$(k+1)(x^2+y^2)=ax+kby$　……①
　① を書き換えて,パラメータ k について整理すると,
　　$k(x^2+y^2-by)+(x^2+y^2-ax)=0$　……②
　② が k の値にかかわらず成立する条件は,
　　$x^2+y^2-by=0$　……③
　　$x^2+y^2-ax=0$　……④
② は,x, y それぞれの 2 次方程式であり,x, y の係数が等しいので,③,④ の交点を通る円群を表す($k=-1$ のときは直線だが,これは半径無限大の円と考えることもできる).すなわち,② の円はすべて,③,④ の交点 A(0, 0),B $\left(\dfrac{ab^2}{a^2+b^2}, \dfrac{a^2b}{a^2+b^2}\right)$ を通る($a \neq 0$,$b \neq 0$ だから,2 点は異なる).したがって,線分 AB はつねに ② の円の弦となっているので,② の円の中心の軌跡は 線分 AB の垂直二等分線 $\dfrac{x}{a}+\dfrac{y}{b}=\dfrac{1}{2}$ 上にある(図1).

図 1

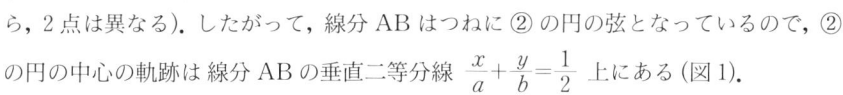

　また,② は,k にどのような値を代入しても,
　　$x^2+y^2-by=0$　……③
を表すことはできないので,円 ③ の中心 $\left(0, \dfrac{b}{2}\right)$ は軌跡から除かれる.よって,求める軌跡は,　$\dfrac{x}{a}+\dfrac{y}{b}=\dfrac{1}{2}$ から点 $\left(0, \dfrac{b}{2}\right)$ を除いたもの　……(答)

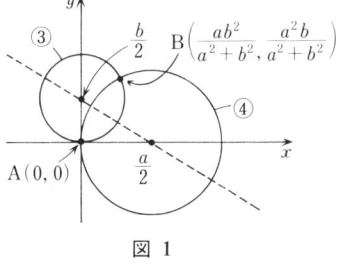

─〈練習 3・1・5〉─

a がすべての実数値をとるとき，直線 $x+2ay=a^2+1$ の通る範囲を求め，これを xy 平面上に図示せよ．

発想法

　直線群や曲線群のパラメータが2次以上の場合は，1次のときより，それらの動きを分析することが困難である．しかし，このときも，直線群や曲線群はデタラメに動いているわけではなく，"ある曲線(この曲線を包絡線という)の接線として動いている(第4章§5参照)"ことを知っておこう．

　ここでは，「パラメータが2次のときは，2次方程式の実数解条件にすりかえて解く」という方法で直線群の掃過領域を求めよう．

解答 直線 $x+2ay=a^2+1$ の掃過領域は，「a についての2次方程式

$$a^2-2ya+1-x=0 \quad \cdots\cdots ①$$

をみたす実数 a が存在する」ような，点 (x, y) の集合である(第4章§3参照)．

これより，①の判別式 D を考え，

$$\frac{D}{4}=y^2-(1-x) \geq 0$$

$$\therefore \quad x \geq 1-y^2$$

よって，求める範囲は図1の斜線部(境界線も含む)である．

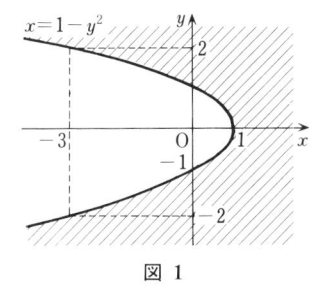

図 1

§1 次数を評価し，その事実を解法に反映させよ 141

[例題 3・1・5]

次の等式が成り立つような定数 a, b の値を求めよ．
$$\lim_{x\to\infty}(\sqrt{x^2+2x}-ax-b)=0$$

発想法

たとえば，1次関数 $u(x)=ax+b\ (a>0)$ と2次関数 $v(x)=cx^2+dx+e\ (c>0)$ は，ともに $x\to\infty$ のとき無限大へ発散するが，その発散のしかたは同じではなく，$v(x)$ のほうが"早く"無限大へ発散する．係数 $a, b, c, d, e\ (a, c>0)$ がいかなる値をとろうとも，x を大きくしていけば，いつかは $v(x)$ が $u(x)$ を追い抜くのである．これを数学の言葉では，「$x\to\infty$ のとき，$v(x)$ は $u(x)$ より高位の無限大である」というが，$\lim_{x\to\infty}\dfrac{u(x)}{v(x)}=0$ と同値である．上の例のように，$u(x), v(x)$ がともに整関数ならば，次数の高いほうが高位の無限大であることはいうまでもない．

いま，$f(x)=\sqrt{x^2+2x}-(ax+b)$ として，「$x\to\infty$ のとき，$u(x)\to\infty$，$v(x)\to\infty$」となるような2つの関数 $u(x), v(x)$ を用いて，$f(x)=\dfrac{u(x)}{v(x)}$ の形に書けたとしよう．このとき，$v(x)$ が $u(x)$ より高位の無限大となるように a, b をきめれば，この問題は解決する．

解答　$f(x)=\sqrt{x^2+2x}-(ax+b)$
$$=\frac{x^2+2x-(ax+b)^2}{\sqrt{x^2+2x}+ax+b}$$
$$=\frac{(1-a^2)x^2+2(1-ab)x-b^2}{\sqrt{x^2+2x}+ax+b}\quad\cdots\cdots(*)$$

ここで，$\sqrt{x^2+2x}$ は2乗すると2次式となるので，1次式と"同位"である．ゆえに，$(*)$ の分母は1次式である．

よって，$\lim_{x\to\infty}f(x)=0$ となるためには，$(*)$ の分子が分母の次数より小さい0次式（定数）であることが必要条件である．

$$\therefore\quad\begin{cases}1-a^2=0\\1-ab=0\end{cases}$$

これより，

$\qquad a=b=1$ または $a=b=-1\quad\cdots\cdots(**)$

しかし，$a=b=-1$ のとき，$f(x)=\sqrt{x^2+2x}+x+1$ は $x\to\infty$ のとき無限大に発散してしまい不適．

また $a=b=1$ のとき，
$$\lim_{x\to\infty}(\sqrt{x^2+2x}-x-1)$$

$$=\lim_{x\to\infty}\frac{x^2+2x-(x+1)^2}{\sqrt{x^2+2x}+(x+1)}$$

$$=\lim_{x\to\infty}\frac{-1}{\sqrt{x^2+2x}+(x+1)}=0$$

となり，十分でもある．

よって，答えは，$a=b=1$ だけである．

$(a, b)=(1, 1)$　　　　……(答)

(注) (∗)の分母，分子をそれぞれ x でわると，よりわかりやすい．

$$f(x)=\frac{(1-a^2)x+2(1-ab)-\dfrac{b^2}{x}}{\sqrt{1+\dfrac{2}{x}}+a+\dfrac{b}{x}}$$

となり，$x\to\infty$ で (分母) $\to 1+a$ であるから，(分子) $\to 0$ となるべきことより (∗∗)が導かれる．

§1 次数を評価し，その事実を解法に反映させよ

〈練習 3・1・6〉

関数
$$f(x) = \frac{ax^3 + bx^2 + cx + d}{x^2 - x - 2}$$
が，
$$\lim_{x \to +\infty} f(x) = 2, \quad \lim_{x \to 2} f(x) = 3$$
をみたすとき，$f(x)$ を求めよ．

(東北学院大)

発想法

関数 $f(x)$ の分母と分子の次数に注目する．$a \neq 0$ のとき，分子の次数は3であるから分子の次数2より大きい．それゆえ，
$$\lim_{x \to \infty} f(x) = \infty \quad (\text{符号は } a \text{ の符号と一致する})$$
となり，条件 $\lim_{x \to \infty} f(x) = 2$ に反する．ゆえに，$a = 0$ が必要であることがわかる．

一般に，分数関数が収束するための条件は，(分母の次数)≧(分子の次数) であるが，
(分母の次数)=(分子の次数) のとき，0でない定数
(分母の次数)>(分子の次数) のとき，0
に収束する．

解答 $a \neq 0$ とすると $\lim_{x \to \infty} f(x) = \infty$ となるので，$a = 0$ が必要である．

$$\lim_{x \to \infty} f(x) = \lim_{x \to \infty} \frac{bx^2 + cx + d}{x^2 - x - 2}$$
$$= \lim_{x \to \infty} \frac{b + \dfrac{c}{x} + \dfrac{d}{x^2}}{1 - \dfrac{1}{x} - \dfrac{2}{x^2}}$$
$$= b = 2 \qquad \therefore \quad b = 2$$

このとき，
$$f(x) = \frac{2x^2 + cx + d}{(x-2)(x+1)} \qquad \cdots\cdots ①$$

①において $x \to 2$ とすると，分母は0に収束するので，$\lim_{x \to 2} f(x) = 3$ となるためには，分子が0に収束することが必要である．ゆえに，
$$\lim_{x \to 2}(2x^2 + cx + d) = 8 + 2c + d = 0$$
$$\therefore \quad d = -2c - 8 \qquad \cdots\cdots ②$$

①に代入すると，
$$f(x) = \frac{2x^2 + cx - 2c - 8}{(x-2)(x+1)}$$

$$=\frac{(x-2)(2x+c+4)}{(x-2)(x+1)}$$

$$=\frac{2x+c+4}{x+1}$$

したがって，

$$\lim_{x \to 2} f(x) = \lim_{x \to 2} \frac{2x+c+4}{x+1}$$

$$=\frac{c+8}{3}=3$$

∴ $c=1$

② より，

$d=-2 \cdot 1 - 8 = -10$

以上より，

$$f(x)=\frac{2x^2+x-10}{x^2-x-2} \quad \cdots\cdots \text{(答)}$$

§2　次数の立場から論じる最大値・最小値問題の解法

　最近の学生は，ご飯を炊いたり，料理をしたりして，家事の手伝いをすることがあまりないと聞く．キャンプに出かけて，リンゴの皮がむけなかったり，火を焚くこともできない小学生が多いらしい．

　ところで，君は，ご飯を自分で炊いた経験があるだろうか？　料理の本によると，"米と水の比率は，1:1.2 の割合にするとよい"と書かれている．しかし，これは大体の目安であり，時と場合によって，その割合は当然異なるのである．君がキャンプに持っていった米が古米なら，米が乾燥していて水分の含有率が低いので，水の比率をもっと増やすべきだし，新米なら，それとは逆に，その比率は減らさなければならない．さらに，飯盒炊飯をする場所の標高によって，大気圧が異なり，その結果，水の沸点が変化するので，水加減や火加減，さらには加熱時間やムラす時間などを考慮しなければならない．

　このことからもわかるように，米を炊く，という 1 つの単純な作業においても，状況を適確に判断し，それに適った処置を講じなければいけない．

　この節では，最大値・最小値問題を例にとって，その最適な処置方法について学ぶことにしよう．最大値・最小値問題の解法を述べよ，と問われたとき，"微分して増減表を描いて求める"と答える学生が多いが，これは，飯盒炊飯において，水加減を 1:1.2 と一面的に答えることと同じである．最大値・最小値問題 と一言でいっても，その求め方には，多くのバリエーションがあるのである．

　米を炊くときには，その米が古米か新米か，炊く場所の標高がどのくらいか，ということを判断して水加減をきめるように，与えられた最大値・最小値問題に対して，どのような解法が最適かを判断しなければならない．そして，その判断基準は，次数であることが多いのである．

　標高の異なるいろいろな山に登って，湖の畔でキャンプをし，みんなが持ち寄った米を上手に炊いて，おいしいカレーライスを食べようではないか！　さあ，みんな，満天の星に向かって乾杯！

第3章 次数に着目した解法

[例題 3・2・1]
$$f(x) = 2\sin^3 x - 2\cos^3 x - 4\sin 2x + 5 \quad (0 \leq x \leq 2\pi)$$
とする．
$t = \sin x - \cos x$ とおくことにより，$f(x)$ の最大値，最小値を求めよ．

(川崎医大 改)

発想法

出題者の誘導に従って，$t = \sin x - \cos x$ とおく．変数を変換したときは，新しい変数に関する変域を求めなければいけない．そして，$f(x)$ を t で表す．その後，$f(x)$ が t の何次式になっているか評価してから，この問題解決のためにいちばん簡単な方法で決着をつければよい．

この問題の場合は，$f(x)$ は t の3次式となり，"微分して増減表を書く"という典型的なパターンである．

解答 $t = \sin x - \cos x$
$$= \sqrt{2}\left\{\sin x \cdot \left(\frac{1}{\sqrt{2}}\right) - \cos x \cdot \left(\frac{1}{\sqrt{2}}\right)\right\}$$
$$= \sqrt{2}\left\{\sin x \cdot \cos\frac{\pi}{4} - \cos x \cdot \sin\frac{\pi}{4}\right\}$$
$$= \sqrt{2}\sin\left(x - \frac{\pi}{4}\right)$$

$0 \leq x \leq 2\pi$ であるから，$-1 \leq \sin\left(x - \frac{\pi}{4}\right) \leq 1$

よって，t の範囲は，$-\sqrt{2} \leq t \leq \sqrt{2}$ ……(*)

また，$t = \sin x - \cos x$ の両方を2乗して，
$$t^2 = 1 - 2\sin x \cos x$$

ゆえに，
$$\sin x \cos x = \frac{1 - t^2}{2}$$

$f(x)$ を t で表すことを考えると，
$$f(x) = 2\sin^3 x - 2\cos^3 x - 4\sin 2x + 5$$
$$= 2(\sin x - \cos x)(\sin^2 x + \sin x \cos x + \cos^2 x) - 4 \cdot 2\sin x \cos x + 5$$
$$= 2t\left(1 + \frac{1-t^2}{2}\right) - 8 \cdot \frac{1-t^2}{2} + 5$$
$$= -t^3 + 4t^2 + 3t + 1 \quad (-\sqrt{2} \leq t \leq \sqrt{2})$$

ここで，$f(x) = h(t)$ とおき直して，$h(t)$ の増減を調べる．
$$h'(t) = -3t^2 + 8t + 3$$
$$= -(3t + 1)(t - 3)$$

増減表を t の変域（*）でつくる.
$$h(-\sqrt{2})=9-\sqrt{2}$$
$$h\left(-\frac{1}{3}\right)=\frac{13}{27}$$
$$h(\sqrt{2})=9+\sqrt{2}$$
右の増減表を得る.

t	$-\sqrt{2}$	$\cdots$	$-\dfrac{1}{3}$	$\cdots$	$\sqrt{2}$
$h'(t)$		$-$	0	$+$	
$h(t)$	$9-\sqrt{2}$	↘	$\dfrac{13}{27}$	↗	$9+\sqrt{2}$

よって，$f(x)$ の最大値，最小値は，

最大値 $9+\sqrt{2}$，最小値 $\dfrac{13}{27}$　　……（答）

（注）$x=\dfrac{3}{4}\pi$ のとき最大値をとり，$\sin\left(\alpha-\dfrac{\pi}{4}\right)=-\dfrac{\sqrt{2}}{6}$ $(0\leqq\alpha\leqq 2\pi)$ をみたす α に対して最小値をとる.

148　第3章　次数に着目した解法

[例題 3・2・2]

座標空間内の4定点 A, B, C, D を，A$(0, 7, 2)$, B$\left(\dfrac{3}{2}, 4, \dfrac{1}{2}\right)$, C$(-1, 4, 2)$, D$\left(2, 7, \dfrac{1}{2}\right)$ とし，点 P は線分 AB 上を，点 Q は線分 CD 上を，点 R は xy 平面上を動く動点とする．
$\overline{AP} : \overline{BP} = t : 1-t,$　　$\overline{CQ} : \overline{DQ} = 1-s : s,$　　$l = \overline{RP} + \overline{RQ}$
として，次の各問いに答えよ．

(1) P, Q を固定し，R を動かしたときの l の最小値 m を，t, s を用いて表せ．

(2) P, Q, R を動かしたときの l の最小値と，l を最小にする点 P, Q, R の座標を求めよ．

発想法

　2次以下の関数の最大値や最小値を求めるとき，微分して増減表を書くのは労力のムダである．"2次式は平方完成せよ"という単純だが役に立つ戦略があることを忘れてはならない．ここでは，2変数なので，それらの次数が高ければ，一般に，予選決勝法などを用いるところだが，t も s も2次なので，平方完成にもちこめば一発で解ける．
　2変数のときに平方完成をするためには，初めにどちらか一方の変数に注目し平方を完成し，次に他方の変数について平方を完成すればよい．

解答　(1) 媒介変数として，t, s を用いると，
$$\overrightarrow{OP} = \overrightarrow{OA} + t\overrightarrow{AB} \quad (0 \le t \le 1)$$
$$\overrightarrow{OQ} = \overrightarrow{OC} + (1-s)\overrightarrow{CD} \quad (0 \le s \le 1)$$
より，点 P, Q の座標は，
$$P\left(\dfrac{3}{2}t, \ 7-3t, \ 2-\dfrac{3}{2}t\right) \quad (0 \le t \le 1) \quad \cdots\cdots ①$$
$$Q\left(2-3s, \ 7-3s, \ \dfrac{1}{2}+\dfrac{3}{2}s\right) \quad (0 \le s \le 1) \quad \cdots\cdots ②$$

と書ける．いま，P と Q は固定して考えるので，変わりうるのは，xy 平面上を動く点 R のみである．点 P, 点 Q の z 座標は，ともに，正の値をとるので，2点は，xy 平面に関して同じ側（$z \ge 0$ 側）にある（図1）．
　図1のように，xy 平面に関して，点 Q と対

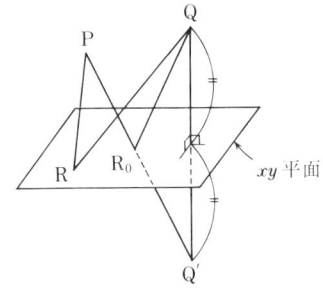

図 1

称な位置にある点 Q′ を考える．Q′ の座標は，
$$\left(2-3s,\ 7-3s,\ -\frac{1}{2}-\frac{3}{2}s\right)\quad (0\leq s\leq 1)\quad \cdots\cdots ②'$$
である．次に，点 P と Q′ を線分で結び，線分と xy 平面との交点を R_0 とすると，
$$l=\overline{RP}+\overline{RQ}=\overline{RP}+\overline{RQ'}\geq \overline{PQ'}=\overline{R_0P}+\overline{R_0Q'}$$
である．よって，$R_0=R$ のときに，l は最小値 $\overline{PQ'}$ をとる．①，②′ より，
$$\overline{PQ'}=\sqrt{\left(\frac{3}{2}t-2+3s\right)^2+(-3(t-s))^2+\left(2-\frac{3}{2}t+\frac{1}{2}+\frac{3}{2}s\right)^2}$$
$$=\sqrt{\frac{27}{2}t^2+\frac{81}{4}s^2-\frac{27}{2}ts-\frac{27}{2}t-\frac{9}{2}s+\frac{41}{4}}$$
よって，
$$m=\sqrt{\frac{27}{2}t^2+\frac{81}{4}s^2-\frac{27}{2}ts-\frac{27}{2}t-\frac{9}{2}s+\frac{41}{4}}\quad \cdots\cdots(答)$$

(2) (1)で求めた m に対して，今度は，これをさらに s と t も $0\leq s,\ t\leq 1$ の範囲で独立（勝手）に動かしたときの m の最小値を求めればよい．(1)より，
$$m=\sqrt{\frac{27}{2}\left(t-\frac{s+1}{2}\right)^2+\frac{135}{8}\left(s-\frac{1}{3}\right)^2+5}$$
であるから，
$$m\geq \sqrt{5}$$
等号は，
$$s=\frac{1}{3},\ t=\frac{s+1}{2}=\frac{2}{3}$$
のときに成立する．

①，②，②′ より，$t=\dfrac{2}{3}$，$s=\dfrac{1}{3}$ のとき，

P(1, 5, 1), Q(1, 6, 1), Q′(1, 6, −1)

となるから，直線 PQ′ と xy 平面との交点 R_0 は，
$$\overrightarrow{OR_0}=\overrightarrow{OP}+a\overrightarrow{PQ'}=\begin{pmatrix}1\\5\\1\end{pmatrix}+a\begin{pmatrix}0\\1\\-2\end{pmatrix}=\begin{pmatrix}1\\5+a\\1-2a\end{pmatrix}$$
かつ，$\overrightarrow{OR_0}$ の z 成分 $=0$ より，$\quad 1-2a=0 \iff a=\dfrac{1}{2}$

$\therefore\ R_0\left(1,\ \dfrac{11}{2},\ 0\right)$

となる．よって，求める l の最小値は，$\quad \sqrt{5}\quad \cdots\cdots(答)$

そのときの点 P, Q, R の座標はそれぞれ，

P(1, 5, 1), Q(1, 6, 1), R$\left(1,\ \dfrac{11}{2},\ 0\right)$　　……(答)

──〈練習 3・2・1〉──

$f(m, n) = m^2 + 6n^2 - 4mn - 3n$

とする．m, n がともに 0 以上，10 以下の整数値をとって変化するとき，$f(m, n)$ の最小値・最大値を求めよ． (津田塾大)

発想法

関数 $f(m, n)$ は 2 個の変数 m, n をもち，それぞれの次数は 2 である．よって，平方完成して最大値・最小値を求める．この問題の場合，変数 m, n は整数値だけしかとれないということ，および，m, n はその変域内をそれぞれ勝手に（すなわち，独立に）動けるという 2 点に注意せよ．

解答
$$f(m, n) = m^2 + 6n^2 - 4mn - 3n$$
$$= (m - 2n)^2 + 2n^2 - 3n$$
$$= (m - 2n)^2 + 2\left(n - \frac{3}{4}\right)^2 - \frac{9}{8} \quad \cdots\cdots(*)$$

$(*)$ の第 2 項は $n = 1$ のとき最小になり，$m = 2$ とすると第 1 項は 0 となるので，$f(m, n)$ の最小値は，$(m, n) = (2, 1)$ のとき達成され，その値は，

$f(2, 1) = -1$

$(*)$ の第 2 項は $n = 10$ のとき最大となり，$m = 0$ とすると第 1 項も最大となるので，$f(m, n)$ の最大値は，$(m, n) = (0, 10)$ のとき達成され，その値は，

$f(0, 10) = 570$

したがって，

（最小値）$= -1$
（最大値）$= 570$ ……(答)

§2 次数の立場から論じる最大値・最小値問題の解法　151

[例題 3・2・3]
　縦 1.4 m の絵が垂直な壁にかかっていて，絵の下端が目の高さより 1.8 m 上の位置にある．この絵を縦方向に見込む角が最大となる位置は，壁から何 m の所か．

発想法

　整関数を分母，分子にもつような分数関数（このような関数を有理関数という）の中には，"相加平均・相乗平均の関係" をつかって最大値や最小値を求めることができるものがある．その際に注意すべきことは，"平均をとる 2 数 x, y が正であること" と，"不等式において等号を成立させる x, y がそれらの変域内に存在すること" という 2 点である．

　ここでも，次数に注意して上手に変形しよう．たとえば，

$$f(x) = \frac{ax}{bx^2 + c} \quad (a, b, c > 0)$$

は，$x > 0$ において，

$$f(x) = \frac{ax}{bx^2 + c} = \frac{a}{bx + \frac{c}{x}} \leq \frac{a}{2\sqrt{bx \cdot \frac{c}{x}}} = \frac{a}{2\sqrt{bc}}$$

をみたす．さらに，$x = \sqrt{\frac{c}{b}}$ のとき等号が成立するので，$f(x)$ の最大値は $\dfrac{a}{2\sqrt{bc}}$ である．

解答　壁から x [m] 離れた位置に目があるときの壁にかかっている絵を見込む角を θ とする．x は距離を表すので $x > 0$．また，図 1 のような角を α, β とすると，

$$\begin{cases} \theta = \alpha - \beta \\ \tan \alpha = \dfrac{3.2}{x} \\ \tan \beta = \dfrac{1.8}{x} \end{cases}$$

である．よって，

$$\tan \theta = \tan(\alpha - \beta) = \frac{\tan \alpha - \tan \beta}{1 + \tan \alpha \tan \beta}$$

$$= \frac{\dfrac{3.2}{x} - \dfrac{1.8}{x}}{1 + \dfrac{3.2}{x} \times \dfrac{1.8}{x}} = \frac{1.4}{x + \dfrac{3.2 \times 1.8}{x}}$$

$$\leq \frac{1.4}{2\sqrt{x \cdot \dfrac{3.2 \times 1.8}{x}}} = \frac{1.4}{2\sqrt{3.2 \times 1.8}}$$

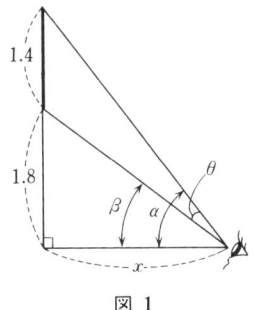

図 1

（∵ 相加・相乗平均の不等式）

等号成立は，$x = \dfrac{3.2 \times 1.8}{x}$ のときで， $x = 2.4$

よって，壁から 2.4 m のところで見込む角は最大となる．

2.4 m ……(答)

(注) 繰り返すが，等号が成立することを示さない限り，不等式の右辺は単に $\tan\theta$ の「上限」を表すにすぎない．すなわち，

"$\tan\theta > \dfrac{1.4}{2\sqrt{3.2 \times 1.8}}$ とはならない"

ということであって，

"$\tan\theta$ が最大値 $\dfrac{1.4}{2\sqrt{3.2 \times 1.8}}$ をとる"

というのとはちがうのである．

　最大値を求める問題の場合，等号成立条件の確認を怠れば，たとえ正しい値が求められたとしても大幅な減点を覚悟しなければならないので注意せよ．

なお，この章のねらいからは外れるが，本問には初等幾何的手法を用いたエレガントな解法があるので，以下に紹介しよう．

【別解】 いま，目の高さも自由に変えられるものとして

　　（見込む角）＝一定

となる点の軌跡（曲線）を考えると，円周角の定理から，これは絵の両端を通る円となる（図 1）．

　このとき，円の半径が小さいほど，円周角（見込む角）は大きい（図 2）．

　よって，目の高さ（絵の下方 1.8 m）の直線と，絵の両端を通る円が接する場合に見込む角は最大となり，このとき図 3 より，壁からの距離は

$$\sqrt{(2.5)^2 - (0.7)^2} = \mathbf{2.4\,(m)}$$

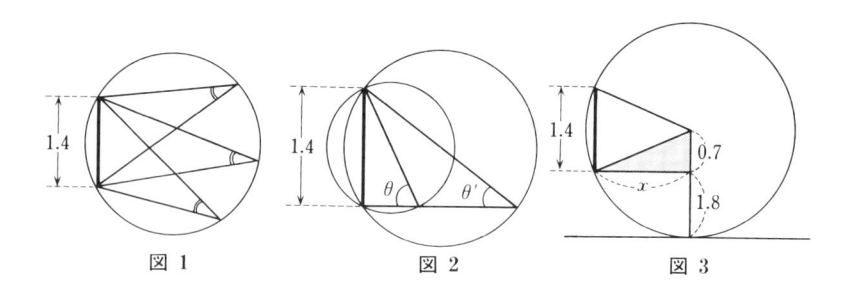

図 1　　　図 2　　　図 3

§2 次数の立場から論じる最大値・最小値問題の解法 153

〈練習 3・2・2〉

次の関数の最大値を求めよ．

(1) $f(x)=\dfrac{x^2+x+1}{x^4+2x^3+3x^2+2x+2}$ （x は任意の実数）

(2) $f(x)=\dfrac{x^3+x}{x^4+x^3+7x^2+x+1}$ （$x>0$）

発想法

(1), (2)ともに，そのまま微分すると，分子はとんでもない高次の多項式となり，増減表を書くのは至難の技である．そこで，何とか"相加平均・相乗平均の関係"がつかえるようにくふうすべきである．

(1) 分数式が与えられたら，「逆数をとってみる」というのは，つねに頭に入れておくべきアイディアの1つである．剰余定理により，$\dfrac{1}{f(x)}$ は最悪の場合でも，

  (2次式)$+\dfrac{(1次式)}{(2次式)}$ という形になる．

(2) 分母も分子も x^2 を境に係数が左右対称（いわゆる相反型）になっていることに注目する．

解答 (1) $x^2+x+1=\left(x+\dfrac{1}{2}\right)^2+\dfrac{3}{4}>0$ より，$f(x)$ は逆数をとることができて，

$$\dfrac{1}{f(x)}=\dfrac{x^4+2x^3+3x^2+2x+2}{x^2+x+1}$$

$$=x^2+x+1+\dfrac{1}{x^2+x+1}$$

$$\geq 2\sqrt{(x^2+x+1)\cdot\dfrac{1}{x^2+x+1}}=2 \quad (>0)$$

∴ $f(x)\leq\dfrac{1}{2}$

(等号成立条件) $\Longleftrightarrow x^2+x+1=\dfrac{1}{x^2+x+1}$

$\Longleftrightarrow (x^2+x+1)^2-1=x(x+1)(x^2+x+2)=0$

よって，$x=0,\ -1$ で等号が成立する．したがって，

  (最大値)$=\dfrac{1}{2}$　……(答)

(2) $x>0$ より，分母，分子を x^2 でわることができて，

$$f(x)=\dfrac{x+\dfrac{1}{x}}{x^2+x+7+\dfrac{1}{x}+\dfrac{1}{x^2}}$$

$$= \frac{x+\dfrac{1}{x}}{\left(x+\dfrac{1}{x}\right)^2+\left(x+\dfrac{1}{x}\right)+5}$$

$x+\dfrac{1}{x}=t$ とおくと， $t=x+\dfrac{1}{x}\geqq 2\sqrt{x\cdot\dfrac{1}{x}}=2$ ……(∗)

一方，
$$f(x)=g(t)=\frac{t}{t^2+t+5}=\frac{1}{t+\dfrac{5}{t}+1}\leqq\frac{1}{2\sqrt{5}+1}$$

等号成立条件は， $t=\dfrac{5}{t}$ より，

$t^2-5=(t+\sqrt{5})(t-\sqrt{5})=0$

条件(∗)を考慮して， $t=\sqrt{5}$

∴ $t-\sqrt{5}=x+\dfrac{1}{x}-\sqrt{5}=\dfrac{1}{x}(x^2-\sqrt{5}x+1)=0$

∴ $x=\dfrac{\sqrt{5}\pm 1}{2}$

よって，等号は $x=\dfrac{\sqrt{5}\pm 1}{2}$ (>0) のとき成立して，

(最大値)$=\dfrac{1}{2\sqrt{5}+1}$ ……(答)

§2 次数の立場から論じる最大値・最小値問題の解法 155

──〈練習 3・2・3〉──

実数 x の関数
$$f(x)=(x^2+2x)^2+2a(x^2+2x)$$
の最小値が -2 となるように,実数の定数 a の値を定めよ.

発想法

4次関数 $f(x)=(x^2+2x)^2+2a(x^2+2x)$ において,(x^2+2x) がブロックで現れているので,
$$t=x^2+2x$$
とおき $f(x)$ に代入し,4次関数を2次関数に帰着させて議論するほうが,4次関数のまま扱うより,計算量が少ない.

解答 $y=(x^2+2x)^2+2a(x^2+2x)\equiv f(x)$ ……①

とおく.すべての実数値 x に対して,

　　　y の最小値:$m=-2$　　　……(*)

となるような a の値を求める.

　　　$t=x^2+2x$　　　……②

とおけば,
$$y=t^2+2at$$
$$=(t+a)^2-a^2\equiv g(t) \quad\cdots\cdots ③$$

と書ける.ただし,

　　　$t=(x+1)^2-1$　　　……②′

より,t の変域は,

　　　$-1\leqq t$　　　……④

である.

　放物線 $y=g(t)$ の対称軸"$t=-a$ が変域④に属するか否か"で場合分けして,y の最小値 m を調べる.

(i) $-1\leqq -a$ $(a\leqq 1)$ のとき(図1),

　　　$t=-a$ (④に属する) のとき $y=g(t)$ は

　　最小となり,最小値 m は,

　　　$m=g(-a)=-a^2$　　……⑤

　　よって,(*)の条件は,

　　　$-a^2=-2$ より,$a^2=2$

　　　$a\leqq 1$ を考慮して,$a=-\sqrt{2}$

(ii) $-a<-1$ $(a>1)$ のとき(図2),

　　　$t=-1$ (これが $t=-a$ に最も近い) のとき $y=g(t)$ は最小と

　　なり,その値 m は,

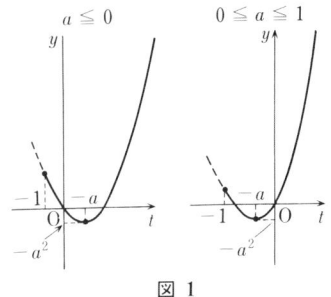

図 1

$m = g(-1) = 1 - 2a$ ……⑥

よって，(∗)の条件は，

$1 - 2a = -2$ より， $a = \dfrac{3}{2}$

これは，$a > 1$ に適している．

以上，(i)，(ii) より，求める a の値は，

$\boldsymbol{a = -\sqrt{2}}$ または $\boldsymbol{a = \dfrac{3}{2}}$ ……(答)

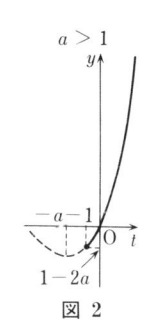

図 2

§3　より低い次数(次元)の世界で議論せよ

「地球と太陽，回っているのはどっちだ？」と尋ねられたら，君は，何と答えるだろうか．多くの人は「地球にきまっている」というだろう．理科の授業でも，「地球は太陽のまわりを回っている」と教わった．かつて，ガリレオ・ガリレイはいった．『それでも地球は回っている』

さて一方，「アインシュタインの一般相対性理論」というものがある．これは，一口でいうと，「宇宙の構成を解明するためには，座標系のとり方はまったく自由でよろしい」という理論である．つまり，「地球が太陽のまわりを回ろうと，太陽(および宇宙全体)が地球のまわりを回ろうと，どっちでもかまわない」といっているのである．天動説の復権だ．ということは，ガリレオの命がけの主張は，むなしいものに終わってしまったのだろうか？

もっとも，地動説が否定されたわけではない．われわれは，地動説と天動説のうち，都合のよいほうを選べるわけだ．ここで，ガリレオが地動説を唱えた動機を振り返ってみよう．夜空には，太陽と同じように，規則的に地球のまわりを回っている星(恒星)たちのほかに，ときどき逆方向に動いたりして観測者を〝惑わす星たち〟がある．この動きにどう説明をつければよいのだろう，とガリレオは考えた．惑星の動きが複雑になるのは，地球を固定して考えているためである．太陽を固定して考えてみれば，地球を含む惑星たちの動きは，すべてだ円軌道で表され，極めて簡単に説明できることになる(惑星同士の相互作用，衛星，その他の影響は，この際無視)．早い話，天動説より地動説のほうが何かと都合がよい．われわれは，いま，地動説が〝正しい〟から採用するのではなくて，〝簡単だから〟〝扱いやすいから〟採用するのである．

さて，話は変わるが，ここに，多変数関数が与えられたとしよう．それは，x や y，あるいは，t や s という名の動きまわる〝星〟たちを含んだ一つの小宇宙である．どれが太陽で，どれが地球で，どれが火星だろうか？　一体，どの〝星〟を固定して考えればいちばん扱いやすい式になるだろうか．いま，考えるのは，整関数の全体という名の小宇宙だ．〝次数の高い星，低い星〟がある．次数の高いものを固定したほうが全体として，〝次数降下による恩恵〟をたくさんうけることができ，解法が簡単になるのはいうまでもない．すなわち，さきほどの話でいえば，いちばん次数の高い変数が太陽だと思えばよいのである．

[例題 3・3・1]

xyz 空間において，不等式

$$0 \leq z \leq 1+x+y-3(x-y)y$$
$$0 \leq y \leq 1$$
$$y \leq x \leq y+1$$

のすべてを満足する x, y, z を座標にもつ点全体がつくる立体の体積を求めよ．

発想法

この3つの不等式から，即座に立体のイメージが頭に浮かんだとしたら，あなたはかなりの天才だ．こんな参考書など買わなくてもよかったのに（でも，返品お断り！）．一方，「題意の不等式をみたす領域がどんな立体かわからなくては，その体積を求めることは不可能だ」と思い込み，想像力をフル回転させて悩んでいる人にも問題がある．というのは，立体の体積は，その断面図さえ描ければ，積分によって求められるわけで，3次元的なイメージは必ずしも必要ではないからである．

どうしても視覚的イメージが欲しいという人には，参考のためその概形を図1に示しておいたが，試験中にこの概形を描いていたら時間が足りなくなるのは，火を見るよりも明らかだ．

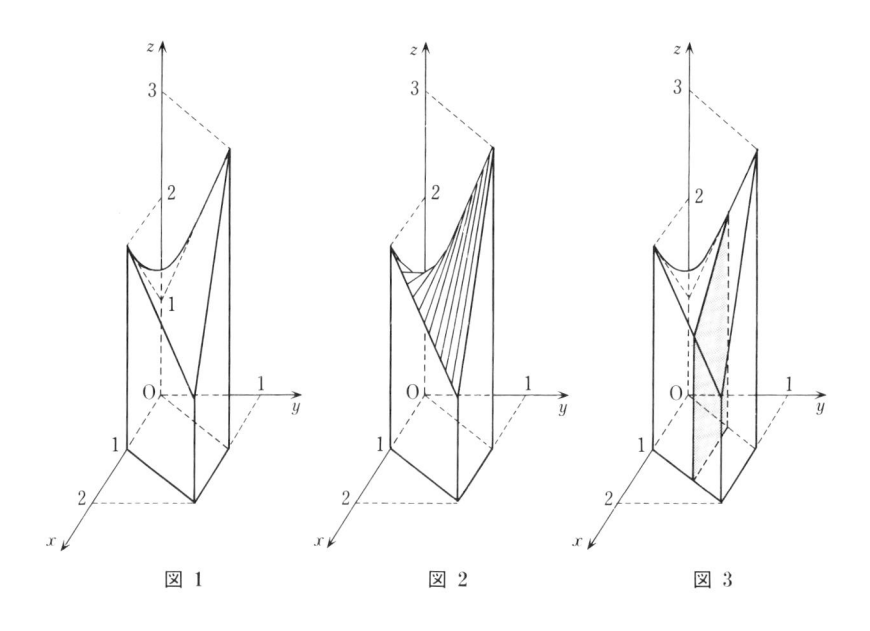

図 1　　　　　図 2　　　　　図 3

§3　より低い次数(次元)の世界で議論せよ　　159

　そもそも，この立体をどの方向に切れば面積の求めやすい切り口が現れるか，ということは，図1を見ても明らかではない．図1を見てわかることは，z軸に垂直な平面でこの立体を切ると相当悲惨なことになりそうだ，という程度であろう．

　さてその"切る方向"であるが，与えられた不等式が x, z については1次で，y についてのみ2次であることに着目しよう．すなわち，y 軸に垂直な平面でこの立体を切れば，切り口の境界は1次式(すなわち直線)になるのである．この事実が，この問題の解法における一つの重大な本質である．たまたま y 軸に垂直に切ってみたらうまくいった，メデタシメデタシ！というのでは，次のテストではメデタクないかもしれない．

解答　平面 $y=$(一定) で切り口の xz 面への正射影は4直線
　　$z=0$
　　$z=(1-3y)x+(1+y+3y^2)$
　　$x=y$
　　$x=y+1$
で囲まれた台形(図3, 図4)である．その頂点は，
　　A$(y, 1+2y)$, B$(y+1, 2-y)$, C$(y+1, 0)$, D$(y, 0)$
である．

　$0 \leq y \leq 1$ であるから，A, B はともに $x>0, z>0$ の範囲にある．

　よって，この台形 ABCD の面積 $S(y)$ は，
　　$S(y)=\dfrac{1}{2}\{(1+2y)+(2-y)\}=\dfrac{1}{2}(3+y)$

したがって，求める体積 V は，
$$V=\int_0^1 S(y)dy$$
$$=\frac{1}{2}\int_0^1 (3+y)dy$$
$$=\frac{1}{2}\left[3y+\frac{1}{2}y^2\right]_0^1$$
$$=\frac{7}{4} \quad \cdots\cdots\text{(答)}$$

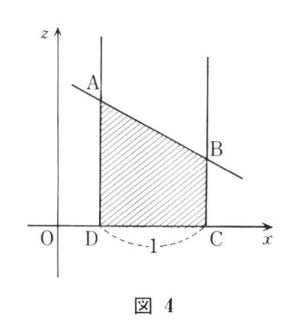

図4

第3章 次数に着目した解法

─〈練習 3・3・1〉─────────────
　不等式 $x \geq 0$ かつ $z \geq 0$ かつ $x+y \leq 1$ かつ $y \geq x+z^2$ をみたす点 (x, y, z) の集合からなる立体を D とする．D の体積 V を求めよ．

発想法

　"x, y については1次式"，"z については2次式"であることから，$z=$(一定)平面による切り口は直線によって囲まれた図形"になる．よって，この方向に切る．

解答　立体 D を $z=$(一定)平面による切り口の xy 平面への正射影は図1の斜線部である．

　この領域は直角二等辺三角形だから，その面積 $S(z)$ は，

$$S(z) = \frac{1}{4}(1-z^2)^2$$

である．また，切り口の存在条件は，条件および図1より，

　　　$z \geq 0$ かつ $z^2 \leq 1$

　　　$\therefore \quad 0 \leq z \leq 1$

よって，求める体積 V は，切り口の存在する z の範囲で積分して，

$$\begin{aligned}
V &= \int_0^1 S(z)\,dz \\
&= \frac{1}{4}\int_0^1 (1-2z^2+z^4)\,dz \\
&= \frac{1}{4}\left[z - \frac{2}{3}z^3 + \frac{1}{5}z^5\right]_0^1 \\
&= \frac{2}{15} \qquad \cdots\cdots\text{(答)}
\end{aligned}$$

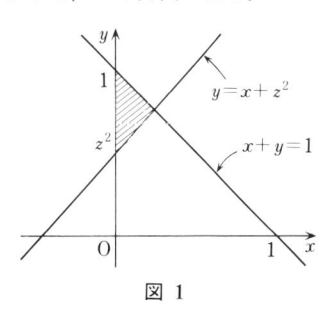

図 1

---- <練習 3・3・2> ----

点 $P(x, y)$ が次の不等式で表される領域内を動く．
$$\begin{cases} y \geq x^2 \\ y^2 \leq x \end{cases}$$

このとき，$f(x, y) = xy + y^3$ を最大にする P の座標，および，その最大値・最小値を求めよ．

[解答] 点 P の動く領域は，図 1 の斜線部である．

関数 $f(x, y)$ は x の 1 次関数，y の 3 次関数であるから，まず y を固定する．すなわち，$y = y_0$ とおく．

このとき，
$$f(x, y_0) = y_0 x + y_0^3$$
となり，$z = f(x, y_0)$ のグラフの概形は図 2 のような直線を表す．したがって，$f(x, y_0)$ の最大値・最小値は x の変域の両端で与えられる．

x の変域は，
$$y_0^2 \leq x \leq \sqrt{y_0}$$
だから，次の不等式が成り立つ（図 2）．
$$y_0^2 \cdot y_0 + y_0^3 \leq f(x, y_0) \leq \sqrt{y_0} \cdot y_0 + y_0^3$$
$$\iff 2y_0^3 \leq f(x, y_0) \leq y_0\sqrt{y_0} + y_0^3 \quad \cdots\cdots ①$$

次に，y を動かす．y の変域は，
$$0 \leq y \leq 1$$
だから，①の両端は次の不等式をみたす．
$$0 \leq 2y_0^3 \leq 2, \quad 0 \leq y_0\sqrt{y_0} + y_0^3 \leq 2$$

したがって，
(最小値) $= 0$, $(x, y) = (0, 0)$
(最大値) $= 2$, $(x, y) = (1, 1)$ ……(答)

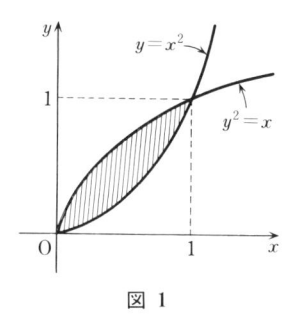

図 1

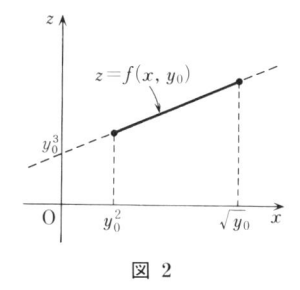

図 2

[例題 3・3・2]

点 $P(x, y)$ が次の不等式で表される領域内を動く．

$$\begin{cases} y-2x-1 \leqq 0 \\ y+2x-5 \leqq 0 \\ x \geqq 0 \\ y \geqq 0 \end{cases}$$

このとき，$f(x, y)=x^2+xy+y$ を最大にする P の座標，およびその最大値を求めよ．

発想法

いわゆる "予選・決勝法"（第 4 章 §1 参照）の考え方をつかう問題である．次数の高い変数を固定し低い次数で "予選" を行ったほうが，その逆に比べて，計算量を減らせる．

解答 点 $P(x, y)$ が動く領域は，図 1 の斜線部のようになる．

まず，x を固定する．すなわち，$x=x_0$ とする．

$$f(x_0, y)=(1+x_0)y+x_0{}^2$$

が最大となるのは，

$0 \leqq x_0 \leqq 1$ のとき，点 P が $y-2x-1=0$ 上にあるとき最大値をとる．

このとき，　$f(x_0, y)=3\left(x_0+\dfrac{1}{2}\right)^2+\dfrac{1}{4}$

……①

$1 \leqq x_0 \leqq \dfrac{5}{2}$ のとき，点 P が $y+2x-5=0$ 上にあるとき最大値をとる．

このとき，　$f(x_0, y)=-\left(x_0-\dfrac{3}{2}\right)^2+\dfrac{29}{4}$　　……②

① は $x_0=1$ のとき最大値 7 をとり，② は $x_0=\dfrac{3}{2}$ のとき最大値 $\dfrac{29}{4}$ をとる．

よって，② の最大値が $f(x, y)$ の最大値であるから，

$f(x, y)$ は点 $\left(\dfrac{3}{2}, 2\right)$ において，最大値 $\dfrac{29}{4}$ をとる．　……(答)

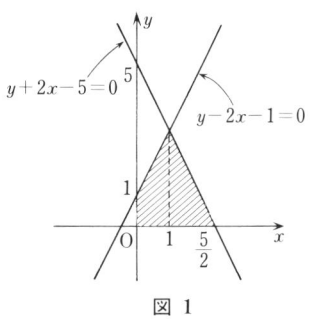

図 1

§3 より低い次数(次元)の世界で議論せよ

[例題 3・3・3]

$|p|<2$ を満足するすべての実数 p について，不等式
$$x^2+px+1>2x+p$$
が成り立つような x の範囲を求めよ．

発想法

与式は，一見，x の2次不等式である．しかし，よく考えてみると，p も $|p|<2$ の範囲を動くのだから，p が変数であると考えることもできるのではないだろうか．そのように考えると，与式は，p についての1次不等式だ．同じ1つの不等式を，2次不等式として扱うのと，1次不等式として扱うのでは，問題解決に要する労力は大ちがいである．当然，1次のほうが簡単だ．ここでは，解決の難易を比較するために，2種類の解答を示しておく．両者をよく比較して，発想の〝ガリレオ的転換〟の必然性を感じとってほしい．

解答 **1** （2次でのやり方）
$$x^2+px+1>2x+p$$
変数 p は，1か所にまとめたほうが扱いやすい(パラメータ隔離の原則)ので，
$$x^2-2x+1>-px+p$$
と変形する．すなわち，
$$(x-1)^2>-p(x-1)$$
$x-1=X$ とおいて，
$$X^2>-pX \quad \cdots\cdots(*)$$
を得る．$y=X^2$ のグラフと $y=-pX$ のグラフを，p の符号で場合分けして，同一平面上に図示すると図1のようになる．

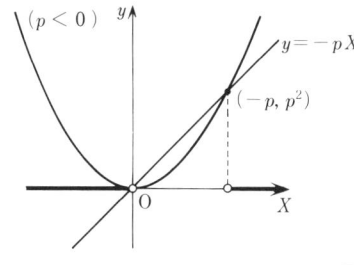

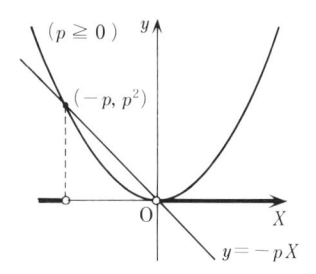

図 1

これより，$p<0$ のときは，
$$X<0,\ -p<X$$
において $(*)$ をみたし，$p\geqq 0$ のときは，
$$X<-p,\ 0<X$$
において $(*)$ をみたす．

したがって，$-2<p<2$ で考えたとき，
　　$X\leqq -2,\ 2\leqq X$
における X は，つねに $X^2>-pX$ をみたしている．
　$X=x-1$ であったから，結局求める範囲は，
　　$x\leqq -1,\ 3\leqq x$　　……(答)

解答 2　（1次でのやり方）
　　$x^2+px+1>2x+p$
　$\Longleftrightarrow (x-1)p+(x^2-2x+1)>0$
　この左辺の式を，x が定数であるとみて，
　　$y=f(p)=(x-1)p+(x^2-2x+1)$
とおく．次のように，問題の"すり替え"を実行する．すなわち，題意で要求されている x の範囲を求めることは，「変数 p が $-2<p<2$ の範囲で動くとき，$f(p)$ がつねに正であるような定数 x の範囲を求める」ことと同値である．

(i)　$y=f(p)$ の p の係数 $(x-1)$ が正，すなわち $x>1$ のとき，
　　$y=f(p)$ のグラフは図2のような右上がり
　の直線になるから，求める条件は，
　　$f(-2)=-2(x-1)+(x^2-2x+1)$
　　　　　$=x^2-4x+3$
　　　　　$=(x-1)(x-3)\geqq 0$
　　∴　$x\leqq 1$，または $3\leqq x$
　　$x>1$ より，　　$1<3\leqq x$

図2

(ii)　$x=1$ のとき，
　　$f(p)\equiv 0$ となり，適する x は存在しない．

(iii)　$x<1$ のとき，
　　$y=f(p)$ のグラフは図3のような右下がり
　の直線になり，求める条件は，
　　$f(2)=2(x-1)+(x^2-2x+1)$
　　　　　$=x^2-1\geqq 0$
　　∴　$x\leqq -1$ または $1\leqq x$
　　$x<1$ より，　　$x\leqq -1$

図3

(i)～(iii)より，
　　$x\leqq -1$ または $3\leqq x$　　……(答)

(注)　上のように，2通りの解法をやってみて，君は入試でどちらの解法を選ぶ？

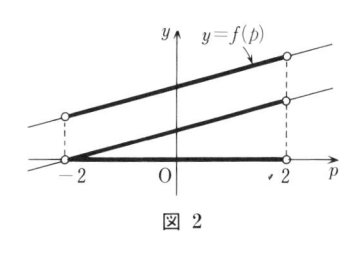

§3 より低い次数(次元)の世界で議論せよ　165

―〈練習 3・3・3〉―――――――――――――――――
3次関数 $y=x^3-3mx^2+2m^2x$ が $m\geqq 0$ の範囲で変化するとき，この3次関数のグラフが通過する範囲を図示せよ．
――――――――――――――――――――――――

[発想法]
　$y=x^3-3mx^2+2m^2x$ を x の関数として見れば3次式だが，$y=2xm^2-3x^2m+x^3$ と m の関数として見れば2次式である．3次式を扱うよりも2次式を扱うほうがずっと楽であるから，与式を m の関数と見ることにする．

[解答] $\begin{cases} m\geqq 0 & \cdots\cdots① \\ y=x^3-3mx^2+2m^2x & \cdots\cdots② \end{cases}$

② を m について変形すると，
$$y=2xm^2-3x^2m+x^3$$
$$=2x\left(m-\frac{3x}{4}\right)^2-\frac{x^3}{8}\equiv f(m) \quad\cdots\cdots③$$

③ は m に関する2次関数なので，$y=f(m)$ は放物線を表す．①，③ をみたす範囲を $f(m)$ の2次の係数 $2x$ の符号に注目して場合分けする (図1).

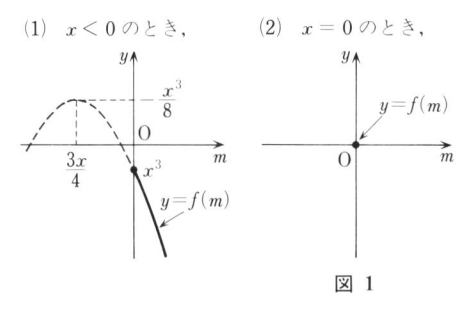

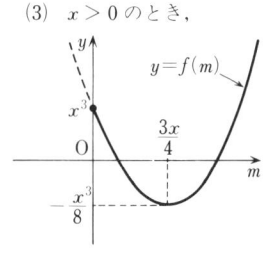

(1) $x<0$ のとき，　(2) $x=0$ のとき，　(3) $x>0$ のとき，

図 1

上の3つのグラフより，「x を固定して，m を $m\geqq 0$ なる範囲で変化させたときの y のとり得る値の範囲」……Ⓐ は，
$$\begin{cases} x<0 \text{ なら} & y\leqq x^3 \\ x=0 \text{ なら} & y=0 \\ x>0 \text{ なら} & y\geqq -\dfrac{x^3}{8} \end{cases}$$

これより，求める範囲は図2の斜線部 (ただし，点線を除く斜線部分).

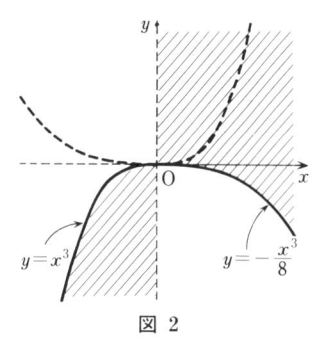

図 2

[例題 3・3・4]

x の方程式
$$x^2+ax+b=x|x|$$
が実数解をもつために，実数 a, b のみたすべき条件を求め，点 (a, b) の存在範囲を図示せよ．

発想法

方程式の実数解は2曲線の交点の x 座標として求められるが，この方程式の実数解を調べるのに，直接
$$y=x^2+ax+b \quad \cdots\cdots(\mathcal{T})$$
$$y=x|x| \quad \cdots\cdots(\mathcal{A})$$
のグラフを利用してもうまくいかない（図1）．なぜうまくいかないかというと，(ア) は a, b をパラメータとする2次関数（放物線）だから，この関数が動き回ると状況が複雑になりすぎるのである．動き回るタチの悪いものは，できることなら1次式（直線）にしてしまったほうが，ずっとコントロールしやすくなる．この方針で解答する．

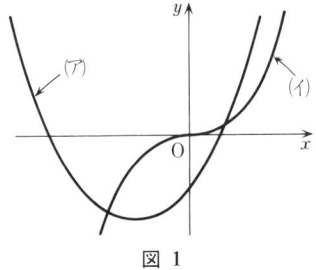

図 1

解答 与えられた方程式は，
$$ax+b=x|x|-x^2$$
と書き直すことができるから，その実数解は，
$$\begin{cases} y=ax+b & \cdots\cdots① \\ y=x|x|-x^2 & \cdots\cdots② \end{cases}$$
のグラフの共有点の x 座標に対応する．よって，

　　"①, ② が共有点をもつ"　　……(*)

条件を求めればよい．

$$② \iff \begin{cases} 0 & (x \geq 0) \\ -2x^2 & (x \leq 0) \end{cases}$$

より，グラフは図2のようになる．

以下，$a<0$, $a=0$, $a>0$ で分類し，(*) が成立するための b のみたすべき条件を求める．

(i) $a<0$; (*) は b によらず成立．
　　　　　"$a<0$, b は任意"　　……Ⓐ
(ii) $a=0$; (*) の条件は，$b \leq 0$
　　　　　"$a=0$, $b \leq 0$"　　……Ⓑ
(iii) $a>0$; (*) の条件は，$b \leq b_0$

§3 より低い次数(次元)の世界で議論せよ　　*167*

　ここに，b_0 は "$y=ax+b$ と $y=-2x^2$ が接する" ときの b の値で，2次方程式 $2x^2+ax+b=0$ の判別式 D を考え，$D=0$ となる b が b_0 である．

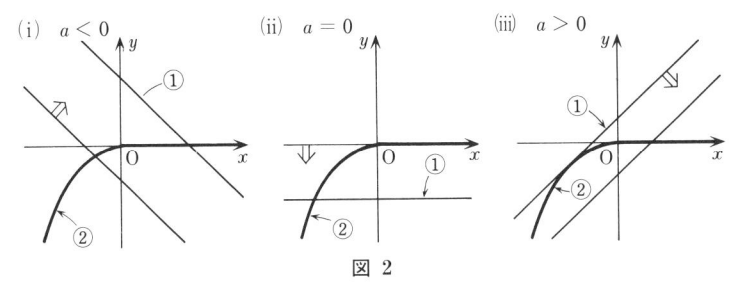

(i) $a<0$　　　(ii) $a=0$　　　(iii) $a>0$

図 2

よって，$D=a^2-8b=0$ より，
$$b \equiv b_0 = \frac{a^2}{8}$$
である．したがって，
　　"$a>0,\ b \leqq \dfrac{a^2}{8}$"　……Ⓒ

　以上より，"ⒶまたはⒷまたはⒸ"が求める条件で，ab 面に図示すると，図3の斜線部分となる．ただし，実線の境界と●印の点(原点)は含むが，点線の境界は除く．

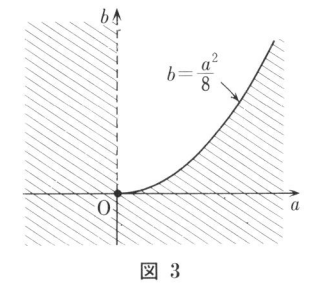

図 3

─〈練習 3・3・4〉─

x の 3 次方程式 $x^3-3px+p=0$ が $-1\leqq x\leqq 1$ の範囲に 2 つの異なる実数解をもつように，実数 p の値の範囲を定めよ．

発想法

"$f(x)=x^3-3px+p$ を x で微分して，増減を調べて……"という方針で解答をつくろうとするとドロ沼にはまる．パラメータ p は，x^3 にはかかっていないのだから，3 次関数を動かす必要はまったくない．

解答　$x^3-3px+p=0 \iff x^3=3px-p$

とし，左辺を $f(x)=x^3$，右辺を $g(x)=3px-p$ とする．このとき，

「$x^3-3px+p=0$ が $-1\leqq x\leqq 1$ の範囲に 2 つの異なる実数解をもつ」

$\iff$「$y=f(x)$ のグラフと $y=g(x)$ のグラフが $-1\leqq x\leqq 1$ の範囲に異なる 2 つの共有点をもつ」　……(*)

よって，(*)であるための条件を調べればよい．

ここで，

$g(x)=p(3x-1)$

より，p の値に関係なく，$y=g(x)$ のグラフは点 $\left(\dfrac{1}{3}, 0\right)$ を通る直線である．

この事実と(*)から，直線

$y=g(x)$

の動き得る範囲は図 1 の斜線部となる．

ただし，l_1 とは，"点 $\left(\dfrac{1}{3}, 0\right)$ を通り，$f(x)$ に接する直線"である．よって，この接点を (t, t^3) として l_1 の方程式を求めると，

$3t^2(x-t)+t^3=y$

となる．一方，この直線が点 $\left(\dfrac{1}{3}, 0\right)$ を通ることにより，

$t=\dfrac{1}{2}$

である．したがって，

$l_1;\ y=\dfrac{3}{4}x-\dfrac{1}{4}$

　　　$=3\cdot\dfrac{1}{4}\left(x-\dfrac{1}{3}\right)$

l_1 と $y=x^3$ の交点の x 座標は，$y=x^3$ と $y=\dfrac{3}{4}x-\dfrac{1}{4}$ とを連立して

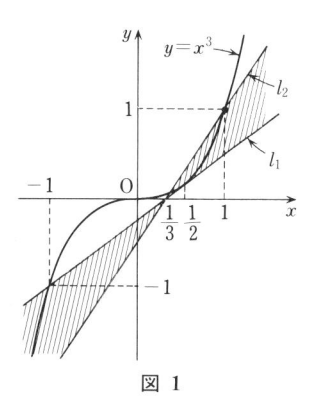

図 1

$$x^3 = \frac{3}{4}x - \frac{1}{4}$$

∴ $(x+1)\left(x-\frac{1}{2}\right)^2 = 0$

∴ $x = -1, \ \frac{1}{2}$ (重解)

したがって，l_1 は点 $(-1, -1)$ と $\left(\frac{1}{2}, \frac{1}{8}\right)$ を通る．

よって，　$\frac{1}{4} \leqq p$ 　　……①

l_2 とは，点 $(1, 1)$ と点 $\left(\frac{1}{3}, 0\right)$ を通る直線であることから，

$l_2 ;\ y = \frac{3}{2}x - \frac{1}{2}$

$ = 3 \cdot \frac{1}{2}\left(x - \frac{1}{3}\right)$

∴ $p \leqq \frac{1}{2}$ 　　……②

①，② より，p の範囲は，

$\frac{1}{4} \leqq p \leqq \frac{1}{2}$ 　　……(答)

[例題 3・3・5]

a は実数とする．
(1) 方程式
$$x^4+2ax^2-a+2=0 \quad \cdots\cdots(*)$$
が実数解をもたないような a の範囲を求めよ．
(2) x^4+2ax^2-a+2 の最小値を $m(a)$ とする．a が(1)の範囲内にあるとき，$m(a)$ の最大値を求めよ．

発想法

4次方程式が実数解をもたない条件は，一般には微分をつかわないと得ることができない．すなわち，$(*)$ の左辺を $f(x)$ とおいて，4次関数 $y=f(x)$ と x 軸との交点の有無を調べればよいのだが，そのためには，$f(x)$ の最小値を知る必要があるので，微分しなければならないという理由からである．

しかし，本問は，もっと簡単に解ける．というのは，4次方程式 $(*)$ には，4次と2次と0次の項(すなわち，偶数次の項だけ)しか現れない偶関数だからである．そこで，$x^2=t$ とおけば，$(*)$ は t の2次方程式となる．
2次方程式の実数解条件だったら，定石どおりに判別式がつかえる．

このように，高次の関数や方程式を扱いやすくする手段の1つとして，合成関数(または変数関数)をつかって次数を下げるというテクニックを身につけよう．このとき肝心なのは，$f(x)=g(h(x))$ と合成関数に表現するとき，g の定義域は，もはや x の変域とは異なっている，ということである．

すなわち，
$(g$ の定義域$)=(h$ の値域$)$
である．

解答 (1) $x^4+2ax^2-a+2=0$ ……①
とし，$x^2=t$ とおくと，
$$t^2+2at-a+2=0 \quad \cdots\cdots②$$
したがって，②の左辺の式を $f(t)$ とおくと，
$$f(t)=(t+a)^2-a^2-a+2$$
ここで，$t \geq 0$ に注意すると，
①が実数解をもたない
$\iff$ $\begin{cases} \text{(i)} & \text{②が実数解をもたない} \\ & \text{または，} \\ \text{(ii)} & \text{②の2つの解がともに負} \end{cases}$

$$\iff \begin{cases} \text{(i)}'\quad f(-a)=-(a+2)(a-1)>0 \\ \text{または,} \\ \text{(ii)}'\quad f(-a)\leqq 0 \\ \qquad \text{かつ 軸の位置;}\quad -a<0 \\ \qquad \text{かつ}\ f(0)=-a+2>0 \end{cases}$$

$\iff -2<a<1$ または $1\leqq a<2$

$\iff \boldsymbol{-2<a<2}$ ……(答)

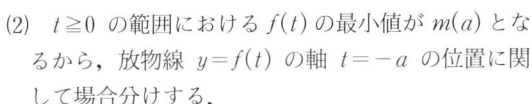

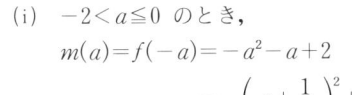

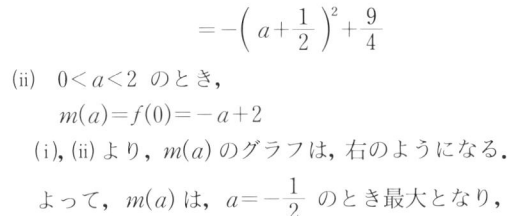

図 1

(2) $t\geqq 0$ の範囲における $f(t)$ の最小値が $m(a)$ となるから,放物線 $y=f(t)$ の軸 $t=-a$ の位置に関して場合分けする.

(i) $-2<a\leqq 0$ のとき,
$$m(a)=f(-a)=-a^2-a+2$$
$$=-\left(a+\frac{1}{2}\right)^2+\frac{9}{4}$$

(ii) $0<a<2$ のとき,
$$m(a)=f(0)=-a+2$$

(i), (ii) より,$m(a)$ のグラフは,右のようになる.

よって,$m(a)$ は,$a=-\dfrac{1}{2}$ のとき最大となり,

$(m(a)\text{ の最大値})=\dfrac{9}{4}$ ……(答)

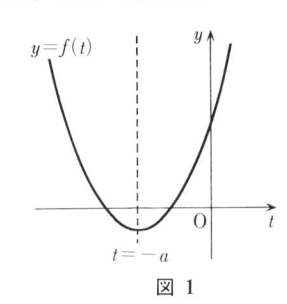

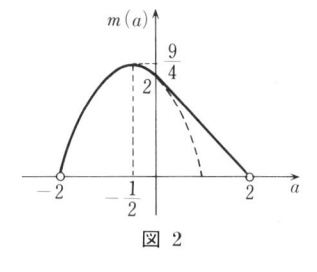

図 2

〈練習 3・3・5〉

関数
$$y = x^4 - 8x^3 - (2a-26)x^2 + (8a-40)x - 10a + 28$$
の最小値が 10 であるように a の値を定めよ．

発想法

この問題では，そのままの形では合成関数はみえてこない．

まず，パラメータ隔離の原理より，
$$y = x^4 - 8x^3 + 26x^2 - 40x + 28 - 2a(x^2 - 4x + 5)$$
と変形すれば，a を含まない項全体が $(x^2-4x+5)^2+$(定数) となっていることに気づくのは，そう困難ではないだろう．

解答 与式を変形して，
$$y = (x^2-4x+5)^2 - 2a(x^2-4x+5) + 3$$
$$f(x) = x^2 - 2ax + 3, \quad g(x) = x^2 - 4x + 5$$
とおくと，$y = f(g(x))$

$g(x) = (x-2)^2 + 1$ より，x が任意の実数値をとるとき，$g(x)$ の値域は，
$$g(x) \geq 1$$
これが，f の定義域となる．よって，

　　　"$x \geq 1$ において，$f(x)$ の最小値が 10 となる"　　……(*)

a の値を求めればよい．

$f(x) = (x-a)^2 - a^2 + 3$ より，グラフは図1のようになる．以下，$a \geq 1$, $a < 1$ で分類し，(*)をみたす a を求める．

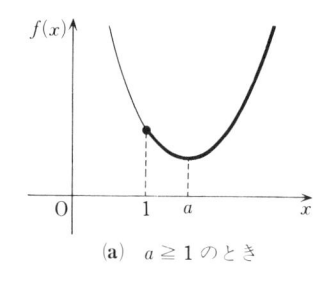

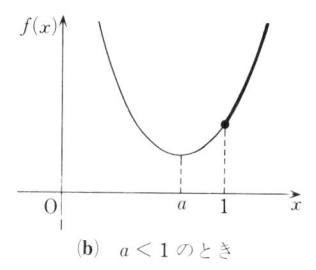

(a) $a \geq 1$ のとき　　　　(b) $a < 1$ のとき

図 1

$a \geq 1$ のとき，　(最小値)$= f(a) = -a^2 + 3 = 10$ ……不適

$a < 1$ のとき，　(最小値)$= f(1) = 4 - 2a = 10$　∴ $a = -3$ (<1)

したがって，　　**$a = -3$**　　……(答)

§3 より低い次数(次元)の世界で議論せよ　173

[例題 3・3・6]
$a=3-2\sqrt{2}$ のとき，
$$a^5-4a^4-7a^3-21a^2-a+2$$
の値を求めよ．

発想法

　扱う方程式の次数が5というのが，この問題の解決を決定する際に判断の難しいところである．すなわち，これが10次式だったら，だれも a^{10} なんて計算しようとは思わないだろう．しかし，a^5 ぐらいだったら，計算の得意な人なら頑張って計算しようと考えるかもしれない．でも，それはたいへん危険だ．入試では，2次以上の計算を極力回避しなければいけない．その方法を考えるのが，実はこの問題の本質だ．剰余の定理を連想できれば，ゴールは近い．

解答 $a=3-2\sqrt{2}$ であるから，　　$a-3=-2\sqrt{2}$
$$(a-3)^2=(-2\sqrt{2})^2=8$$
$$\therefore\ a^2-6a+1=0 \qquad \cdots\cdots ①$$
そこで，$f(x)=x^5-4x^4-7x^3-21x^2-x+2$
とおき，$f(x)$ を x^2-6x+1 でわると，商が x^3+2x^2+4x+1，余りが $x+1$ となるから，
$$f(x)=(x^2-6x+1)(x^3+2x^2+4x+1)+x+1$$
よって，① より，
$$f(a)=0\cdot(a^3+2a^2+4a+1)+a+1$$
$$=(3-2\sqrt{2})+1$$
$$=\boldsymbol{4-2\sqrt{2}} \qquad \cdots\cdots(答)$$

【別解】 $a=3-2\sqrt{2} \Longleftrightarrow (a-3)^2=(-2\sqrt{2}) \Longleftrightarrow a^2=6a-1\ \cdots\cdots ②$
　② の条件式を代入することにより，次数を1減らすことができる．
$$a^5-4a^4-7a^3-21a^2-a+2$$
$$=a^3(6a-1)-4a^4-7a^3-21a^2-a+2$$
$$=2a^4-8a^3-21a^2-a+2$$
$$=2a^2(6a-1)-8a^3-21a^2-a+2$$
$$=4a^3-23a^2-a+2$$
$$=4a(6a-1)-23a^2-a+2$$
$$=a^2-5a+2$$
$$=(6a-1)-5a+2$$
$$=a+1$$
$$=3-2\sqrt{2}+1=\boldsymbol{4-2\sqrt{2}} \qquad \cdots\cdots(答)$$

〈練習 3・3・6〉

行列 $A = \begin{pmatrix} 3 & 1 \\ 2 & 4 \end{pmatrix}$ とするとき, A^8 を求めよ.

発想法

行列のべき乗の計算というのもやっかいなものであるが，ここでも例題と同様の技法が活躍する．その要となる行列の2次方程式が，次に示すケーリー・ハミルトンの公式である．

ケーリー・ハミルトンの公式： 行列 $A = \begin{pmatrix} a & b \\ c & d \end{pmatrix}$ とするとき,

$A^2 - (a+d)A + (ad-bc)E = O$ が成り立つ.

解答 $a+d = 3+4 = 7$, $ad-bc = 10$ より，上述のケーリー・ハミルトンの公式をつかって，$A^2 - 7A + 10E = O$ を得る．

ここで，行列とはいったん離れて，整式について考える．すなわち，x^n を2次式 $(x-2)(x-5)$ でわったときの商を $Q(x)$, 余りを $ax+b$ (1次以下の式) とすると,

$$x^n = (x-2)(x-5)Q(x) + ax + b \quad \cdots\cdots ①$$

未知数 a, b を決定するために，①が恒等式であることに注目し，その両辺の x に 2 および 5 を代入しよう．

$2^n = 2a + b \quad \cdots\cdots ②, \qquad 5^n = 5a + b \quad \cdots\cdots ③$

③−② より，$a = \dfrac{1}{3}(5^n - 2^n) \quad \cdots\cdots ④$

④を②に代入し, $b = 2^n - 2a = \dfrac{1}{3}(5 \cdot 2^n - 2 \cdot 5^n)$

すなわち, ①は次のように書ける.

$$x^n = (x-2)(x-5)Q(x) + \left(\frac{5^n - 2^n}{3}\right)x + \left(\frac{5 \cdot 2^n - 2 \cdot 5^n}{3}\right)$$

この式を"下敷き"にして，行列に関する次の式を得る．

$$A^n = \underline{(A-2E)(A-5E)Q(A)} + \frac{5^n - 2^n}{3}A + \frac{5 \cdot 2^n - 2 \cdot 5^n}{3}E$$

上式の〜〜部は，ケーリー・ハミルトンの公式より零行列だから，

$$A^n = \frac{5^n - 2^n}{3}\begin{pmatrix} 3 & 1 \\ 2 & 4 \end{pmatrix} + \frac{5 \cdot 2^n - 2 \cdot 5^n}{3}\begin{pmatrix} 1 & 0 \\ 0 & 1 \end{pmatrix} = \begin{pmatrix} \dfrac{5^n + 2^{n+1}}{3} & \dfrac{5^n - 2^n}{3} \\ \dfrac{2(5^n - 2^n)}{3} & \dfrac{2 \cdot 5^n + 2^n}{3} \end{pmatrix}$$

$n = 8$ を代入して, $A^8 = \begin{pmatrix} 130379 & 130123 \\ 260246 & 260502 \end{pmatrix}$ ……(答)

§4　漸化式は線形式や斉次式に直せ

　ものごとを解決するコツは，難しく扱いにくいものを単純で扱いやすいものに帰着させてから考えるということである．この方法についてはIIIの**第3章**で詳しく解説するが，漸化式を次数の立場から考察するとき，"難→易"のすり替え操作をどのようにして行えばよいかを本節で説明する．

　漸化式や微分方程式の難易度を測る尺度の1つに"その式が線形であるか否か"というものがある．たとえば，数列 $\{a_n\}$ に関する漸化式が"線形"であるとは，それが変数 a_n に関する1次式になっていることである．方程式の理論でも，一般に，次数が高ければ高いほどその解を求めることがたいへんになるように，漸化式や微分方程式の解法でも同様な現象が見うけられるのである．そこで，与えられた漸化式の解（一般項）を求めるとき，その漸化式を線形の式に直す方法があれば都合がよいのである．そのための方法として，a_n の逆数 $\dfrac{1}{a_n}$ を A_n などとおきかえたり，対数をとって $\log a_n = A_n$ などとおきかえることにより，a_n に関する非線形の漸化式を A_n に関する線型の漸化式に帰着させるという方法が，しばしば用いられるのである．

　漸化式や微分方程式の難易度を測るもう1つの尺度として，"その式が斉次（または同次）であるか否か"というものがある．ある式が変数 x について斉次であるとは，その式のどの項の次数も等しいことをいう．

　したがって，漸化式や微分方程式（代数方程式や連立方程式のときも当然であるが）を解く際，上手なおきかえをして，非斉次の式を斉次の式に直す手だてを講じるべきなのである．

176　第3章　次数に着目した解法

[例題 3・4・1]

$a_{n+1} = \dfrac{a_n}{2a_n+3}$ $(n=1, 2, 3, \cdots\cdots)$ をみたす数列 $\{a_n\}$ を考える。$a_1=1$ のとき a_n を n の式で表せ。

発想法

　この漸化式を解くためには，どのような変形をすればよいだろうか．分母を払って，
$$(2a_n+3)a_{n+1} = a_n$$
とする人もいるかもしれない．しかし，その後はどうする？　事態はまったく好転していない．

　この漸化式を解きにくい理由は，漸化式が実数 a_n どうしのかけ算を含む非線形の式だからである．だから，漸化式を変数どうしの定数倍の和（または差）のみを含む式（線形式）になるように変形すればよい．このような目的意識をもっていれば，「a_n の逆数をとる」という発想に至るのはさほど困難なことではないだろう．

　漸化式を変形するとき，一般には，
　(i)　非線形の漸化式を"おきかえ"によって線形式に表す．
　(ii)　線形式に直った漸化式を解く．
　(iii)　"おきかえ"の逆をたどり，もとの数列の一般項を求める
という3つのステップを踏めばよい．その際に，(i)と(iii)での"おきかえ"に付随する条件を忘れてはならない．たとえば，

　「$b_n = \dfrac{1}{a_n}$ とおきかえたいとき，ある i に対して $a_i = 0$ であれば，その後の i については a_i は定義されない」

というのは，その典型である（[コメント]参照）．

解答　$a_{n+1}=0$ と仮定すると $a_n=0$．よって，帰納的に $a_1=0$ となるが，これは $a_1=1$ に反する．したがって，任意の n に対して，$a_n \neq 0$ である．よって，漸化式の両辺の逆数をとることができて，
$$\dfrac{1}{a_{n+1}} = 2 + \dfrac{3}{a_n} \quad \cdots\cdots(*)$$
$\dfrac{1}{a_n}$ を b_n とおきかえると，線形の漸化式を得る．
$$\begin{aligned}
(*) &\iff b_{n+1} = 2 + 3b_n \\
&\iff b_{n+1} + 1 = 3(b_n + 1) \\
&\iff b_n + 1 = 3^{n-1}(b_1 + 1) \\
&\iff b_n = 3^{n-1}(b_1 + 1) - 1
\end{aligned}$$
ここで，$b_1 = \dfrac{1}{a_1} = 1$ だから，

$$b_n = 2 \cdot 3^{n-1} - 1$$

ここで,

「すべての自然数 n に対して $b_n \neq 0$ が成り立つ」 ……(**)

よって, 再び b_n の逆数をとることができ, a_n の一般項を得る.

$$\therefore \quad a_n = \frac{1}{b_n} = \frac{1}{2 \cdot 3^{n-1} - 1} \quad \cdots\cdots(答)$$

[コメント] 条件(**)の重要性について注意を与える. この問題において, 漸化式はそのままで, 初項だけを変えた次の問題を考える.

「$a_1 = -\dfrac{27}{26}$ のとき, 一般項 a_n を n の式で表せ」

「**解答**」の方針に従うと, 一般項 a_n がみたすべき式として, $a_n = \dfrac{1}{b_n} = \dfrac{1}{3^{n-4} - 1}$ を得るが, これを(答)としてはいけない.

$b_4 = 0$ となっていることに注意しよう. すなわち, $a_4 = \dfrac{1}{b_4}$ は上記の式によって定義されない.

さらに, 数列 $\{a_n\}$ は漸化式によって定義されていたということを思い出せ. a_4 が定義されなければ, $n \geqq 5$ なるすべての a_n を定義することができない.

よって, 上述の問題に対する答は,

「$n \leqq 3$ のとき $a_n = \dfrac{1}{3^{n-4} - 1}$, $n \geqq 4$ のとき, a_n は存在しない」

もしくは,

「題意をみたすような, 任意の自然数 n について定義された数列 $\{a_n\}$ は存在しない」

と答えるしかない.

―― 〈練習 3・4・1〉 ――

漸化式
$$a_{n+1} = \frac{2a_n}{6a_n - 1} \quad (n = 1, 2, 3, \ldots)$$
により定められる数列 $\{a_n\}$ の一般項 a_n を求めよ。ただし，$a_1 = 1$ とする。

解答 $a_1 = 1 \neq 0$ である。また，$a_k \neq 0$ と仮定すると，$a_{k+1} = \dfrac{a_k}{(\text{分母})} \neq 0$

であるから，数学的帰納法により，すべての自然数 n に対して $a_n \neq 0$ である。

よって，与えられた漸化式の逆数をとることができる。すなわち，次のようにして線形漸化式を得ることができる。

$\dfrac{1}{a_n} = b_n$ とおくと，

$$\frac{1}{a_{n+1}} = 3 - \frac{1}{2a_n}$$

$$\iff b_{n+1} = 3 - \frac{1}{2}b_n$$

$$\iff b_{n+1} - 2 = -\frac{1}{2}(b_n - 2)$$

数列 $\{b_n - 2\}$ は，公比が $-\dfrac{1}{2}$ の等比数列である。

$$\therefore \quad b_n = \left(-\frac{1}{2}\right)^{n-1}(b_1 - 2) + 2$$

$b_1 = \dfrac{1}{a_1} = 1$ より，数列 $\{b_n\}$ の一般項は，

$$b_n = 2 - \left(-\frac{1}{2}\right)^{n-1}$$

任意の自然数 n に対して $b_n \neq 0$ である。よって，数列 $\{a_n\}$ の一般項は，

$$\boldsymbol{a_n = \frac{1}{b_n} = \frac{1}{2 - \left(-\dfrac{1}{2}\right)^{n-1}}} \quad \cdots\cdots (\text{答})$$

§4 漸化式は線形式や斉次式に直せ

[例題 3・4・2]

漸化式 $a_{n+2}=\dfrac{a_{n+1}{}^3}{a_n{}^2}$ により定められる数列 $\{a_n\}$ の一般項 a_n を求めよ．ただし，$a_1=2$，$a_2=3$ とする．

発想法

"対数をとる"という操作は，非線形式を線形式に直すための強力な手段である．非線形式というのは，その式が変数どうしのかけ算，わり算を含むことを意味する．"対数をとる"という操作によって「変数どうしのかけ算やわり算（積や商）を含む式」を「たし算，ひき算だけの式」に変えることができるのである．

式の両辺が正で，かつ変数の積や商だけを含む式ならば，いかに複雑怪奇に組み合わさった式であろうとも，両辺の対数をとることによって，変数はバラバラに分離されてしまう．すなわち，線形式に変換される．

この問題においても，漸化式の各辺に ＋ や － の記号がなく，かつ両辺はともに正（帰納法で簡単に示せる）だから，両辺の対数をとって，線形の漸化式にすれば，やさしい問題に帰着できるのである．

解答 この漸化式によって定まる数列 $\{a_n\}$ の各項は，条件 $a_1=2$，$a_2=3$ より，帰納的に正であることがわかる．よって，a_n を真数とする対数 $\log a_n$ は定義される．そこで，与漸化式の両辺の対数をとると，

$$\log a_{n+2}=\log\left(\dfrac{a_{n+1}{}^3}{a_n{}^2}\right)=3\log a_{n+1}-2\log a_n \quad\cdots\cdots①$$

① において，$\log a_n=b_n$ とおくと，

$$b_1=\log a_1=\log 2,\quad b_2=\log a_2=\log 3 \quad\cdots\cdots②$$

また，① は次のような線形式になる．

$$b_{n+2}=3b_{n+1}-2b_n \quad\cdots\cdots③$$

③ を 2 通りに変形して，

$$\begin{cases} b_{n+2}-b_{n+1}=2(b_{n+1}-b_n) & \cdots\cdots④ \\ b_{n+2}-2b_{n+1}=b_{n+1}-2b_n & \cdots\cdots⑤ \end{cases}$$

②，④ より，$\quad b_{n+1}-b_n=2^{n-1}(b_2-b_1)=2^{n-1}\log\dfrac{3}{2} \quad\cdots\cdots⑥$

②，⑤ より，$\quad b_{n+1}-2b_n=b_2-2b_1=\log\dfrac{3}{4} \quad\cdots\cdots⑦$

⑥ － ⑦ より，

$$b_n=\log\dfrac{4}{3}\left(\dfrac{3}{2}\right)^{2^{n-1}} \quad(=\log a_n)$$

「対数関数は単調増加であるから，$\log a_n$ の真数 a_n の値と b_n は 1 対 1 対応する．」

$$\therefore\ \boldsymbol{a_n}\,(=e^{b_n})=\dfrac{4}{3}\left(\dfrac{3}{2}\right)^{2^{n-1}}=\boldsymbol{2\cdot\left(\dfrac{3}{2}\right)^{2^{n-1}-1}} \quad\cdots\cdots\text{(答)}$$

〈練習 3・4・2〉

数列 $\{a_n\}$ を次のように定義する．
$$\begin{cases} a_1 = 20 \\ a_{n+1} = \displaystyle\lim_{t \to a_n - 0} \int_0^t \frac{1}{\sqrt{a_n - x}} dx \quad (n=1, 2, 3, \cdots\cdots) \end{cases}$$
このとき，$\displaystyle\lim_{n \to \infty} a_n$ を求めよ．

発想法

まず，$\displaystyle\int \frac{1}{\sqrt{a_n - x}} dx = -2\sqrt{a_n - x} + C$ を用いて，与えられた漸化式の右辺の極限を求め，非線形の漸化式を得る．

次に，それを線形漸化式に直すくふうをする．

解答 $\displaystyle\int_0^t \frac{1}{\sqrt{a_n - x}} dx = \Big[-2\sqrt{a_n - x}\Big]_0^t = -2\sqrt{a_n - t} + 2\sqrt{a_n}$

より，
$$a_{n+1} = \lim_{t \to a_n - 0} (-2\sqrt{a_n - t} + 2\sqrt{a_n}) = 2\sqrt{a_n} \quad \cdots\cdots①$$

漸化式①で定まる数列のどの項も正である．よって，①の両辺の対数をとると，
$$\log a_{n+1} = \log 2 a_n^{\frac{1}{2}} = \frac{1}{2} \log a_n + \log 2 \quad \cdots\cdots②$$

②において，$b_n = \log a_n$ とおけば，
$$b_{n+1} = \frac{1}{2} b_n + \log 2 \quad \cdots\cdots③$$

③において，$\log 2 = q$ とおいて見やすくすると，
$$b_{n+1} = \frac{1}{2} b_n + q \quad \text{すなわち，} \quad b_{n+1} - 2q = \frac{1}{2}(b_n - 2q)$$

よって，数列 $\{b_n - 2q\}$ は，公比が $\frac{1}{2}$ の等比数列である．

$$\therefore \quad b_n - 2q = \left(\frac{1}{2}\right)^{n-1} (b_1 - 2q)$$

したがって，
$$\lim_{n \to \infty} (b_n - 2q) = 0 \quad \therefore \quad \lim_{n \to \infty} b_n = 2q = 2\log 2 = \log 4$$

すなわち，
$$\lim_{n \to \infty} b_n = \lim_{n \to \infty} (\log a_n) = \log 4$$

である．これより，
$$\lim_{n \to \infty} a_n = 4 \quad \cdots\cdots(答)$$

[例題 3・4・3]

次の各漸化式で定められる数列 $\{a_n\}$ の一般項を求めよ.

(1) $a_1=1$, $a_{n+1}=\dfrac{1}{2}a_n+3n+2$ $(n=1, 2, 3, \cdots\cdots)$ ……㋐

(2) $a_1=2$, $a_{n+1}=2a_n+\left(-\dfrac{1}{3}\right)^n$ $(n=1, 2, 3, \cdots\cdots)$ ……㋑

[発想法]

(考え方 A) 本問で与えられている漸化式は，線形の (2 項間) 漸化式である．しかし，本節でいままでに扱った漸化式 ([例題 3・4・1, 3・4・2] など) と本質的に異なる点がある．[例題 3・4・1, 3・4・2] などで扱った漸化式は，

$$a_{n+1}=\alpha a_n+\beta \quad (\alpha, \beta \text{ は定数}) \quad \cdots\cdots① \quad (\text{タイプ I})$$

の形であったのに対し，この問題で扱う漸化式は，

$$a_{n+1}=\alpha a_n+f(n) \quad (\alpha \text{ は定数}, f(n) \text{ は } n \text{ の関数}) \quad \cdots\cdots② \quad (\text{タイプ II})$$

の形である．

タイプ II の漸化式の解法を考える前に，タイプ I の漸化式をどのように解いたのかを思い出してみよう：① を変形して，

$$a_{n+1}-\gamma=\alpha(a_n-\gamma), \quad \gamma(1-\alpha)=\beta \quad \cdots\cdots(\text{☆})$$

という形に直し，$a_{n+1}-\gamma=b_n$ とおき，数列 $\{b_n\}$ が等比数列となるようにしたのだった．この操作 (☆) を単なる "よくやる変形にすぎない" と，その真価を評することなく見すごしている人もいるかもしれないが，これは "定数項を含む式 (非斉次式) を定数項を含まない式 (斉次式) に直す" という重要な数学的動機に基づいていることを意識しなければいけない．

タイプ II の漸化式を解く (一般項を求める) とき，タイプ I を解くときにつかったのと同じ考え方で片づけることができないだろうか？

すなわち，② を変形して，

$$a_{n+1}-g(n+1)=\alpha(a_n-g(n)) \quad \cdots\cdots③$$

の形になるような関数 $g(n)$ を見つけることができれば，③ において，$b_n=a_n-g(n)$ とおくことによって，③ を斉次式に直せる．

(① において β を定数値関数と見なせば，① は ② の特殊な場合であることになる．)

③ を展開して，

$$a_{n+1}=\alpha a_n+g(n+1)-\alpha g(n)$$

これを ② と比較して，

$$g(n+1)-\alpha g(n)=f(n) \quad \cdots\cdots④$$

④ は，$g(n)$ を未知関数とする関数方程式である．しかし，④ の解を 1 つ見つけ

出せれば，②を解くことができる．そのために，$f(n)$ の形（たとえば，n に関する多項式であるとか，または，指数関数 a^n であるなど）から判断し，求める $g(n)$ を推測すれば何とかなることもある．これがタイプⅡ の漸化式の解法の１つである．

(考え方 B) タイプⅡ の漸化式（すなわち，$a_{n+1}=\alpha a_n+f(n)$ ……②，（ここに α は定数，$f(n)$ は n の関数のタイプ）を解くもう１つの方針は，『タイプⅠ の漸化式（すなわち，$a_{n+1}=\alpha a_n+\beta$，ここに α,β は定数）に直すという目標で，②の両辺を $f(n)$ でわったり，数列 $\{a_n\}$ の階差をとる』というものである．

「解答」には，(1),(2) のおのおのについて，上述の２通りの考え方 (A),(B) を用いた解法を示したので，参考にされたい．

解答 1 (1) (考え方 A による)
$$a_{n+1}+s(n+1)+t=\frac{1}{2}(a_n+sn+t) \quad \cdots\cdots(*)$$

とおく（③において，$a=\frac{1}{2}$, $g(n)=-(sn+t)$ とおいた）．

　展開して，
$$a_{n+1}=\frac{1}{2}a_n-\frac{1}{2}sn-s-\frac{1}{2}t$$

漸化式⑦と係数を比較して，
$$\begin{cases}-\frac{1}{2}s=3\\-s-\frac{1}{2}t=2\end{cases} \quad \therefore \quad \begin{cases}s=-6\\t=8\end{cases}$$

ここで，$b_n=a_n-6n+8$ とおくと，
$$(*) \iff b_{n+1}=\frac{1}{2}b_n \quad \text{（斉次式になった）}$$
$$\iff b_n=\left(\frac{1}{2}\right)^{n-1}b_1$$
$$=\left(\frac{1}{2}\right)^{n-1}(a_1-6\cdot 1+8)$$
$$=3\left(\frac{1}{2}\right)^{n-1}$$

したがって，
$$\therefore \quad \boldsymbol{a_n=b_n+6n-8}$$
$$=\boldsymbol{3\left(\frac{1}{2}\right)^{n-1}+6n-8} \quad \cdots\cdots\text{（答）}$$

(2) (考え方 A による)
$$a_{n+1}-t\left(-\frac{1}{3}\right)^{n+1}=2\left\{a_n-t\left(-\frac{1}{3}\right)^n\right\} \quad \cdots\cdots(*)$$

とおく（③において，$g(n)=t\left(-\frac{1}{3}\right)^n$ とおいた）

展開して，
$$a_{n+1}=2a_n+t\left(-\frac{1}{3}\right)^{n+1}-2t\left(-\frac{1}{3}\right)^n$$
$$=2a_n-\frac{7}{3}t\left(-\frac{1}{3}\right)^n$$

①と係数を比較して，
$$-\frac{7}{3}t=1 \quad \therefore \quad t=-\frac{3}{7}$$

よって，$b_n=a_n+\frac{3}{7}\left(-\frac{1}{3}\right)^n$ とおくと，

(＊) $\iff b_{n+1}=2b_n$ （斉次式になった）

$\iff b_n=2^{n-1}b_1=\frac{13}{7}\cdot 2^{n-1}$

したがって，
$$a_n=b_n-\frac{3}{7}\left(-\frac{1}{3}\right)^n$$
$$=\frac{13}{7}\cdot 2^{n-1}+\frac{1}{7}\left(-\frac{1}{3}\right)^{n-1} \quad \cdots\cdots(\text{答})$$

解 答 2 (1) （考え方Bによる）
$$a_{n+1}=\frac{1}{2}a_n+3n+2 \quad \cdots\cdots\text{①}$$

$\left(\begin{array}{l}n\text{の項}(\sim\sim\text{部分})\text{が邪魔だから，これを消去しようという動機で，}\\\text{数列}\{a_n\}\text{の階差をとる．}\end{array}\right)$

$$a_{n+2}=\frac{1}{2}a_{n+1}+3(n+1)+2 \quad \cdots\cdots\text{②}$$

②－①より，
$$a_{n+2}-a_{n+1}=\frac{1}{2}(a_{n+1}-a_n)+3$$

$a_{n+1}-a_n=\alpha_n$ とおきかえて，$\alpha_1=a_2-a_1=\frac{9}{2}$，

$$\alpha_{n+1}=\frac{1}{2}\alpha_n+3 \quad （タイプⅠに帰着された）$$

$\iff \alpha_{n+1}-6=\frac{1}{2}(\alpha_n-6)$

数列 $\{\alpha_n-6\}$ は，公比が $\frac{1}{2}$ の等比数列だから．

$$\alpha_n=\left(\frac{1}{2}\right)^{n-1}(\alpha_1-6)+6$$

$\iff \alpha_n=\left(-\frac{3}{2}\right)\cdot\left(\frac{1}{2}\right)^{n-1}+6$

α_n は，a_n の階差数列であるから，

$$a_n = a_1 + \sum_{k=1}^{n-1} a_n$$
$$= a_1 + \sum_{k=1}^{n-1}\left\{\left(-\frac{3}{2}\right)\cdot\left(\frac{1}{2}\right)^{k-1} + 6\right\}$$
$$= 1 - \frac{3}{2}\cdot\frac{1-\left(\frac{1}{2}\right)^{n-1}}{1-\frac{1}{2}} + 6(n-1)$$
$$= \mathbf{3\left(\frac{1}{2}\right)^{n-1} + 6n - 8} \quad \cdots\cdots(答)$$

(2) (考え方 B による)
$$a_{n+1} = 2a_n + \left(-\frac{1}{3}\right)^n \quad \cdots\cdots\text{①}$$

①の両辺を $\left(-\dfrac{1}{3}\right)^n$ でわると,

$$\text{①} \iff \frac{a_{n+1}}{\left(-\frac{1}{3}\right)^n} = -6\cdot\frac{a_n}{\left(-\frac{1}{3}\right)^{n-1}} + 1 \quad \cdots\cdots\text{①}'$$

ここで, $\dfrac{a_n}{\left(-\frac{1}{3}\right)^{n-1}} = \alpha_n$ とおきかえて, $\alpha_1 = a_1 = 2$

$$\text{①}' \iff \alpha_{n+1} = -6\alpha_n + 1 \quad (\text{タイプ I に帰着された})$$
$$\iff \alpha_{n+1} - \frac{1}{7} = -6\left(\alpha_n - \frac{1}{7}\right)$$

数列 $\left\{\alpha_n - \dfrac{1}{7}\right\}$ は, 公比が (-6) の等比数列だから,

$$\alpha_n = (-6)^{n-1}\cdot\left(\alpha_1 - \frac{1}{7}\right) + \frac{1}{7}$$
$$\iff \alpha_n = \frac{13}{7}\cdot(-6)^{n-1} + \frac{1}{7} \quad \cdots\cdots\text{ウ}$$

$n=1$ のとき, $\alpha_1 = \dfrac{13}{7}\cdot(-6)^0 + \dfrac{1}{7} = 2$ であり, $n=1$ のときも ウ は成り立つ.
したがって,

$$a_n = \left(-\frac{1}{3}\right)^{n-1}\cdot\alpha_n$$
$$= \mathbf{\frac{13}{7}\cdot 2^{n-1} + \frac{1}{7}\left(-\frac{1}{3}\right)^{n-1}} \quad \cdots\cdots(答)$$

§4 漸化式は線形式や斉次式に直せ

[例題 3・4・4]
$754x + 221y = 13$ ……(∗) をみたす整数 x, y を求めよ．

発想法

もし，不定方程式(∗)の右辺が 0，すなわち，斉次方程式であれば，
$$\begin{cases} x = 221 \\ y = -754 \end{cases}$$
が，方程式(∗)の解の 1 つであることは瞬間的にわかる．また，$754x = -221y$ をみたす整数 x, y をすべて求めることは，それほど困難ではない．つまり，方程式(∗)が非斉次(定数項 $\neq 0$ ということ)であることが，問題を難しくしている原因の 1 つである．そこで，(∗)を上手に変形し，非斉次式を斉次式に直すという発想が解法の糸口である．

「例題 3・4・3」の漸化式の解法と同様の方法(すなわち，非斉次式を斉次式に直す方法)を試みよう．すなわち，整数 x, y の対 (x_0, y_0) が方程式(∗)をみたす整数解の組の 1 つとして，
$$754x_0 + 221y_0 = 13 \quad ……(\ast\ast)$$
(∗)-(∗∗)より，斉次式
$$754(x - x_0) + 221(y - y_0) = 0$$
を得る．この式をみたす整数の対 (x_0, y_0) を 1 組見つけ出すことが解法の要である．

解答　まず，(∗)をみたす整数の対 (x, y) を 1 組捜す．

(∗)の左辺の係数はどちらも 13 でわりきれるので，両辺を 13 でわって，
$$58x + 17y = 1 \quad ……①$$

ここで x, y はともに 1 次で平等であるが，58 を係数としてもつ x を $x = 1, 2, \ldots$ と順次固定し，①をみたす整数 y があるか否かを調べるほうが，最悪の場合でも 17 通り $(x = 1, 2, \ldots, 17)$ をチェックすれば(もし解があるならば)①をみたす整数 y を見つけることができるので，容易である．
$$58x = 17(-y) + 1$$
よって，$58x$ を 17 でわったときに，1 だけ余るような x を求める．

固定する x の値	1	2	3	4	5	………
$58x$	58	116	174	232	290	………
$58x$ を 17 でわったときの商と余り	3…7	6…14	10…4	13…11	17…1	………

上の表より，$x = 5$ が①をみたす．このとき，$y = -17$ である．すなわち，
$$58 \times 5 + 17 \times (-17) = 1 \quad ……②$$
①-②より，

$$58(x-5)+17(y+17)=0 \qquad \cdots\cdots ③$$

③ で，$x-5=X$，$y+17=Y$ とおくと，

$$58X+17Y=0 \qquad \cdots\cdots ④$$

(ここで，④ は斉次式になり，目的が達成されたことに注意せよ．)

58 と 17 は互いに素であるから，

$$X=x-5=17a, \qquad Y=y+17=-58a \quad (a \text{ は任意の整数})$$

という形に書けることが，x, y が（＊）の解であるための必要十分条件である．

よって，（＊）の整数解 x, y は，

$$\begin{cases} \boldsymbol{x=17a+5} \\ \boldsymbol{y=-58a-17} \end{cases} \quad (\boldsymbol{a} \text{ は任意の整数}) \qquad \cdots\cdots (答)$$

[コメント]　方程式① の 1 組の整数解 (x_0, y_0) を求める際に，上の解答では，いってみれば"シラミつぶしに"調べた．5 回目で見つかったからよかったものの，17 回目でやっと見つかるとしたら，かなりやっかいである．あるいは，さらに係数の大きな方程式であれば，何百通り，何千通りと計算しなければならないかもしれない．

そこで，ユークリッドの互除法を用いて，より係数の小さい方程式に帰着させる方法を紹介しておく．

（① 式において）

$58=17×3+7$　より，

$$① \Longrightarrow 17×3x+7x+17y=1$$
$$\therefore\quad 17(3x+y)+7x=1 \qquad \cdots\cdots ①'$$

$17=7×2+3$　より，

$$①' \Longrightarrow 7×2(3x+y)+3(3x+y)+7x=1$$
$$\therefore\quad 7(7x+2y)+3(3x+y)=1 \qquad \cdots\cdots ①''$$

ここで，$7×1+3×(-2)=1$ を考慮して，

$$\begin{cases} 7x+2y=1 \\ 3x+y=-2 \end{cases}$$

とおく．これを解いて，

$$x=5, \quad y=-17$$

この値は，①'' をみたすわけだから，当然 ① をみたす．

つまり，$X=7x+2y$，$Y=3x+y$ なる変数変換を行うことにより，① を，

$$7X+3Y=1 \qquad \cdots\cdots ①'''$$

なる方程式にすり替えたのである．このとき，①''' をみたす整数 X, Y を与えれば，対応する x, y も整数となる．

第4章 動きの分析のしかた

　複数のものが同時に動きまわるとき，それらの動きを分析することは一般には難しい．たとえば，日の出とともに飛び立つ鳥の群の中の個々の鳥の動きや，渋谷の交差点を通過する何台もの車の動きを正確に分析するのは困難である．われわれは小学校から現在に至るまで，技巧の複雑さに関して程度の差こそあれ，動きを分析するための様々な方法を学んできたのだが，それらは極めて類似していた．この事実を確認するために"2つのものが勝手に動きまわるとき，それらの動きに対処する方法"を，小学生のときから習った順に復習してみよう．

[小学生の問題]　1辺の長さ4の正方形の中に，直径2の円が2つ配置してある（図A）．それら2つの円が勝手に正方形内を動きまわるとき，2つの円の中心点の通過する範囲を図示しなさい．　　　　　　（東大寺中）

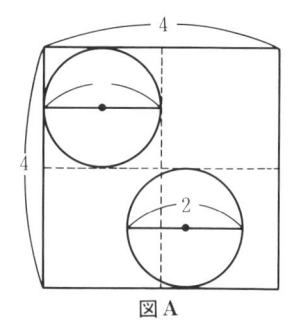

　この問題を解決するためには，まず，1つの円を正方形の片隅に固定し，次にもう1つの円を動かしてみる（図B）．それから，正方形の対称性に注目し，固定する円を4つある隅のどこに配置するかを考慮すれば，図Cの斜線部図形が答になることがわかる．

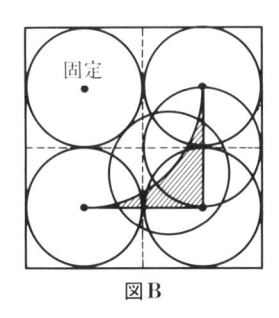

図B 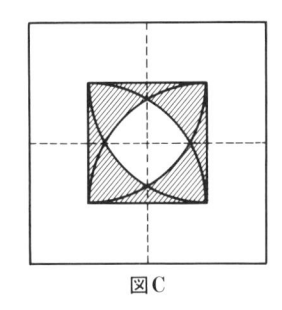　　　　　　　　　図C

[中学生の問題]　x が実数全体を動くとき，$y = x^2 - 4x + 5$ ……① の最小値を求めよ．

この問題を解決するためには，$y=x^2-4x+5=(x-2)^2+1$ と平方完成する．そして任意の実数 x に対して $(x-2)^2\geqq 0$ であり，かつ，等号成立は $x=2$ のときに限るから，$x=2$ のとき y は最小値 1 をとるとした．これは，x が変化するとき，①の右辺においては x^2 と $-4x$ の 2 つの項が変化するので，動くもの (項) を 1 つに絞るために，平方完成という平易だが強力な変形を用いたのであった．

[高校生の問題]　x が $0\leqq x<2\pi$ を変化するとき，$y=\sin x+\cos x$ ……② の最大値，最小値を求めよ．

この問題を解決するためには，$y=\sin x+\cos x=\sqrt{2}\sin\left(x+\dfrac{\pi}{4}\right)$ と単振動の合成をし，これより，y の最大値，最小値はそれぞれ $x=\dfrac{\pi}{4},\dfrac{5}{4}\pi$ のときに達成され，その値は $\sqrt{2}, -\sqrt{2}$ であるとした．これも x が変化するとき，②の右辺にある $\sin x$ と $\cos x$ の 2 つが変化するので，動くもの (項) を 1 つにするために，単振動の合成という変形を施したのであった．

次の問題に対する解法は，大学では "偏微分法" とよばれているものだが，受験でもまったく同じ論法を用い，それは，入試では "予選・決勝法" (§1 参照) とよばれている．ここでは，予選・決勝法を用いて次の問題を解いてみることにしよう．

[大学生の問題]　x, y が $0\leqq x\leqq 1, 0\leqq y\leqq 1$ を変化するとき，$z=2x^2-2xy+y^2$ の最小値を求めよ．

x を x_0 ($0\leqq x_0\leqq 1$) で固定すると，
$$z=y^2-2x_0 y+2x_0^2=(y-x_0)^2+x_0^2$$
となり，z は y の 1 変数関数とみなせる．$y=x_0$ のとき z は最小となり，その値は x_0^2 である．次に，固定していた x_0 をその変域内で動かし，$z=x_0^2$ ($0\leqq x_0\leqq 1$) より，z の最小値が 0 であるとする．

上述の 4 つの問題に対する解法は，表面的には異なるが，"**2 つのものが動くときは，上手に工夫して動くものを 1 個に絞って分析する**" という点で共通している．
本章では，動きに対する攻略法について多角的に考察することにしよう．

§1　動きを一時止めろ（独立変数に対する予選・決勝法）

　集合の要素が互いに独立であるとき，その集合の中から，ある条件をみたす最良のものを選ぶ方法の1つに"**予選・決勝法**"がある．まず，日常的な話を例に，予選・決勝法について説明しよう．陸上大会や水泳大会など，多くの選手が参加する競技大会では，優勝者が決まるまでに，予選，決勝などというステップが何度も踏まれる．それは，参加選手全員を横1列に並べて100m競争をしても，優勝者を判定するのが難しいからだろう．1回1回の予選によって優勝候補者が絞られ，最終的に決勝によって優勝者が選ばれる．

　話は変わるが，オーディオを買いに秋葉原に出かけて，「これは性能はよいが予算がオーバーする」とか，「あれは性能はそこそこだけど，十分予算内に収められる」とかいろいろ悩んだあげく，結局何も買わないで家に帰って来たという経験はないだろうか．しかし，買物上手な人は，まず比較する項目を「予算」と「性能」の2つに絞り，次にカタログを寄せ集めて最初に「予算」の面だけに着眼してリストを絞り，その中で「機能」を比較して買うべきオーディオを決めてから出かけるものだ．

　さて，伸一君のクラスでは，「クラス1のノッポ君コンテスト」を催すことになった．そこで，企画担当の伸一君は，次の手順で1番背の高い人を見つける方法を考案した．

　クラスの座席は7列である（図A）．そこでまず，各列ごとに

　　　第1列目で1番背が高い人
　　　第2列目で1番背が高い人
　　　………………………………
　　　第7列目で1番背が高い人

を選び出し（予選），選ばれた7人で再び背を比べて（決勝），その中で1番背が高い人がそのクラスで最も背が高い人である．

　この方法によって，クラス1のノッポ君が，予選落ちしたり，予選は通ったが決勝で敗れるということがありえないことは容易に確認することができる．

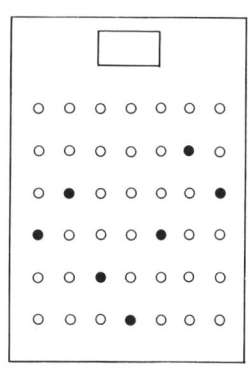

図A

ここで述べた「予選・決勝法」の考え方は，2変数関数 $f(x, y)$ の最大値・最小値を求めるための議論の展開に適用することができる．たとえば，

> **問1** x, y がそれぞれ $0 \leq x \leq 3, 0 \leq y \leq 2$ の範囲を独立に変化するとき，
> $$f(x, y) = x^2 + xy - y^2 - x$$
> の最大値および最大を与える x, y を求めよ．

という問題を考えてみよう．この問題を「ノッポ君を見つける」議論に帰着させるために，まず問題に幾何学的解釈を与えておこう．

0° 幾何学的解釈

この問題を幾何学的に解釈するために，$z = f(x, y)$，すなわち，
$$z = x^2 + xy - y^2 - x \quad \cdots\cdots ①$$
とおく．①における x, y, z の関係は，たとえば $x=2, y=1$ を与えれば，$z=3$ ときまる，というように，x と y の値を与えれば z の値がきまる，というものである．xyz 空間内で考えれば，xy 平面上の各点 (x, y)（正しくは $(x, y, 0)$）に対する"高さ"z がきまるわけであるから，xyz 空間内に点 (x, y, z) をきめることができる（図B）．$0 \leq x \leq 3, 0 \leq y \leq 2$ なる各点 (x, y) に対して，このように点 (x, y, z) を対応づけていけば，1つの曲面が得られる（図C）．当然，図C は式①に依存して決定されるのだが，一般には曲面を表している，ということさえ把握すれば十分であり，以下の議論では曲面の正確な形状を知る必要はない．

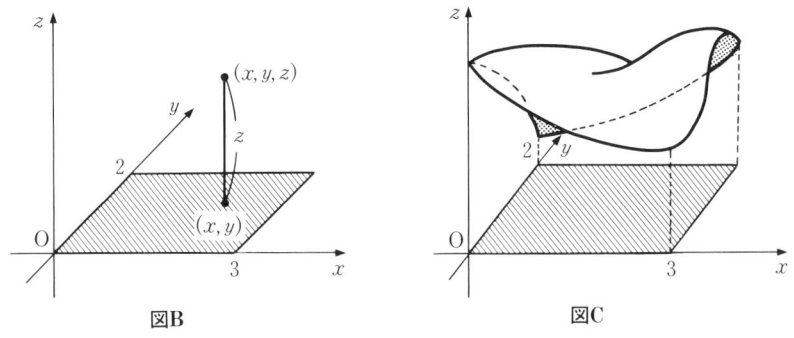

図B   図C

われわれが求めるものは，この曲面上，z 座標が最大である点，すなわち"高さ"が最も高い点（の z 座標），およびこの高さを与える点 (x, y) にほかならない．

以下に，この問1に対する解法を述べるが，その解法のウマ味が次の点にある

ことに注目せよ．すなわち，① において x をたとえば $x=1$ に固定すれば，
$$z=1+y-y^2-1=-y^2+y\ (=f(1,\ y))$$
となるように，x を固定すれば z を y だけの 1 変数関数として表してしまうことができ，この場合に y だけを $0 \leqq y \leqq 2$ の範囲で動かしたときの z の最大値ならば容易に求めることができる，という"単純な"発想が活かされている点である．

以下，途中に示す (**注1**)～(**注3**) は，**1°**, **2°** を一読した後に参照すればよい．

1° 予選

さて，**0°** の解釈により，xy 平面上，$0 \leqq x \leqq 3$, $0 \leqq y \leqq 2$ なる長方形領域 (図 C 斜線部) 内の各点 $(x,\ y)$ (正しくは $(x,\ y,\ 0)$) に対する高さ (身長) z を比較することになったのであるが，まず x 座標がたとえば 1 である点 (つまり $(1,\ y)$ なる点) どうしで高さを比べてみよう．すなわち，$(x,\ y)$ を図 D の線分 s_1 上で動かすときの z の最大を与える $(x,\ y)$ を求めるのである．

線分 s_1 上の集合に対応する曲面上の点の集合は，図 D の曲線分 C_1 であり，C_1 の方程式は ① に $x=1$ を代入して
$$z=-y^2+y \qquad \cdots\cdots\textcircled{1}' \quad (\text{かつ}\ x=1)$$
である (したがって曲面 ① を正確に描けば，C_1 は放物線となる)．また，たとえば x を $x=2$ に固定して $(x,\ y)$ を図 D の線分 s_2 上で動かすときには，対応する曲線分 C_2 の方程式は ① に $x=2$ を代入して
$$z=-y^2+2y+2 \qquad \cdots\cdots\textcircled{1}'' \quad (\text{かつ}\ x=2)$$
となる．①′ に関しては z の最大を与える y を，
$$z=-\left(y-\frac{1}{2}\right)^2+\frac{1}{4}\ \text{より,}$$
$$y=\frac{1}{2}$$
$$\left(\text{このとき,}\ z=\frac{1}{4}\right)$$
と求めることができ，①″ についても，
$$z=-(y-1)^2+3\ \text{より,}$$
$$y=1\ (\text{このとき,}\ z=3)$$

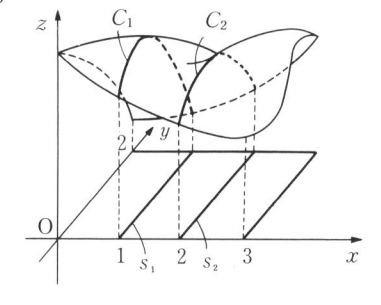

図 D

と求めることができる．したがって線分 s_1 上，s_2 上での予選通過者はそれぞれ，$\left(1,\ \dfrac{1}{2}\right)$, $(2,\ 1)$ であるということになる (図 E)．

図E　　　　　　　　図F

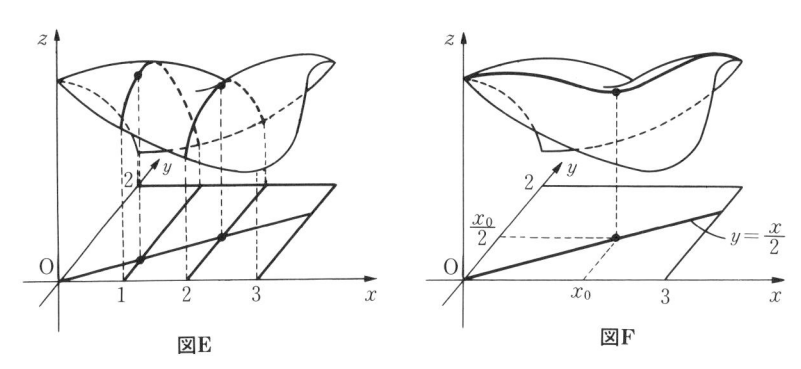

これらの考え方をさらに一般化すると次のようになる．

> 一般に x を x_0 $(0 \leqq x \leqq 3)$ に固定するとき，対応する曲線の方程式は，
> $$z = -y^2 + x_0 y + x_0{}^2 - x_0 \quad (\text{かつ} \quad x = x_0)$$
> $$\therefore \quad z = -\left(y - \frac{x_0}{2}\right)^2 + \frac{5}{4}x_0{}^2 - x_0 \quad \cdots\cdots ② \quad (\text{かつ} \quad x = x_0)$$
> となり，$\left(x_0, \dfrac{x_0}{2}\right)$ が予選通過者となる(**注1**)．したがって予選通過者を図Eにさらに描き込んでいけば，図Fが得られる．すなわち，xy 平面上，太線分 $y = \dfrac{x}{2}$ $(0 \leqq x \leqq 3)$ 上の各点が，この問いの予選通過者である(**注2**)．

2°　決勝

予選の結果，線分 $y = \dfrac{x}{2}$ $(0 \leqq x \leqq 3)$ 上の点に限定して z の最大値および，z の最大を与える (x, y) を求めればよいことになった．すなわち，

> 点 (x, y) が線分 $y = \dfrac{x}{2}$ $\cdots\cdots③$ $(0 \leqq x \leqq 3)$ 上を動くときの
> $$z = x^2 + xy - y^2 - x \quad \cdots\cdots ①$$
> の最大値および，最大を与える (x, y) を求めることに帰着できた．これは条件方程式 $y = \dfrac{x}{2}$ $(0 \leqq x \leqq 3)$ のもとでの最大値問題であ

り，③ を ① へ代入して (注3)，
$$z = x^2 + \frac{x^2}{2} - \left(\frac{x}{2}\right)^2 - x \qquad \therefore \quad z = \frac{5}{4}x^2 - x \quad \cdots\cdots ④$$
という，x の 1 変数関数に帰着できたのである (④ は，予選を通過した点に対応する曲面上の点の集合，すなわち図 F における曲面上の太曲線を，xz 平面に正射影して得られる曲線 《図 G：ただし ④ は正確には図 H のようになる》である)．

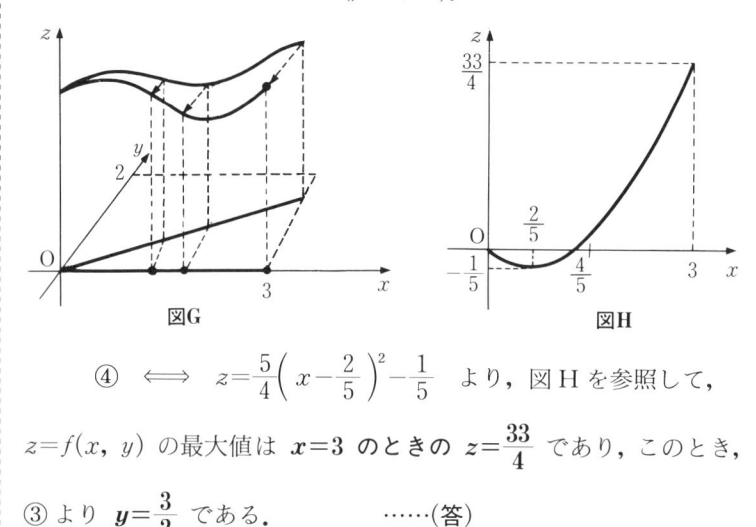

図G　図H

④ $\iff z = \frac{5}{4}\left(x - \frac{2}{5}\right)^2 - \frac{1}{5}$ より，図 H を参照して，
$z = f(x, y)$ の最大値は $x = 3$ のときの $z = \frac{33}{4}$ であり，このとき，
③ より $y = \frac{3}{2}$ である． ……(答)

(注1)　$0 \leq x_0 \leq 3$ より，放物線 ② の軸：$y = \frac{x_0}{2}$ (x_0 は定数だから，これは y 軸に垂直) について，$0 \leq \frac{x_0}{2} \leq \frac{3}{2}$，すなわち y の変域 $0 \leq y \leq 2$ 内にある．

(注2)　たとえば，最初に y を y_0 で固定して予選を行うと，$z = \left(x + \frac{y_0 - 1}{2}\right)^2 - \frac{5y_0^2 - 2y_0 + 1}{4}$ と変形でき，軸 $x = \frac{1 - y_0}{2}$ は $\left[-\frac{1}{2}, \frac{1}{2}\right]$ にあるから，z は $x = 3$ のとき最大となる．よって，予選通過者は，線分 $x = 3$ ($0 \leq y \leq 2$) 上の点となる．この場合には決勝は，$z = f(3, y) = -y^2 + 3y + 6$ において y を $0 \leq y \leq 2$ で動かして調べることになる．

(注3)　ここでは一般性をもつ解答とするために ③ を ① へ代入したが，実際に

は②を考えれば，z が最大となるのは $\left(y-\dfrac{x_0}{2}\right)^2=0$ のときで，その値は $z=\dfrac{5}{4}x_0{}^2-x_0$ であるから，④はただちに得られる．

3° まとめ（2変数関数の最大値・最小値問題の予選・決勝法による解法）

ここで，一般の2変数関数 $f(x, y)$ $(a\leqq x\leqq b, c\leqq y\leqq d)$ の最大値問題の解法をまとめておこう．最小値問題も同様な手順に従えばよい．

予選： $z=f(x, y)$ とおいて，x を $x=x_0$ $(a\leqq x_0\leqq b)$ に固定して得られる y の1変数関数
$$z=f(x_0, y) \quad \cdots\cdots ①$$
の最大を与える y を求める（場合によっては，①を y について微分するなどの作業を経る）．①の最大を与える y は一般に x_0 を用いて $g(x_0)$ と表されるので，予選通過者は，曲線分
$$y=g(x) \ (a\leqq x\leqq b) \quad \cdots\cdots ②$$
上の点である．

決勝： $y=g(x)$ $(a\leqq x\leqq b)$ のもとでの $z=f(x, y)$ の最大値を求める．これは結局，x の1変数関数
$$z=f(x, g(x)) \quad \cdots\cdots ③$$
の最大を求めることにほかならない．③の最大を求めた後，そのときの x を②へ代入すれば，z の最大を与えるときの y の値が求められる．

問題によっては，最初に y を固定して予選をする方が簡単に答を求められることもある．予選においては，固定した方の文字を文字定数として含む関数の最大値（または最小値）を求めるのであるから，多少複雑な計算を要する．一方，決勝は，文字定数を含まない関数を扱うことになるわけである．このことを考慮すれば，扱いにくい「文字定数を含む関数」を扱う予選にウエイトを置いて，固定する文字を選定すべきである．特に，下の問2のように x と y の次数が異なる（下の問2では x について2次，y について1次）場合には，

高い次数の文字を予選で固定

すれば，文字定数を含む関数を扱う予選において次数の低い関数を扱うことになり，考えやすくなる．この点に注意すれば，問2は問1より簡単に処理できるので，ウォーミングアップのつもりで解いてみよ．

問2 x, y がそれぞれ $0 \leq x \leq 3, 0 \leq y \leq 2$ の範囲を独立に変化するとき，
$$f(x, y) = -x^2 + xy + y$$
の最大値を求めよ．

解答 x を $0 \leq x \leq 3$ なる範囲の値 x_0 で固定したとき，
$$z = f(x_0, y) = (x_0 + 1)y - x_0^2$$
は，y の係数 $= x_0 + 1 > 0$ より，y の増加関数である．したがって，各 x_0 に対し ($0 \leq y \leq 2$ の範囲では) z は $y = 2$ において最大となる．

したがって，$z = f(x, y)$ の最大を与える点 (x, y) は，線分 $y = 2$ ($0 \leq x \leq 3$) 上の点である (図I，ここでは，"予選通過者たち" を表す方程式 $y = g(x)$ の $g(x)$ の部分に "定数 2" がきているが，これは $g(x)$ が定数値関数 $g(x) = 2$ となっており，見かけ上 x を含まない形で表されているだけのことである)．

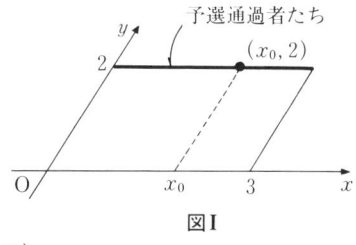

次に，この線分上の点 (x, y) に対し，z の最大値を求める．すなわち，x を $0 \leq x \leq 3$ の範囲で動かして
$$z = f(x, 2) = -x^2 + 2x + 2 \quad \cdots\cdots ①$$
を最大にすることを考える．

①の右辺を平方完成することによって
$$z = -(x-1)^2 + 3$$
と書けるから，$0 \leq x \leq 3$ を考えれば，z は $x = 1$ において最大値 3 をとる．したがって求める最大値は **3** であり，このとき $\boldsymbol{x = 1, y = 2}$ である．……(答)

参考のために，y を固定して予選を行うと次のような解答になる．

y を $0 \leq y \leq 2$ なる範囲の値 y_0 で固定したとき，
$$z = f(x, y_0) = -x^2 + y_0 x + y_0$$
$$= -\left(x - \frac{y_0}{2}\right)^2 + \frac{y_0^2}{4} + y_0$$

は，x の 2 次関数であり，軸 $x=\dfrac{y_0}{2}$ は，$0\leqq\dfrac{y_0}{2}\leqq 1$ より，y_0 の値によらず x の変域内 $(0\leqq x\leqq 3)$ にある．

よって各 y_0 に対し，x を $0\leqq x\leqq 3$ の範囲で動かしたとき，z は $x=\dfrac{y_0}{2}$ において最大となる．次に，y を $0\leqq y\leqq 2$ の範囲で動かすことによって
$$z=f\left(\dfrac{y}{2},\ y\right)=\dfrac{y^2}{4}+y$$
を最大にすることを考える．$0\leqq y\leqq 2$ において z は y の増加関数であるから，z は $y=2$ で最大値 3 をとる．したがって求める最大値は 3 であり，このとき $x=\dfrac{2}{2}=1$，$y=2$ である．

ここで，x を固定して予選を行った場合と，y を固定して予選を行った場合について，「予選通過者」が異なる（x を固定したときには，線分 $y=2$ $(0\leqq x\leqq 3)$ 上の点，y を固定したときには線分 $x=\dfrac{y}{2}$ $(0\leqq y\leqq 2)$ 上の点が「予選通過者」）ことに注意せよ．実は，いずれの予選をも通過している点 $(1,\ 2)$ において z は最大となっている．

なお，予選の段階で，たとえば x を固定する際，わざわざ x_0 などと書かなくとも，x のままで定数として扱ってもよい．しかし，慣れないうちは，何を定数とみているのかを自分自身に明確にしておくために，定数として扱う段階では意図的に x_0 などと書いておくほうがよいであろう．

§1 動きを一時止めろ（独立変数に対する予選・決勝法） 197

[例題 4・1・1]

点 (x, y) が右図の領域（周上を含む）を動いたとき，
$$z = f(x, y) = y^2 + 2x - 3y$$
の最小値を求めよ．

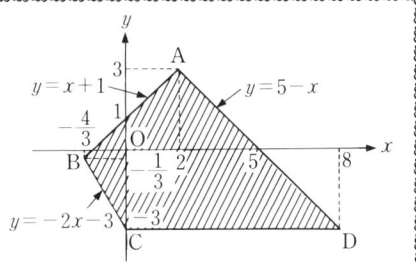

発想法

$f(x, y)$ は x について1次式，y については2次式である．まず，次数の高い文字 y を固定して予選を行えば，x の1次式を扱うことになるので計算が楽である．この際，y を $-3 \leq y \leq -\dfrac{1}{3}$ なる範囲で固定したときと，$-\dfrac{1}{3} \leq y \leq 3$ なる範囲で固定したときとで，x の変域が y の異なる形の不等式で表されることになるので，場合分け（2通り）の必然が生じてくる（x を最初に固定した場合には，この場合分けは3通りになる．したがって，次数の見地からも場合分けの見地からも，まず y を固定した方がよいといえる）．

$-3 \leq y \leq -\dfrac{1}{3}$ および，$-\dfrac{1}{3} \leq y \leq 3$ のおのおのの領域において予選・決勝法を行い（"地区大会"），各区間の優勝者（最小の z）どうしで，さらに最終選考（"全国大会"）を行う．

解答　最初に，固定された y の値 y_0 に対して，$z = f(x, y_0) = 2x + (y_0{}^2 - 3y_0)$ の最小値を求める．

y_0 として $-3 \leq y \leq -\dfrac{1}{3}$ なる範囲で固定する場合と，$-\dfrac{1}{3} \leq y \leq 3$ なる範囲で固定する場合とで場合分けをする．

[場合1]　y を $-3 \leq y \leq -\dfrac{1}{3}$ なる範囲の値 y_0 で固定したとき，x の変域は
$$-\dfrac{1}{2}(y_0 + 3) \leq x \leq 5 - y_0$$
である（図1）から，$z = f(x, y_0)$ が表す直線の傾きが $2\ (>0)$ であることに注目

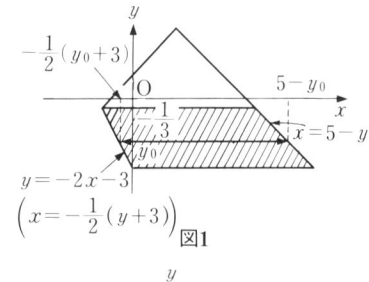

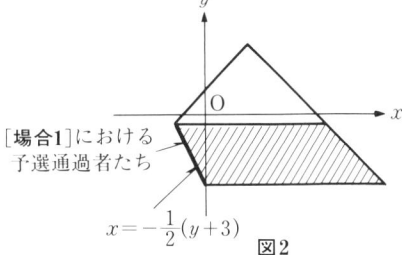

すると，各 $y_0\left(-3\leq y_0\leq -\dfrac{1}{3}\right)$ に対し，$x=-\dfrac{1}{2}(y_0+3)$ において z は最小となる（図2）．

次に，点 $(x,\ y)$ を図2の太線分上で動かして場合1における z の最小値を求める．すなわち，$f\left(-\dfrac{1}{2}(y+3),\ y\right)=y^2-4y-3=(y-2)^2-7\equiv F(y)$ の，$-3\leq y\leq -\dfrac{1}{3}$ における最小値を求めればよい（注）．

$F(y)$ は $y=-\dfrac{1}{3}$ のときに最小となり，最小値は $F\left(-\dfrac{1}{3}\right)=-\dfrac{14}{9}$ である．これが図1の斜線部における $(x,\ y)$ に対する z の最小値である．

[場合2]　y を $-\dfrac{1}{3}\leq y\leq 3$ なる範囲の値 y_0 で固定したとき，x の変域は
$$y_0-1\leq x\leq 5-y_0$$
であり（図3），場合1と同様にして $x=y_0-1$ において z は最小となる（図4）．次に
$$z=f(y-1,\ y)=y^2-y-2$$
$$=\left(y-\dfrac{1}{2}\right)^2-\dfrac{9}{4}\equiv G(y)$$

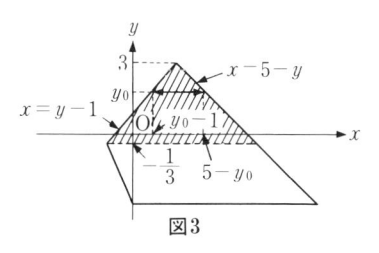

において，y を $-\dfrac{1}{3}\leq y\leq 3$ で変化させると，$G(y)$ は $y=\dfrac{1}{2}$ のときに最小となり，最小値は $G\left(\dfrac{1}{2}\right)=-\dfrac{9}{4}$ である．これが図3の斜線部における $(x,\ y)$ に対する z の最小値である．

場合1，および場合2における各最小値 $-\dfrac{14}{9}$，$-\dfrac{9}{4}$ を比較して，与えられた領域における z の**最小値**は $-\dfrac{9}{4}$ $\left(x=-\dfrac{1}{2},\ y=\dfrac{1}{2}\right)$　……（答）

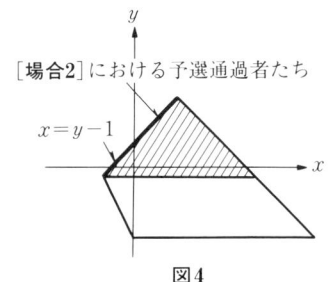

（注）　たとえば[場合1]の「決勝」において $(x,\ y)$ を図2の太線分上で動かしたときの z の最小値を求めるために $x=-\dfrac{1}{2}(y+3)$ を $f(x,\ y)$ へ代入した式を考察したが，太線分は，$y=-2x-3\left(-\dfrac{4}{3}\leq x\leq 0\right)$ と表すこともできるので，
$$f(x,\ -2x-3)=4x^2+20x+18 \text{ の } -\dfrac{4}{3}\leq x\leq 0 \text{ における最小値}$$
として求めることもできる．しかし「**解答**」に示す方法の方が自然な流れであろう．
[場合2]についても同様である．

§1 動きを一時止めろ（独立変数に対する予選・決勝法）

〈練習 4・1・1〉

x, y が $1 \leq x \leq 3$, $2 \leq y \leq 4$ の範囲の値をとるとき，

$w = (x+y)\left(\dfrac{y}{x} - \dfrac{x}{y}\right)$ の最大値，最小値を求めよ．

発想法

x, y のいずれを固定して予選を行うと楽だろうか．w において x と y は同次数なので次数の見地 (p. 194) からは判断することはできないが，

$$w = (x+y)\left(\dfrac{y}{x} - \dfrac{x}{y}\right)$$

において x を $1 \leq x \leq 3$ において固定（$x = x_0$ とする）したとき，$x_0 + y$, $\dfrac{y}{x_0} - \dfrac{x_0}{y}$ はいずれも $2 \leq y \leq 4$ において y の増加関数であるから，$(x_0 + y)\left(\dfrac{y}{x_0} - \dfrac{x_0}{y}\right)$ も y の増加関数であり，簡単に予選を行えることがわかる．この方針で解けば難なく求められることがわかったわけであるが，参考のために y を固定した場合のことも考えてみよう．y を固定すると，$w = (x$ の増加関数$) \times (x$ の減少関数$)$ となり，この場合は予選において困難が生じることがわかる．

解答 $(x+y)\left(\dfrac{y}{x} - \dfrac{x}{y}\right) \equiv f(x, y)$ とおく．

x を $1 \leq x_0 \leq 3$ なる定数 x_0 で固定したとき

$$f(x_0, y) = (x_0 + y)\left(\dfrac{y}{x_0} - \dfrac{x_0}{y}\right)$$

における $x_0 + y$, $\dfrac{y}{x_0} - \dfrac{x_0}{y}$ はいずれも $2 \leq y \leq 4$ において y の増加関数であることから，$f(x_0, y)$ も $2 \leq y \leq 4$ において y の増加関数．したがって，各 $x_0\,(1 \leq x_0 \leq 3)$ に対し，$f(x, y)$ は $y=4$ で最大，$y=2$ で最小となる．すなわち，最大を与える (x, y)，最小を与える (x, y) はそれぞれ線分

$$y=4\ (1 \leq x \leq 3), \quad y=2\ (1 \leq x \leq 3)$$

上にある（図1）．よって，

$$M(x) \equiv f(x, 4) = (x+4)\left(\dfrac{4}{x} - \dfrac{x}{4}\right)$$
$$= -\dfrac{x^2}{4} - x + 4 + \dfrac{16}{x}$$

$$m(x) \equiv f(x, 2) = (x+2)\left(\dfrac{2}{x} - \dfrac{x}{2}\right)$$
$$= -\dfrac{x^2}{2} - x + 2 + \dfrac{4}{x}$$

における $M(x)$ の最大値が w の最大値，$m(x)$

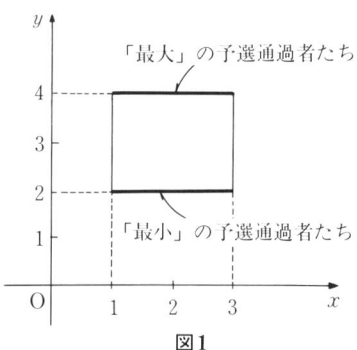

図1

の最小値が w の最小値である．

$$M(x) = -\frac{1}{4}(x+2)^2 + 5 + \frac{16}{x}$$

における $-\frac{1}{4}(x+2)^2$, $\frac{16}{x}$ がともに $1 \leq x \leq 3$ において x の減少関数であることから，$M(x)$ もこの区間で減少関数であり，その最大値は

$$M(1) = -\frac{9}{4} + 5 + 16 = \frac{75}{4} \quad (= w \text{ の最大値})$$

また，$m(x) = -\frac{1}{2}(x+1)^2 + \frac{5}{2} + \frac{4}{x}$ も同様に考えて $1 \leq x \leq 3$ において x の減少関数であるからその最小値は

$$m(3) = -8 + \frac{5}{2} + \frac{4}{3} = -\frac{25}{6} \quad (= w \text{ の最小値})$$

よって

w の最大値は $\frac{75}{4}$，w の最小値は $-\frac{25}{6}$ ……(答)

§1 動きを一時止めろ(独立変数に対する予選・決勝法)　201

[例題 4・1・2]
　$\alpha,\ \beta$ が,$0<\alpha,\ 0<\beta,\ \alpha+\beta<2\pi$ なる範囲を動くとき,
　　$f(\alpha,\ \beta)=\sin\alpha-\sin(\alpha+\beta)+\sin\beta$
の最大値を求めよ.

[発想法]
　与式は,$\alpha,\ \beta$ に関して対称なので,どちらを固定させて予選を行っても,決勝まで含めて計算の手数は同じである.ここでは β を固定して予選を行う.

[解答] 点 $(\alpha,\ \beta)$ の動きうる範囲は図1の斜線部のようになる.「和→積」公式より,
$$f(\alpha,\ \beta)=\sin\alpha-\sin(\alpha+\beta)+\sin\beta$$
$$=-2\cos\left(\alpha+\frac{\beta}{2}\right)\sin\frac{\beta}{2}+\sin\beta\ \cdots\cdots\text{①}$$

(この変形の動機は,変数 α の現れる箇所を1か所にしたい,というものである)

β を $0<\beta<2\pi$ の範囲で固定し,α を $0<\alpha<2\pi-\beta$ ……② の範囲で動かす(図1).

$0<\frac{\beta}{2}<\pi$ ……③ より $\sin\frac{\beta}{2}>0$ だから固定した β の各値に対して①が最大となるのは,$\cos\left(\alpha+\frac{\beta}{2}\right)$ が最小値 -1 をとるとき,すなわち

$\alpha=\pi-\frac{\beta}{2}$　(この値は α の変域②内にある)

のときであり,このとき
$$f(\alpha,\ \beta)=f\left(\pi-\frac{\beta}{2},\ \beta\right)$$
$$=2\sin\frac{\beta}{2}+\sin\beta\ \cdots\cdots\text{④}$$

である.
　次に④において β を $0<\beta<2\pi$ の範囲で動かす(すなわち,①において $(\alpha,\ \beta)$ を直線:$\alpha=\pi-\frac{\beta}{2}$ 上で動かす(図2)).

$$2\sin\frac{\beta}{2}+\sin\beta=2\sin\frac{\beta}{2}+2\sin\frac{\beta}{2}\cos\frac{\beta}{2}$$
$$=2\sin\frac{\beta}{2}\left(1+\cos\frac{\beta}{2}\right)$$
$$=2\sqrt{\left(1-\cos^2\frac{\beta}{2}\right)\left(1+\cos\frac{\beta}{2}\right)^2}\ \left(\because\ \sin\frac{\beta}{2}>0\right)\ \cdots\cdots\text{⑤}$$

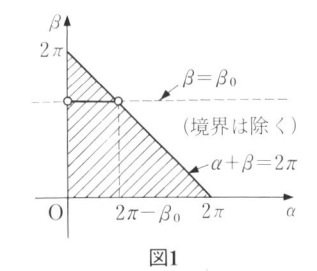

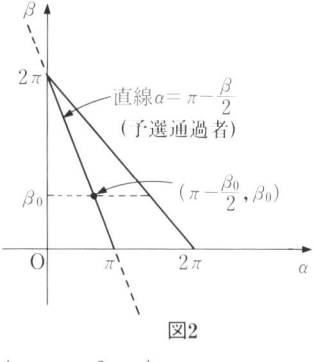

ここで，$\cos\dfrac{\beta}{2}=t$ とおくと，⑤ は $2\sqrt{(1-t)(1+t)^3}$ となる．

③ より，$-1<t<1$ ……⑥ だから，⑥ における
$$g(t)\equiv(1-t)(1+t)^3$$
の最大値を求めればよい．
$$g'(t)=-(1+t)^3+3(1-t)(1+t)^2$$
$$=(1+t)^2(2-4t)$$
より，$g(t)$ の増減は右表のようになるので $g(t)$ は $t=\dfrac{1}{2}$ のとき極大かつ最大となる．

t	(-1)		$\dfrac{1}{2}$		(1)
$g'(t)$		$+$	0	$-$	
$g(t)$	(0)	↗	極大かつ最大	↘	(0)

よって，$f(\alpha,\beta)$ の最大値は，
$$2\sqrt{g\left(\dfrac{1}{2}\right)}=2\cdot\dfrac{3\sqrt{3}}{4}=\dfrac{3\sqrt{3}}{2}\quad\cdots\cdots(\text{答})$$
$\left(\cos\dfrac{\beta}{2}=t=\dfrac{1}{2}\text{ より }\boldsymbol{\beta=\dfrac{2\pi}{3}}\text{，また }\boldsymbol{\alpha}=\pi-\dfrac{1}{2}\cdot\dfrac{2\pi}{3}=\boldsymbol{\dfrac{2\pi}{3}}\text{ である}\right)$

【別解】（三角関数の微分を使う）

β を $0<\beta<2\pi$ なる範囲の定数とみて，「解答」における ① を α で微分すると，
$$\dfrac{d}{d\alpha}f(\alpha,\beta)=2\sin\left(\alpha+\dfrac{\beta}{2}\right)\sin\dfrac{\beta}{2}\quad\cdots\cdots②'$$

②′の値が 0 となる α（$0<\alpha<2\pi-\beta$）は（微分法を使うときには間違いやすいことだが，うっかり ②′$=0$ となる β を求めたりしないこと（β は定数）！ $\beta=\beta_0$ とおいておけば，間違いを防げる），$\alpha=\pi-\dfrac{\beta}{2}$ であり，また，$0<\dfrac{\beta}{2}<\pi$ より $\sin\dfrac{\beta}{2}>0$ だから，②′は，$\alpha=\pi-\dfrac{\beta}{2}$ の前後で符号を正から負に変える．よって β を固定したときには，$f(\alpha,\beta)$ は $\alpha=\pi-\dfrac{\beta}{2}$ において極大かつ最大となりその値は
$$f\left(\pi-\dfrac{\beta}{2},\beta\right)=2\sin\dfrac{\beta}{2}+\sin\beta$$

以下，「解答」と同じであるが，決勝も，微分法を用いて処理することもできる．また，予選において問題文に与えられた $f(\alpha,\beta)$ の形のままで，β を固定して α で微分していくこともできるが，やや面倒なことが生ずる．

[コメント] この問題は，[例題 4・1・4] の「別解」（[コメント] 2）の一部でもある．

〈練習 4・1・2〉

(1) x の2次関数 $x^2-2(a-3)x+(1+b)a^2-12a+1$ の最小値 A を a, b で表せ．

(2) x, y が実数全体を自由に動くとき，$x^2-2(y-3)x+(1+b)y^2-12y+1$ の最小値が $-b$ となる b の値を求めよ． (北大改)

発想法

(2) の x, y の2次式は，y を a で置き換えると，(1) の x の2次式と一致する．

(1) おける a は定数であるから，(1) の関数は (2) の独立2変数 x, y のうちの y を固定したものと考えることができる．

解答 (1) $x^2-2(a-3)x+(1+b)a^2-12a+1$
$=\{x-(a-3)\}^2+ba^2-6a-8$

よって，与式は

$\quad\quad x=a-3$ のときに最小値 $A=ba^2-6a-8$ をとる．……(答)

(2) 与式を $f(x, y)$ と書くと，(1)より，y を固定したとき，$f(x, y)$ は

$\quad x=y-3$ において最小値 by^2-6y-8 ……①

をとる．

① は $b\leq 0$ のとき最小値が存在しないので，$b>0$ である．このもとに ① は

$$by^2-6y-8=b\left(y-\frac{3}{b}\right)^2-\frac{9}{b}-8$$

より，$y=\dfrac{3}{b}$ において最小値 $-\dfrac{9}{b}-8$ をとる．この値が $-b$ と一致することから，

$\quad -\dfrac{9}{b}-8=-b$

$\quad \therefore \quad b^2-8b-9=(b-9)(b+1)=0$

$b>0$ より

$\quad\quad b=9 \quad\quad$ ……(答)

[例題 4・1・3]

平面上に点 O を中心とする半径 1 の円 C がある．また，この平面上の O と異なる点 A を通って直線 OA と垂直な空間直線 l があり，平面とのなす角が $45°$ である．このとき，円 C と直線 l の間の最短距離を，2 点 O，A 間の距離 a で表せ．

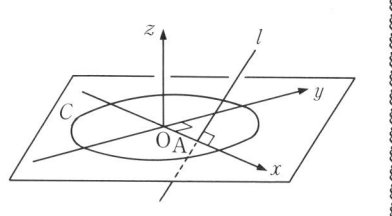

[発想法]

まず，直線 l 上の動点を P，円 C 上の動点を Q とし，これらの座標をそれぞれ異なるパラメータ (変数) を 1 つずつ用いて表す．2 点 P，Q の距離は 2 つのパラメータを含む式によって表されるので，2 変数関数の最小値問題に帰着される．

[解答] 問題文中の図に与えられているように座標軸をとる (図 1)．

直線 l は

$$\begin{pmatrix} x \\ y \\ z \end{pmatrix} = \begin{pmatrix} a \\ 0 \\ 0 \end{pmatrix} + t \begin{pmatrix} 0 \\ 1 \\ 1 \end{pmatrix}$$

(ただし，a は正の定数，t はすべての実数の範囲を動くパラメータ)

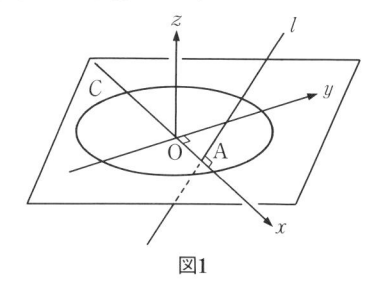

図 1

となり，l 上の点 P はパラメータ t を用いて $P(a, t, t)$ と書くことができる．また，C 上の点 Q は，実数 θ をパラメータとして ((**注**) 参照)，

$$Q(\cos\theta, \sin\theta, 0)$$

と書くことができる．したがって，

$$\begin{aligned}
\overline{PQ}^2 &= (\cos\theta - a)^2 + (\sin\theta - t)^2 + t^2 \\
&= -2(t\sin\theta + a\cos\theta) + 2t^2 + a^2 + 1 \\
&= -2\sqrt{t^2 + a^2}\sin(\theta + \alpha) + 2t^2 + a^2 + 1
\end{aligned}$$

$\left(\text{ただし } \alpha \text{ は } \cos\alpha = \dfrac{t}{\sqrt{t^2 + a^2}},\ \sin\alpha = \dfrac{a}{\sqrt{t^2 + a^2}} \text{ なる角}\right)$

$\equiv f(\theta, t)$

t の値を固定 (したがって α も固定される) すると，$f(\theta, t)$ は θ だけの関数となり，このときの最小値は

$$\theta = \frac{\pi}{2} - \alpha \text{ のときの } -2\sqrt{t^2 + a^2} + 2t^2 + a^2 + 1 \quad (= F(t) \text{ とおく})$$

である．次に t を動かして，$F(t)$ を最小にすることを考える．

§1 動きを一時止めろ(独立変数に対する予選・決勝法)

$\sqrt{t^2+a^2}=s$ とおくと，s のとりうる値の範囲は $s \geqq a$ であり，また，$F(t)$ は，

$$F(t) = -2s + 2s^2 - a^2 + 1$$
$$= 2s^2 - 2s - a^2 + 1 \quad \cdots\cdots ①$$
$$= 2\left(s - \frac{1}{2}\right)^2 - a^2 + \frac{1}{2} \quad \cdots\cdots ②$$
$$(\equiv G(s) \text{ とおく})$$

と変形できる．

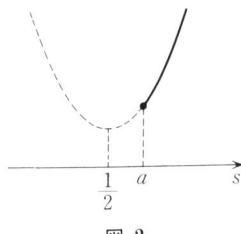

図 2

$s \geqq a$ であるから，$G(s)$ は，$\frac{1}{2} < a$ のときには(図2)，$s=a$ で最小値 $a^2 - 2a + 1 = |a-1|^2$ をとり($s=a$ を①へ代入すると計算が楽)，$0 < a \leqq \frac{1}{2}$ のときには(図3)，$s = \frac{1}{2}$ で最小値 $-a^2 + \frac{1}{2}$ (②よりただちに) をとる．

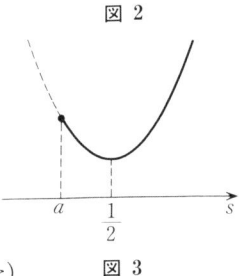

(今までの議論により，$f(\theta, t) = \overline{PQ}^2$ の最小値が求められた)

図 3

以上より，求める最小値は，

$$\left. \begin{array}{ll} 0 < a \leqq \frac{1}{2} & \text{のとき} \quad \sqrt{\frac{1}{2} - a^2} \\ \frac{1}{2} < a & \text{のとき} \quad |a-1| \end{array} \right\} \quad \cdots\cdots (\text{答})$$

(注) θ の変域を $0 \leqq \theta < 2\pi$ に限定してしまうと，予選における「t を固定したときの $f(\theta, t)$ の最小を与える $\theta = \frac{\pi}{2} - \alpha$」がこの変域内の値でなくなる危険性がある．

[例題 4・1・4]

半径 r の円に内接する三角形の面積の最大値を求めよ.

発想法

面積が最大となる三角形は直観的には正三角形であることがわかるかもしれない．しかし，このことを示すために「正三角形の頂点を円周上で少しでもずらせば三角形の面積は小さくなる（図1）」ことだけを示してもきちんと示したことにはならない（Ⅰの第2章§2 p.113）．

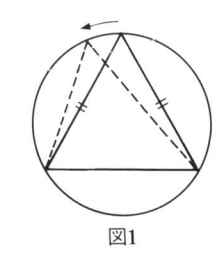

半径 r の円を C，また三角形の3頂点を P, Q, R とすると，3点はそれぞれ独立に C 上を動きまわれるのであるが，最大の面積を与える三角形（があるならそれ）の1つに対し，その三角形を円に内接させながら回転させていっても面積は変わらないわけであるから，最大の面積を与える三角形は無数にあることになる．そこで，三角形の1つの頂点，たとえば P が特に，図2の位置にあるものに限って考えればよい（したがって点 P は"固定"することになるが，この固定は，「予選」における"固定"とはまったく異質な意味をもつ）．そして，2つの動点 Q, R に対し，まず「予選」として Q を固定して R だけ動かして △PQR が最大となる R の位置を考える．

解答

△PQR について，点 P が図2の位置にある三角形について考察しても一般性を失わない．さらに点 Q を1点に固定して，点 R を動かしたとき，△PQR は，R が優弧 $\overarc{PQ}$ の中点にくるとき（PR=QR なる二等辺三角形のとき）最大となる（図2：PQ を「底辺」とみたときの「高さ」が最大となる）．

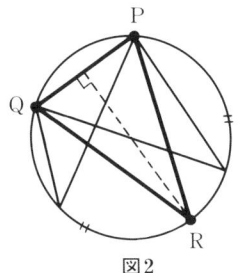

このときの △PQR の面積 S は，辺 PQ の中点を M，$\angle PCM = \theta$ $\left(C\text{ は円の中心で，}0 < \theta \leq \dfrac{\pi}{2}\right)$ とすると（図3），

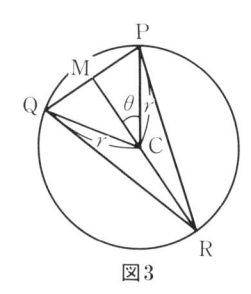

$$\begin{aligned}S &= \frac{1}{2} \cdot \overline{PQ} \cdot \overline{RM} = \frac{1}{2} \cdot 2r\sin\theta \cdot (r + r\cos\theta) \\ &= r^2 \sin\theta(1+\cos\theta) \\ &= r^2\sqrt{(1-\cos^2\theta)(1+\cos\theta)^2} \\ &= r^2\sqrt{(1-t)(1+t)^3} \equiv S(t)\end{aligned}$$

である．ただし，$t = \cos\theta$ とし，t の変域は，$0 < \theta \leq \dfrac{\pi}{2}$ より $0 \leq t < 1$ である．

§1 動きを一時止めろ(独立変数に対する予選・決勝法)　207

次に $S(t)$ において t を $0 \leq t < 1$ の範囲で動かして(注)，$S(t)$ の値を最大にする．
　$f(t) = (1-t)(1+t)^3$　とおくと
　　$f'(t) = -(1+t)^3 + 3(1-t)(1+t)^2$
　　　　$= (1+t)^2(2-4t)$

$f'(t)$ は $t = \dfrac{1}{2}$ の前後のみで符号を $+$ から $-$ へ変化させ，$f(t)$ は $t = \dfrac{1}{2}$ で極大かつ最大となる．

よって，$S(t)$ の最大値は

$$r^2\sqrt{f\left(\dfrac{1}{2}\right)} = r^2 \cdot \sqrt{\dfrac{3^3}{2^4}} = \dfrac{3\sqrt{3}}{4}r^2 \quad \text{……(答)}$$

(R が優弧 $\overparen{PQ}$ の中点であり(予選通過条件)かつ $t = \dfrac{1}{2}$ より $\theta = \dfrac{\pi}{3}$ だから，△PQR が正三角形のときであることがわかる)

(注)　$S(t)$ において t (すなわち θ)を動かす，とは図4を見てもわかるように，結局，

　　決勝：P を動かすのに応じて，R を優弧 $\overparen{PQ}$ の中点である(予選通過条件)ように動かす(△PQR の面積はつねに $S(t)$ の形を保っている)　　……(*)

ことを意味している．

これは，冒頭の問1の「決勝」において，x を変化させるのに応じて，y を $y = \dfrac{x}{2}$ (一般には $y = g(x)$) となるように動かす，ということと同じ事情である．

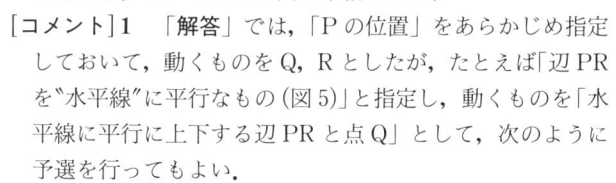

[コメント] 1　「解答」では，「P の位置」をあらかじめ指定しておいて，動くものを Q，R としたが，たとえば「辺 PR を"水平線"に平行なもの(図5)」と指定し，動くものを「水平線に平行に上下する辺 PR と点 Q」として，次のように予選を行ってもよい．

辺 PR (2点 P，R) を固定して Q を動かすと，△PQR は，Q が優弧 $\overparen{PR}$ の中点にくるとき最大となる．その面積 S は，辺 PR の中点を M，$\angle$PCM $= \theta$ $\left(0 < \theta \leq \dfrac{\pi}{2}\right)$ として，やはり

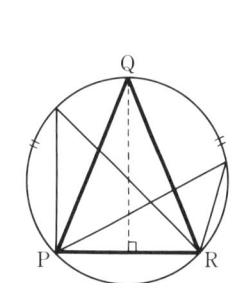

　　$S = r^2\sqrt{(1-t)(1+t)^3}$　$(t = \cos\theta)$

と表されるので，以下，「解答」と同じ計算をすればよい．

ただし，「解答」では，Q が動くことによって $t = \cos\theta$ が変化したのに対し，今度は PR が(長さを変えながら)上下することによって $t = \cos\theta$ が変化することになる．

また,「**解答**」では,「決勝」において P を動かせば,それに応じて R も動いたが,ここでは,線分 PR を上下させても,点 Q の位置は動かない.これはちょうど冒頭の問 2 において,各 x に対し $z=f(x, y)$ の最大を与える y がつねに 2 という一定の値である (この "2" は "予選通過者リスト":$y=g(x)$ における $g(x)$ が,x の定数値関数となったものであり,見かけ上 x を含まないで表される関数となっているため,x が変化しても動かない) のと同様に,線分 PR が水平面に平行であればその上下の位置関係にかかわらず,△PQR を最大とする Q の位置が一定である,というだけのことであり,動くべきものを「固定させている」のではない.

[例題 4・1・5] では,与えられた条件下での四面体 ABCD の体積の最大値を求めるために,あらかじめ,「底面 BCD が水平面に平行なもの」と指定する解答を挙げる.

[コメント] 2 「**解答**」は,図形的考察により「予選」を行ったが,図 6 のように 2 変数 α,β ($0<\alpha$, $0<\beta$,$\alpha+\beta<2\pi$) をとって,2 変数関数の最大値問題として扱うことも可能である.

$\triangle$PQR
$= \triangle$PCQ$+ \triangle$RCQ$+ \triangle$PCR
$= \dfrac{r^2}{2}\{\sin\beta+\sin\alpha+\sin(2\pi-(\alpha+\beta))\}$
$= \dfrac{r^2}{2}\{\sin\alpha+\sin\beta-\sin(\alpha+\beta)\}$

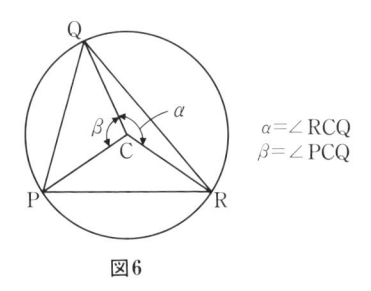

$\alpha = \angle$RCQ
$\beta = \angle$PCQ

図 6

($\angle$Q$>\dfrac{\pi}{2}$ のときには △PQR$=$△PCQ$+$△RCQ$-$△PCR となるが,最後に得られる式はこの場合も成り立っている.また,$\angle$P または $\angle$R が鈍角となる場合も考えられるので,あらかじめ「$\angle$Q が最大角 (の 1 つ) としても一般性を失わない」と付しておけばよい)

であるから,

$f(\alpha, \beta)=\sin\alpha+\sin\beta-\sin(\alpha+\beta)$

を最大とすることを考えることにより [**例題 4・1・2**] に帰着される.なお,「**解答**」とは異なる観点で予選を行うため「予選通過条件」が異なり,予選を通過する △PQR の形状は $\alpha=\pi-\dfrac{\beta}{2}$ なる三角形 (図 7) となっている.

図 7

[コメント] 3 大学以上になれば,この問に対する解答は,多変数関数に対する最大値・最小値の定理 (Ⅰ の**第 2 章**) を用いて,簡単に解くことができる.Ⅰ の p.113 に解答として示してある.

―〈練習 4・1・3〉―

放物線 $y=x^2$ と円 $x^2+y^2-6x+8=0$ の上にそれぞれ動点 P, Q がある.円の中心を C として次の問いに答えよ.

(1) P の位置を固定したとき,線分 PQ の長さを最小とする Q の位置を,P, C との位置関係により答えよ.

(2) P, Q がそれぞれの曲線上を独立に動くとき,線分 PQ の長さの最小値と,そのときの P の座標を求めよ.

発想法

(1)は,(2)の「予選」にあたる.図形的考察により題意の Q の位置が,線分 PC 上であることは容易にわかる.

(2)の決勝においては,(1)で得られた 3 点,P, Q, C の位置関係に着目し続ける.

解答 $x^2+y^2-6x+8=0 \iff (x-3)^2+y^2=1$

より,与えられた円の中心は C(3, 0),半径は 1 である.

(1) Q が円周上を動くとき,△PQC に着目すると,三角不等式により

$$\overline{PQ}+\overline{QC} \geq \overline{PC}$$

$$\therefore \quad \overline{PQ} \geq \overline{PC}-\overline{QC}$$

(等号は Q が線分 PC 上にきたときのみ成立)

が成り立っている.

$\overline{PC}$ は,固定された P に対して一定であり,さらに QC=1 (一定) であるから,$\overline{PQ}$ の最小値は,

$$\overline{PQ}=\overline{PC}-1 \quad \cdots\cdots ①$$

であり,この値は,

Q が線分 PC 上にくるときに達成される. ……(答)

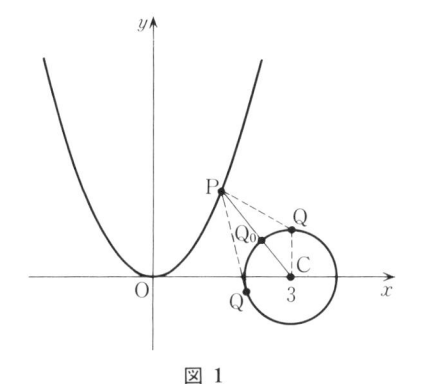

図 1

(2) (1)より,各 P に対する $\overline{PQ}$ が最小となる Q の位置が求められたので,次に P を動かす(P を動かし,それにともなって Q を(1)で得られた位置となるように動かす)ことによって $\overline{PQ}$ を最小にすることを考える.そのためには ① より $\overline{PC}$ が最小となる P の位置を求めればよい.$P(x, x^2)$ に対し,

$$PC^2=(x-3)^2+x^4=f(x)$$

とおくと,

$$f'(x)=2(x-3)+4x^3$$
$$=2(2x^3+x-3)$$

$$=2(x-1)(2x^2+2x+3)$$

$2x^2+2x+3=2\left(x+\dfrac{1}{2}\right)^2+\dfrac{5}{2}>0$ より，$f'(x)$ は $x=1$ の前後でのみ符号が負から正に変わり，$f(x)$ は $x=1$ で極小かつ最小となり，その値は $f(1)=5$ である．よって $\overline{PC}$ の最小値は $\sqrt{5}$ であり，このとき ① より $\overline{PQ}=\sqrt{5}-1$

線分 PQ の長さの最小値　$\sqrt{5}-1$　　　　……(答)
そのときの P の座標　　$(1,\ 1)$

[コメント] (2)で得られた P, Q の位置は，直線 PQ が，与えられた放物線と円の共通法線(接線に垂直な直線)となる場合である(図2)．P が，この位置から少しでもずれたなら，$\overline{PQ}$ が大きくなることが図3よりわかるであろう(Q がずれるときも同様)．

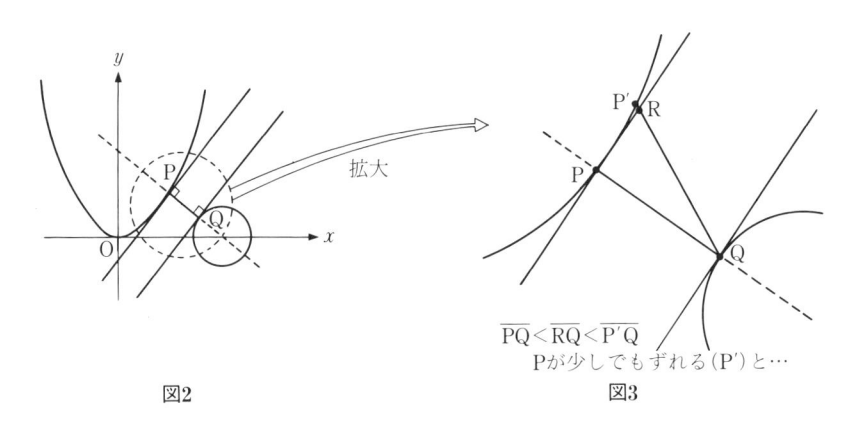

図2

図3

$\overline{PQ}<\overline{RQ}<\overline{P'Q}$
P が少しでもずれる (P') と…

[例題 4・1・5]

空間内の点 O に対して，4 点 A，B，C，D を
 OA＝1
 OB＝OC＝OD＝4
をみたすようにとるとき，四面体 ABCD の体積の最大値を求めよ．（東大）

発想法

四面体の体積 V は

$$V = \frac{1}{3}Sh \quad (S:底面積,\ h:高さ)$$

によって求められるから，四面体の体積を決定する要素として底面積と高さの2つを考えることができる．A, B, C, D の動きうる範囲を考えれば，△BCD を四面体の底面として扱うのがよいだろう．まず最初に問題を扱いやすくするために，考察しやすい図をつくっておこう．点 A は O を中心とする半径1の球面 S_1 上を，また B, C, D は O を中心とする半径4の球面 S_2 上を動くと考え，また，底面 △BCD は，"水平面"に平行な場合に限定して考察しても一般性を失わない（図1）．4つの点を一度に動かしては混乱するだけなので，まず B, C, D の位置を水平面に平行な平面上に固定して「底面積」を一定にしておく．そして，A を動かすことによって，固定された底面 △BCD に対して「高さ」を最大にする A の位置を決定する（予選）．そのような A の位置が図2に見るような

　"A から平面 BCD へ下ろした垂線 AH の線
　　分上に O がくる"　　　……（*）

ときであることは容易にわかるであろう．このときの"高さ"AH は点 O から平面 BCD へ至る距離を x とすると，$x+1$ である．

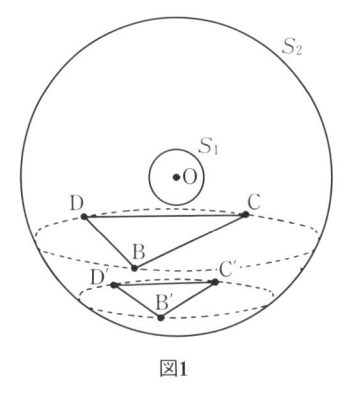

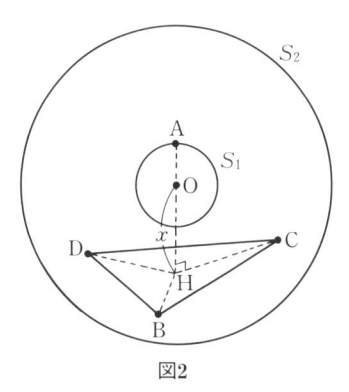

次に x はまだ固定したままにしておいて，すなわち，B, C, D がのっている平面はそのままにしておいて，3点 B, C, D の位置をこの平面と S_2 の交線（C_x と書こう）上で動かす（図2）．上述の A の位置は，C_x 上の B, C, D の配置のしかたによらずに定まっているので，B, C, D の配置のしかたのおのおのに対し，四面体 ABCD の体積の最大を与える A の位置は一定であり，したがって高さ"$x+1$"は変化しないので，底面積 △BCD が最大となるときが，

x が一定のもとでの四面体 ABCD の体積の最大値（x を含む形で表される）を与える（準決勝とでもよぼう（図3））。実は、△BCD の面積が最大となるのが △BCD が正三角形のときであることは [例題4・1・4] で述べたことである）．

　最後に決勝として x を変化させて "準決勝" で得られた四面体 ABCD の体積を最大にする（図4）．

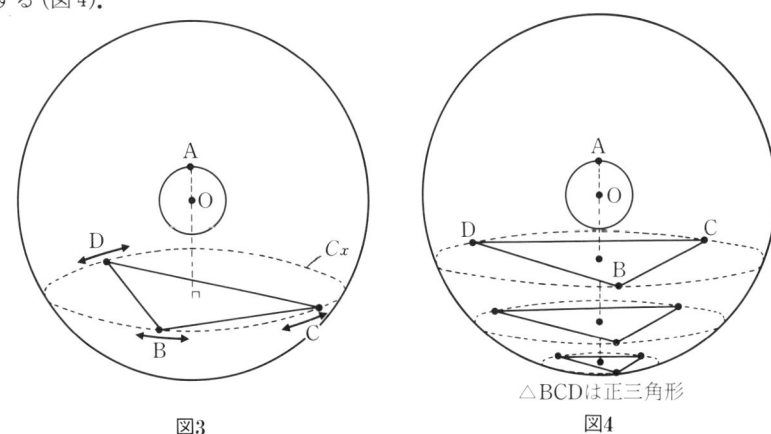

図3

△BCDは正三角形
図4

解答　点 O を中心とする半径 1 の球面を S_1，半径 4 の球面を S_2 とする．点 A は S_1 上を、3点 B, C, D は球面 S_2 上を、それぞれ独立に動く．また、O から平面 BCD へ至る距離を x とすると、x のとりうる値の範囲は、

　　$0 \leq x \leq 4$　……①

まず、x を①の範囲に固定し、さらに O からの距離が x である平面と S_2 の交線（C_x とする）上に3点 B, C, D を固定する．このもとで A を S_1 上で動かしたとき、四面体 ABCD の体積が最大となるのは、

　"△BCD を四面体の底面とみたときの「高さ」に相当する AH が最大となるとき（ただし、H は A から平面 BCD へ下ろした垂線の足）"

である．これは、線分 AH 上に O がくるときであり（図5）、このとき　$AH = 1 + x$　となる．

　次に x は固定したままにしておき、B, C, D を C_x 上で動かすことによって、x を固定したもとでの四面体 ABCD の体積を最大にする．B, C, D の配置のしかたのおのおのに対し、四面体の体積の最大値を与える A の位置、したがって高さ AH は変化しないので、底面積 △BCD を最大にすることを考える．そのような △BCD は正三角形で

図5

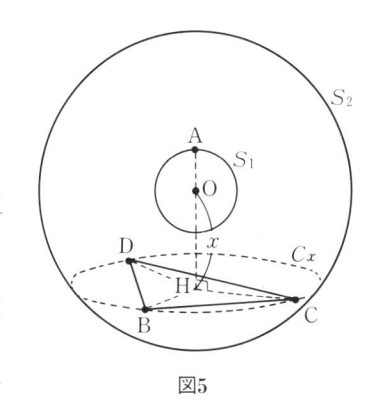

§1 動きを一時止めろ(独立変数に対する予選・決勝法)　213

ある([**例題**4・1・4]で示したのでここでは証明を省略するが，本問の答案を実際につくるときには[**例題**4・1・4]の「**解答**」ほど詳しく書く必要はないであろう).

図6より

$$\mathrm{BH} = C_x \text{の半径} = \sqrt{16-x^2}$$

であるから([**例題**4・1・4]の結果の式を用いて)，

$$\triangle \mathrm{BCD} = \frac{3\sqrt{3}}{4}(16-x^2)$$

である．

よって，固定された x の値に対して，四面体 ABCD の体積の最大値は，

$$\frac{1}{3} \times \frac{3\sqrt{3}}{4}(16-x^2)(x+1)$$
$$= \frac{\sqrt{3}}{4}(16-x^2)(x+1)$$

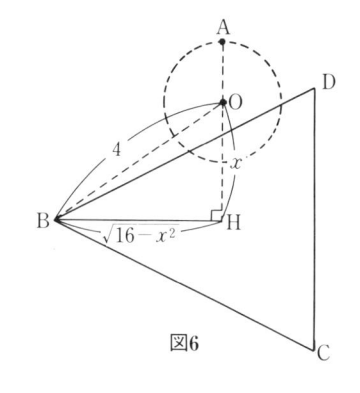

図6

最後に，この式で x を変化させることによって，最終的に要求されている体積の最大値を求める．

$$U(x) = (16-x^2)(x+1) \qquad (0 \leq x \leq 4)$$

とおくと，

$$U'(x) = -2x(x+1) + (16-x^2)$$
$$= -3x^2 - 2x + 16$$
$$= -(x-2)(3x+8)$$

これより，次の増減表を得る．

x	0		2		4
$U'(x)$		+	0	−	
$U(x)$	16	↗	最大	↘	0

よって，四面体 ABCD の体積の最大値は，　　$\frac{\sqrt{3}}{4}U(2) = \mathbf{9\sqrt{3}}$　　……(答)

─〈練習 4・1・4〉─

四面体 ABCD が，AB＝BC＝CD＝DA＝a（定数）をみたすとき，このような四面体の体積の最大値を求めよ．

発想法

どの面を底面とみても同じ議論をすることになる．ここでは，△ABC を底面とみることにして，AC の長さを固定して，底面積を一定にしておき，D を動かして高さだけ変化させて予選を行う．

解答 3点 A, B, C を，AB＝BC＝a となる位置で固定しておき，点 D を CD＝DA＝a がみたされている範囲内で動かす．四面体 ABCD の体積 V が最大となるのは，D から平面 ABC へ至る距離が最大となるときであり，それは，図2からもわかるように，

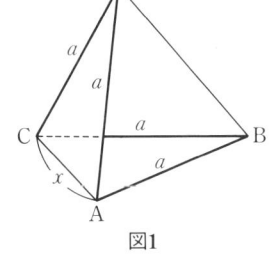

平面 ABC と平面 ACD が直交するときである．D から平面 ABC へ下ろした垂線の足を M とする．M は AC の中点であるから，AC＝$2x$ とおけば，三平方の定理より，

$x^2 + \mathrm{BM}^2 = a^2$

$\therefore \ \mathrm{BM} = \sqrt{a^2 - x^2}$

したがって，底面 △ABC の面積 S は，

$S = \dfrac{1}{2} \cdot \mathrm{AC} \cdot \mathrm{BM}$

$= x\sqrt{a^2 - x^2}$

このとき，四面体 ABCD の高さ DM は，△ABC≡△ADC より，

$\mathrm{DM} = \mathrm{BM} = \sqrt{a^2 - x^2}$

よって，四面体 ABCD の体積 V は，

$V = \dfrac{1}{3} \cdot S \cdot \mathrm{DM}$

$= \dfrac{1}{3} x (a^2 - x^2)$ ……①

ここで，x のとりうる値の範囲は，△ABC（および △ADC）が形成される条件より

$0 < x < a$ ……②

したがって，x を②の範囲で動かしたとき（これは，先ほどまで固定されていた A,

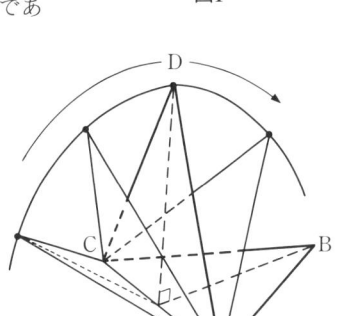

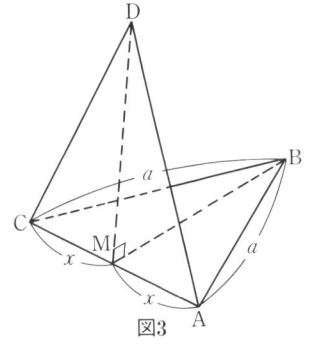

Cを動かすことにほかならない)の①の最大値を求めればよい．①を x の関数とみて $V(x) \equiv \dfrac{1}{3}x(a^2-x^2)$ とおくと，

$$\dfrac{dV(x)}{dx} = \dfrac{1}{3}(a^2-x^2) - \dfrac{2}{3}x^2$$

$$= \dfrac{1}{3}a^2 - x^2$$

$$= -\left(x - \dfrac{a}{\sqrt{3}}\right)\left(x + \dfrac{a}{\sqrt{3}}\right)$$

これより，次の増減表を得る．

x	0		$\dfrac{a}{\sqrt{3}}$		a
$\dfrac{dV(x)}{dx}$		$+$	0	$-$	
$V(x)$		↗	極大かつ最大	↘	

したがって，$x = \dfrac{a}{\sqrt{3}}$ のとき $V(x)$ は最大となり，その最大値は，

$$V\left(\dfrac{a}{\sqrt{3}}\right) = \dfrac{1}{3} \cdot \dfrac{a}{\sqrt{3}}\left(a^2 - \dfrac{a^2}{3}\right)$$

$$= \dfrac{2\sqrt{3}\,a^3}{27} \qquad \cdots\cdots\text{(答)}$$

最後に冒頭で与えた問1の関数の y^2 の係数を $+1$ とした関数
$$z = x^2 + xy + y^2 - x \equiv h(x, y)$$
について，x，y が実数全体を動くものとしてその最小値を求めてみよう．

普通に予選・決勝法によって，

(i) まず x を固定したとき
$$z = \left(y + \frac{x}{2}\right)^2 + \frac{3}{4}x^2 - x \qquad \cdots\cdots ①$$
より，$y = -\dfrac{x}{2}$ のときに最小値 $\dfrac{3}{4}x^2 - x$ をとることを調べ，

(ii) 次に
$$\begin{aligned}z = h\left(x, -\frac{x}{2}\right) &= \frac{3}{4}x^2 - x \\ &= \frac{3}{4}\left(x - \frac{2}{3}\right)^2 - \frac{1}{3}\end{aligned}$$
より，$x = \dfrac{2}{3}$，$y = -\dfrac{1}{2} \times \dfrac{2}{3} = -\dfrac{1}{3}$ のとき z は最小値 $-\dfrac{1}{3}$ をとる

と求めることもできるが，①のあとさらに
$$z = \left(y + \frac{x}{2}\right)^2 + \frac{3}{4}\left(x - \frac{2}{3}\right)^2 - \frac{1}{3} \qquad \cdots\cdots ②$$
と変形してしまえば，"予選"，"決勝" の 2 つの段階を踏まなくても直接，

"$y + \dfrac{x}{2} = 0$ かつ $x - \dfrac{2}{3} = 0$" すなわち "$x = \dfrac{2}{3}$，$y = -\dfrac{1}{3}$" のとき

z は最小値 $-\dfrac{1}{3}$ をとる

ことがいえる (②の〰〰部が "予選"，-----部が "決勝" にあたる．しかし，この場合にも，まず $h(x, y)$ を y に関する 2 次式として平方完成した①を経由することになることに注意せよ．x，y がともに 2 次である場合などにしばしば有効な変形である．ただし，x，y に変域が与えられている場合，たとえば上述の例において，$0 \leq x \leq 3$，$0 \leq y \leq 2$ と変域が与えられていれば，②より得られる $x = \dfrac{2}{3}$，$y = -\dfrac{1}{3}$ における y の方が変域外の値となり，ここで得られる最小値 $z = -\dfrac{1}{3}$ も意味をもたなくなる．このような場合には，予選・決勝の 2 つの段階を踏んで最小値を求める必要がある．

§2 2つ以上のものが勝手に動くのか否かを調べよ（独立でない変数）

2人の人がそれぞれ一輪車に乗って，ある領域内を勝手に動きまわるとき2つの車輪が通過する範囲と，2台の一輪車から自転車を1台つくり，それを乗りまわしたときに自転車の2つの車輪が通過する範囲は，必ずしも一致しない．それは，自転車の前輪と後輪の間には，ある制約（前輪と後輪の中心間の距離が一定）が課せられて，自転車の2輪は一輪車の2つの車輪のようには小回りがきかず，自由に動きまわれないことに起因する．

上述の解説は感覚的すぎる恐れがあるので，次の問題を例にとって"独立でない変数"について数学的により深く分析してみよう．

点 (x, y) が $0 \leq x \leq 1$, $0 \leq y \leq 1$ の範囲を動くとき，次の問いに答えよ．
(1) $u = 2x + y + 1$ のとりうる値の範囲を求めよ．
(2) $v = x - y + 2$ のとりうる値の範囲を求めよ．
(3) 点 $(u, v) = (2x + y + 1, x - y + 2)$ の動く範囲を図示せよ．

---

(1), (2)については，$0 \leq x \leq 1$, $0 \leq y \leq 1$ なる変域より，ただちに，
  $u = 2x + y + 1$ は
    $x = y = 0$ で最小値 1
    $x = y = 1$ で最大値 4
をとり，u はこれらの間の値をすべてとりうるから，
  $1 \leq u \leq 4$
  $v = x - y + 2$ は，

$x=0$, $y=1$ で最小値 1

$x=1$, $y=0$ で最大値 3

をとり，v はこれらの間の値をすべてとりうるから，

$1 \leqq v \leqq 3$

と答を求めることができる．しかし，u, v が $1 \leqq u \leqq 4$, $1 \leqq v \leqq 3$ なる範囲を動くことから，(3)の (u, v) の動く範囲を「図 A の長方形の周および内部」と結論づけるのは早計である．

たとえば，$(u, v)=(4, 1)$ という点を考えてみよう．(x, y) が与えられた範囲内を動くときに u が（最大）値 4 をとるのは，$x=y=1$ の場合に限られ，v が（最小）値 1 をとるのは，$x=0$, $y=1$ の場合に限られる，ということを考えると，

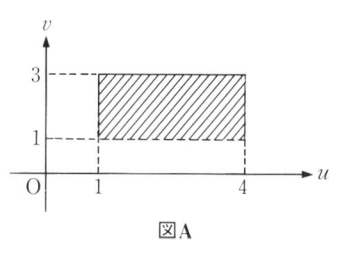

$$(u=)\,2x+y+1=4, \quad (v=)\,x-y+2=1$$

を同時にみたす x, y の組は $0 \leqq x \leqq 1$, $0 \leqq y \leqq 1$ なる範囲には存在しえないことがわかる．すなわち，与えられた範囲内のいかなる点 (x, y) に対しても $(u, v)=(4, 1)$ をとることはありえず，したがって，$(4, 1)$ は求める範囲内の点ではない．もう少し，以下の議論に通ずる方法で，$(4, 1)$ が求める範囲内の点でないことを確かめるなら，連立方程式 $2x+y+1=4$, $x-y+2=1$ を解いてみればよい．$(x, y)=\left(\dfrac{2}{3}, \dfrac{5}{3}\right)$ となり，この点の y 座標について $0 \leqq y \leqq 1$ がみたされていない．この方法と同様な方法で，たとえば点 $(3, 2)$ が求める範囲内の点であるか否かを調べてみよう．$(u, v)=(3, 2)$ が求める範囲内の点である必要十分条件は，

$0 \leqq x \leqq 1$ ……①

$0 \leqq y \leqq 1$ ……②

なる (x, y) のうちで，

$2x+y+1=3$ ……③ かつ $x-y+2=2$ ……④

をみたす (x, y) が存在することである．

③，④ より

$$x=\dfrac{2}{3}, \quad y=\dfrac{2}{3}$$

を得るが，これらは①，②をみたしているので，$(u, v)=(3, 2)$ は求める範囲内の点である．

このように，求めるべき範囲の点(u, v)は，
$u = 2x + y + 1$　……Ⓐ
$v = x - y + 2$　……Ⓑ
を同時にみたすx, yの組が，$0 \leq x \leq 1$, $0 \leq y \leq 1$ なる範囲に存在するような(u, v)として求めなければならない．すなわち，求める範囲内の点(u, v)に対する必要十分条件は，Ⓐ，Ⓑをx, yについて解いたときの
$$x = \frac{u + v - 3}{3}$$
$$y = \frac{u - 2v + 3}{3}$$
に対し，$0 \leq x \leq 1$, $0 \leq y \leq 1$ がみたされていることである．
$$0 \leq \frac{u + v - 3}{3} \leq 1$$
$$0 \leq \frac{u - 2v + 3}{3} \leq 1$$
より，
$$\begin{cases} 3 \leq u + v \leq 6 \\ \text{かつ} \\ -3 \leq u - 2v \leq 0 \end{cases}$$

この条件をみたす点(u, v)の集合として得られる領域(図B)が求める範囲である(〝存在すべき文字(ここではx, y)〟について解く，という方法は「点の軌跡」を求める際にもしばしば実行することである)．

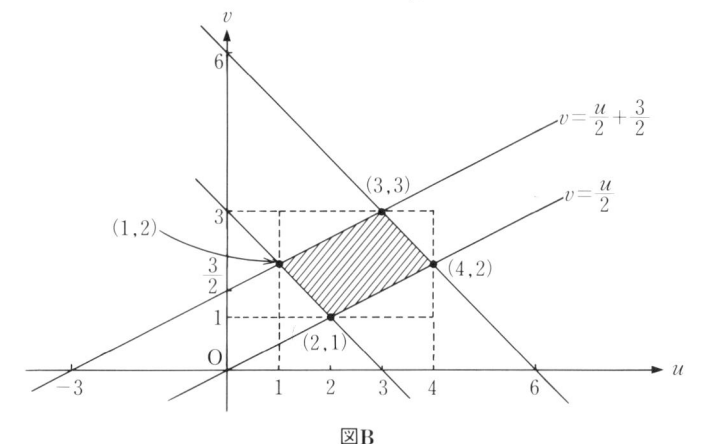

図B

ここで観察したように，x, y に対し $u=2x+y+1, v=x-y+2$ などと変数変換したときに，(u, v) の動きうる範囲を知るために，単に u, v の個々のとりうる値の範囲を求めても意味がないことがしばしばある．とくに，2 変数関数 $f(x, y)$ の最大値・最小値問題に対して変数変換して扱いやすくしてから予選・決勝法などで処理しようというとき，(u, v) の動きうる範囲を正しく求めておかないと，誤った最大値，最小値が得られてしまうことがある．

「u も v も同一文字 x, y を用いて表されている

$\implies$ v のとりうる値の範囲は一般に u に依存」

という図式を頭に入れておくことが大切である．

§2 2つ以上のものが勝手に動くのか否かを調べよ（独立でない変数） 221

[例題 4・2・1]
　平面上に直線 l があり，l 上に中心をもち半径がそれぞれ a，b である円 C_1，C_2 が，点 O で互いに外接している．このとき，円 C_1，C_2 の円周上にそれぞれ動点 P，Q を l に関して同じ側にとる．P，Q を任意に動かすとき，$\triangle$POQ の面積の最大値を求めよ．

[発想法]
　2つの点 P，Q が独立に動くのであるから，$\triangle$POQ の面積を2つの変数を含んだ式で表し，予選・決勝法で決着をつけるという方針で解こう．図1のように座標軸を設定し，P，Q がともに x 軸より上にあるとして，一般性を失わない，としたうえで，2つの変数として，この図における θ，φ を考えるのが自然である．このとき，

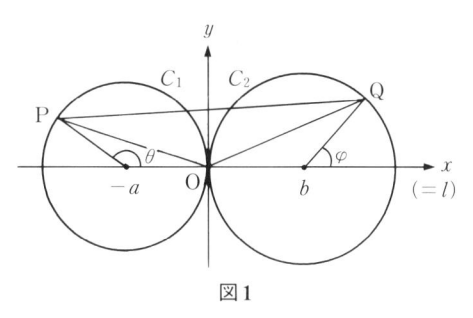

　　θ，φ は，$0<\theta<\pi$，$0<\varphi<\pi$ なる範囲をそれぞれ独立に動く．……(☆)

P，Q の座標を θ，φ を用いて表し，$\triangle$POQ の面積 S を計算する（「解答」参照）と

$$S = ab \left| \sin\frac{\theta-\varphi}{2}\cos\frac{\theta-\varphi}{2} + \sin\frac{\theta+\varphi}{2}\cos\frac{\theta-\varphi}{2} \right|$$

となる．ここで，$\dfrac{\theta+\varphi}{2}=\alpha$，$\dfrac{\theta-\varphi}{2}=\beta$ と置き換えたほうが，式を扱いやすくなる．

　このとき，α，β の変域を求めておく必要がある．$\alpha=\dfrac{\theta+\varphi}{2}$，$\beta=\dfrac{\theta-\varphi}{2}$ であることと(☆)より，α，β のとりうる値の範囲を個々に求めれば，

　　$0<\alpha<\pi$,　　$-\dfrac{\pi}{2}<\beta<\dfrac{\pi}{2}$　　……(＊)

である．しかし，α，β がそれぞれこの範囲内を独立に動きうるのでなければ，すなわち，「α がどんな値をとっても，β が $-\dfrac{\pi}{2}<\beta<\dfrac{\pi}{2}$ なる範囲の値すべてをとりうる」というのでなければ，(＊)のもとに求めた S の最大値が意味をもたない危険性がある（実際，β のとりうる値の範囲が α の値に依存することが解答からわかる）．

[解答] 図1のように座標軸を設定し，一般性を失うことなく，P も Q も x 軸より上にあるとしてよい．θ，φ を図のようにとると，P，Q の座標は，それぞれ，

　　P$(a(-1+\cos\theta),\ a\sin\theta)$,　　Q$(b(1+\cos\varphi),\ b\sin\varphi)$,　$0<\theta,\varphi<\pi$　……①

とおける．

　したがって，"3点 O$(0,0)$，A(x_1,y_1)，B(x_2,y_2) を3頂点とする三角形の面積の

公式：$S=\dfrac{1}{2}|x_1y_2-x_2y_1|$" より，

$$S=\dfrac{1}{2}|a(-1+\cos\theta)\cdot b\sin\varphi-a\sin\theta\cdot b(1+\cos\varphi)|$$

$$=\dfrac{1}{2}ab|\sin\theta\cos\varphi-\cos\theta\sin\varphi+\sin\theta+\sin\varphi|$$

$$=\dfrac{1}{2}ab|\sin(\theta-\varphi)+\sin\theta+\sin\varphi|$$

$$=ab\left|\sin\dfrac{\theta-\varphi}{2}\cos\dfrac{\theta-\varphi}{2}+\sin\dfrac{\theta+\varphi}{2}\cos\dfrac{\theta-\varphi}{2}\right|$$

ここで，$\dfrac{\theta+\varphi}{2}=\alpha,\ \dfrac{\theta-\varphi}{2}=\beta$ ……② とおくと，

$$\sin\dfrac{\theta-\varphi}{2}\cos\dfrac{\theta-\varphi}{2}+\sin\dfrac{\theta+\varphi}{2}\cos\dfrac{\theta-\varphi}{2}$$

$$=\sin\beta\cos\beta+\sin\alpha\cos\beta$$

$$=(\sin\beta+\sin\alpha)\cos\beta\quad(=f(\alpha,\ \beta)\ とおく)$$

であり，また，$\theta=\alpha+\beta,\ \varphi=\alpha-\beta$ だから，①より，

$$\begin{cases}0<\alpha+\beta<\pi\\0<\alpha-\beta<\pi\end{cases}\ \cdots\cdots③$$

これを $\alpha\beta$ 平面上に図示すると，図2のようになる．この範囲で，$\sin\alpha,\ \sin\beta,\ \cos\beta$ はいずれも正であるから，S は絶対値記号をはずして，

$$S=abf(\alpha,\ \beta)$$

と書くことができる．そこで，$f(\alpha,\ \beta)$ の最大値を予選・決勝法により求める．

$$f(\alpha,\ \beta)=(\sin\beta+\sin\alpha)\cos\beta$$

の形から，まず β を固定しておいて，α を動かして予選をしたほうが楽である．ここで，β の値によって，α の変域が変わることに気をつける．α の変域は，

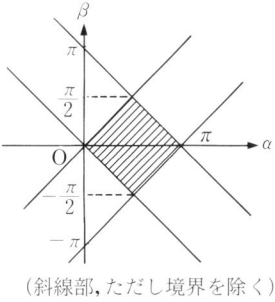

（斜線部，ただし境界を除く）
図2

(ⅰ) β を $0\leqq\beta<\dfrac{\pi}{2}$ で固定したときは，$\quad\beta<\alpha<\pi-\beta\quad$ ……④

(ⅱ) β を $-\dfrac{\pi}{2}<\beta\leqq0$ で固定したときは，$\quad-\beta<\alpha<\pi+\beta\quad$ ……⑤

しかるに，$\cos\beta>0$ より，いずれの場合も $\alpha=\dfrac{\pi}{2}$ $\left(\dfrac{\pi}{2}\ \text{が，④，⑤のいずれの範囲にも入っていることは，図2より明らかである}\right)$ で最大値

$$f\left(\dfrac{\pi}{2},\ \beta\right)=(\sin\beta+1)\cos\beta$$

をとる．次に β を動かす．

§2 2つ以上のものが勝手に動くのか否かを調べよ（独立でない変数） 223

$$\frac{d}{d\beta}f\left(\frac{\pi}{2}, \beta\right) = \cos^2\beta - (\sin\beta + 1)\sin\beta = (1 - \sin^2\beta) - (\sin\beta + 1)\sin\beta$$

$$= -2\sin^2\beta - \sin\beta + 1 = -2(\sin\beta + 1)\left(\sin\beta - \frac{1}{2}\right)$$

$-\dfrac{\pi}{2} < \beta < \dfrac{\pi}{2}$ より，

β	$\left(-\dfrac{\pi}{2}\right)$	$\cdots$	$\dfrac{\pi}{6}$		$\left(\dfrac{\pi}{2}\right)$
$\dfrac{d}{d\beta}f\left(\dfrac{\pi}{2}, \beta\right)$		$+$	0	$-$	
$f\left(\dfrac{\pi}{2}, \beta\right)$	(0)	↗	$\dfrac{3\sqrt{3}}{4}$	↘	(0)

よって，$f\left(\dfrac{\pi}{2}, \beta\right)$ は，$\beta = \dfrac{\pi}{6}$ で最大値 $\dfrac{3\sqrt{3}}{4}$ をとる．

したがって，△POQ の最大値は $abf\left(\dfrac{\pi}{2}, \dfrac{\pi}{6}\right) = \dfrac{3\sqrt{3}}{4}ab$ ……（答）

【別解】"予選"にあたるものを図形的に処理してしまって，1変数だけにしてしまうこともできる（変数のとり方は「解答」とは異なる）．円 C_1，C_2 の中心をそれぞれ，D_1，D_2 とする．まず Q を固定し，

$$\angle QOD_2 = \psi \quad \left(0 < \psi < \frac{\pi}{2}\right)$$

とおくと，△POQ の面積が最大となるのは，OQ を三角形の「底辺とみたときの高さ」が最大となるときであり，OQ⊥PD_1 のときである（図3）．このとき，直線 PD_1 と直線 OQ の交点を R とおくと

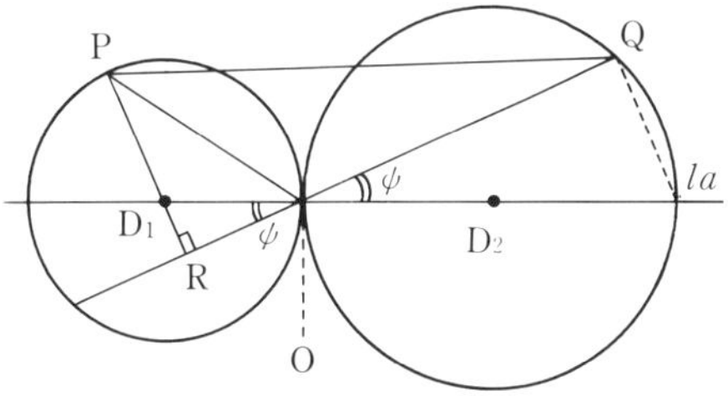

$$S = \frac{1}{2}\text{OQ} \cdot \text{PR}$$

$$= \frac{1}{2} \cdot 2b\cos\psi(a + a\sin\psi) = ab\cos\psi(1 + \sin\psi)$$

図3

となる．次に Q を（それに応じて P も，OQ⊥PD_1 を保ちながら）動かすことによって，すなわち，ψ を $0 < \psi < \dfrac{\pi}{2}$ の範囲で動かすことによって，$\cos\psi(1 + \sin\psi) = g(\psi)$ を最大にすればよい（決勝）．$\psi = \dfrac{\pi}{6}$ のとき，△POQ の最大値 $\dfrac{3\sqrt{3}}{4}ab$ を得る．

[コメント] $\alpha=\dfrac{\theta+\varphi}{2}$, $\beta=\dfrac{\theta-\varphi}{2}$ なる変数変換を施したとき，α, β のとりうる値の範囲は個々に求めれば $0<\alpha<\pi$, $-\dfrac{\pi}{2}<\beta<\dfrac{\pi}{2}$ となる（「発想法」）．しかし，(α, β) の存在範囲は "$0<\alpha<\pi$, $-\dfrac{\pi}{2}<\beta<\dfrac{\pi}{2}$ で表される長方形" とはならなかった．上述の変数変換は $\begin{pmatrix}\alpha\\\beta\end{pmatrix}=\dfrac{1}{2}\begin{pmatrix}1&1\\1&-1\end{pmatrix}\begin{pmatrix}\theta\\\varphi\end{pmatrix}$ なる1次変換であり，1次変換によって一般に長方形が平行四辺形にうつされることを考えれば納得しやすいかもしれない（本問ではたまたま像も再び長方形（正方形）となったが，"隣り合う辺がともに座標軸に平行な" 長方形ではなくなっている）．本節の冒頭の問いでは，$\begin{pmatrix}u\\v\end{pmatrix}=\begin{pmatrix}2&1\\1&-1\end{pmatrix}\begin{pmatrix}x\\y\end{pmatrix}+\begin{pmatrix}1\\2\end{pmatrix}$ なる変換であり，この変換は各点に対し1次変換を施した後，$\begin{pmatrix}1\\2\end{pmatrix}$ だけ平行移動する変換であり，やはり，一般に長方形は平行四辺形にうつされる．

また，"隣り合う辺がともに座標軸に平行な" 長方形にならないことを，たとえば本問に対しては次のようにして，解釈することもできる（冒頭の問いについても同様）．

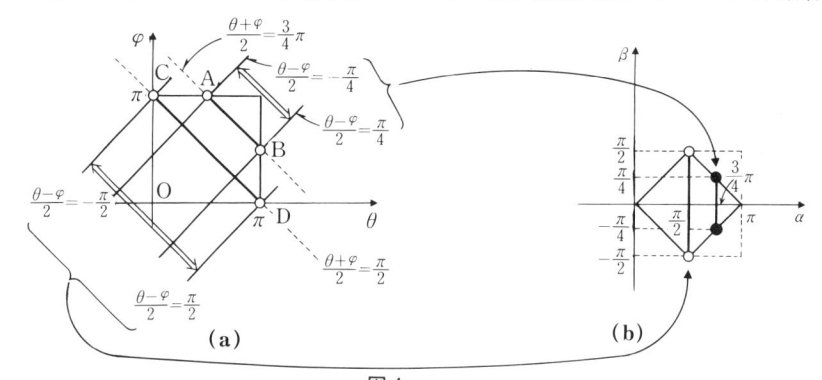

図 4

$0<\theta<\pi$, $0<\varphi<\pi$ なる領域内においてたとえば $\left(\alpha=\right)\dfrac{\theta+\varphi}{2}=\dfrac{3}{4}\pi$ となる点 (θ, φ) の集合は図 4(a) の線分 AB 上の点全体である．この線分上の点に対し，$(\beta=)\dfrac{\theta-\varphi}{2}$ のとりうる値の範囲は $-\dfrac{\pi}{4}<\dfrac{\theta-\varphi}{2}<\dfrac{\pi}{4}$ である．したがって図 4(b) において直線 $\alpha=\dfrac{3}{4}\pi$ 上では，$-\dfrac{\pi}{4}<\beta<\dfrac{\pi}{4}$ なる区間が (α, β) の動きうる範囲である．このように考えていくと，α の値によって β のとりうる値の範囲が変わってくることがわかる．

2変数関数の最大値，最小値問題などにおいて，適当な変数変換により式を扱いやすくすることは大切なことである．しかし，変数変換した後の2変数のとりうる値の範囲を個々に求めても不十分であることは理解できたであろう．特に，与えられた2変数関数 $f(x, y)$ が x, y の対称式である場合には，$x+y=u$, $xy=v$ と変換すると扱いやすくなることが多い．その際の注意をあげておこう．

> x, y が実数全体を動くとき，$u=x+y$, $v=xy$ と変数変換したとき，(u, v) の動く範囲は $u^2-4v \geqq 0$ なる領域である．

x, y がそれぞれ実数全体を動いても u, v も独立に実数全体を動く，とはいえない．たとえば $(u, v)=(1, 1)$ となることはありえない．すなわち，$x+y=1$, $xy=1$ となる実数 x, y は存在しない．このことは，$x+y=1$, $xy=1$ なる x, y を2解とする2次方程式が，$t^2-t+1=0$（∵ 解と係数の関係）で与えられ，この2次方程式を実際に解くと，$t=\dfrac{1\pm\sqrt{3}i}{2}$ $(=x, y)$ となることから確かめられる．

(u, v) の動きうる領域は，
$$x \in \mathbf{R} \cdots\cdots ①, \quad y \in \mathbf{R} \cdots\cdots ②, \quad u=x+y \cdots\cdots ③, \quad v=xy \cdots\cdots ④$$
なる (x, y) が存在する (u, v) の集合である（$\mathbf{R}$ は実数全体）．

③，④をみたす x, y が実数 $\iff$ x, y を解とする2次方程式 $t^2-ut+v=0$ の2解（すなわち x, y そのもの）が実数である
$\iff u^2-4v \geqq 0$

ここでは，x, y がともに実数であることを u, v の式で表すために意図的に2次方程式 $t^2-ut+v=0$ をもちだしてきているのである．

(x, y) の動きうる範囲に条件（[例題 4・2・2] では，領域 $\{(x, y) \mid x^2+y^2 \leqq 1\}$ となっている．"領域"というからには，xy 平面上で考えている，と解釈して x も y も実数とすべきである）がつけられているときには，$u^2-4v \geqq 0$ のもとに考えていかなければならない（[例題 4・2・2]，〈練習 4・2・1〉）．この拘束条件 $u^2-4v \geqq 0$ は，直線 $x+y=u$ と，双曲線 $xy=v$（$v=0$ のときには2直線）が共有点をもつための条件（その共有点が，$x+y=u$, $xy=v$ をみたす (x, y) となる）と考えることもできる．なお，2直線 $x+y=u$ と，$x-y=v$ は，実数 u, v の値によらず必ず交点をもつので $x+y=u$, $x-y=v$ と変数変換する場合（〈練習 4・2・2〉）には，u と v の間に成り立つべき拘束条件はない．

[例題 4・2・2]

点 (x, y) が領域 $\{(x, y) \mid x^2+y^2 \leq 1\}$ を動くとする．このとき，次の問いに答えよ．

(1) 点 $(x+y, xy)$ はどのような範囲を動くか図示せよ．

(2) $x+y+xy$ のとる値の範囲を求めよ． (信州大)

発想法

$x+y=X$, $xy=Y$ とおくと，
$$x^2+y^2 \leq 1 \iff (x+y)^2-2xy \leq 1$$
$$\iff X^2-2Y \leq 1 \quad \cdots\cdots(\text{☆})$$

このことから，ただちに求める範囲を (☆) を図示したものとするのはまずい．(☆) だけからは，たとえば，$(X, Y)=(1, 1)$ すなわち，$(x+y, xy)=(1, 1)$ は，求める範囲内の点である，ということになる．しかし，
$$x+y=1, \quad xy=1$$
となる x, y は，$t^2-t+1=0$ の 2 解としてともに虚数 $\left(x, y=\dfrac{1\pm\sqrt{3}i}{2}\right)$ であり，問題文中でいわれている "点 (x, y) が領域 $\{(x, y) \mid x^2+y^2 \leq 1\}$ を動く" (～～ 部から (x, y) は，xy 平面上の点，したがって，x も y も実数と考えなければならない) ということに反してしまう．

解答

(1) $x+y=X$, $xy=Y$ とおく．

まず，x, y がともに実数であるための条件は，

　"x, y を 2 つの解とする t の 2 次方程式
　　$t^2-Xt+Y=0$
　が実数解をもつこと"

であり，よって，
$$X^2-4Y \geq 0 \quad \cdots\cdots ①$$
である．このもとに，x, y が，$x^2+y^2 \leq 1$ すなわち，$(x+y)^2-2xy \leq 1$ をみたしていることから，
$$X^2-2Y \leq 1 \quad \cdots\cdots ②$$
よって，求める (X, Y) の範囲は，① かつ ② より図1の斜線部のようになる．

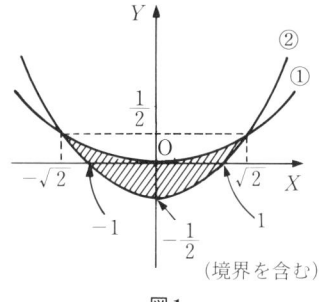

図1 (境界を含む)

(2) $x+y+xy=k$，すなわち $X+Y=k \quad \cdots\cdots ③$ とおく．

求めるべきものは，直線 ③ が，(1)で求めた領域と共有点をもつような k の値の範囲である．したがって，k の値，すなわち，③ の y 切片は，③ が点 $\left(\sqrt{2}, \dfrac{1}{2}\right)$ を通

るときに最大値 $\sqrt{2}+\dfrac{1}{2}$ をとる.

また，直線 ③ が放物線
$$X^2-2Y=1 \quad \cdots\cdots ②'$$
に接するのは，③ を $Y=k-X$ と変形して，②' へ代入した式
$$X^2+2X-(2k+1)=0$$
の判別式 D が 0 になるとき，すなわち，
$$\dfrac{D}{4}=1^2+(2k+1)=0$$
$$\therefore \quad k=-1$$
のときである．このとき接点は $(-1,\ 0)$ であり，(1) で求めた領域内の点である．よって，k の最小値は ③ が点 $(-1,\ 0)$ を通るときの y 切片の値 -1 である．図 2 からもわかるように，k の値は，

$-1 \leqq k \leqq \sqrt{2}+\dfrac{1}{2}$ なるすべての値をとりうるので，

$$-1 \leqq x+y+xy \leqq \sqrt{2}+\dfrac{1}{2} \qquad \cdots\cdots(答)$$

である．

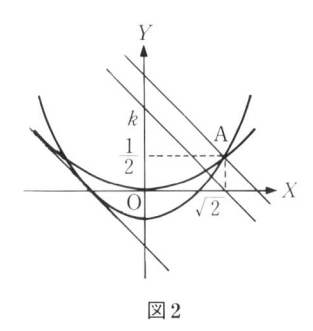

図 2

第4章　動きの分析のしかた

─〈練習 4・2・1〉─
実数 x, y が不等式
$$2 \leq x+y \leq 6 \quad \cdots\cdots ㋐$$
$$1 \leq xy \leq 9 \quad \cdots\cdots ㋑$$
をみたしながら変化するとき，$f(x, y) = x^2+y^2-xy$ の最小値を求めよ．

発想法

「$x^2+y^2-xy = (x+y)^2-3xy$ だから，$x+y=2$, $xy=9$ のとき最小値 -23 をとる」としてはいけない．$x+y(=u)$ と $xy(=v)$ が独立に ㋐, ㋑ の範囲を動きうる，とは保証されていない（実際，$x+y=2$, $xy=9$ となる実数 x, y の組は存在しない．方程式 $t^2-2t+9=0$ を解いてみよ）．

解答　$x+y=u$, $xy=v$ とおく．(u, v) の動く範囲は，
$$u^2-4v \geq 0 \quad \cdots\cdots ①$$
のもとに
$$2 \leq u \leq 6$$
$$1 \leq v \leq 9 \quad \cdots\cdots ②$$
なる領域である（図1の斜線部で境界を含む）．
$$f(x, y) = (x+y)^2-3xy$$
$$= u^2-3v (\equiv g(u, v) とおく)$$
であり，u を固定したとき v のとりうる値の範囲は $1 \leq v \leq \dfrac{u^2}{4}$ である．$g(u, v)$ は v の減少関数であるから，$v=\dfrac{u^2}{4}$ で最小値 $g\left(u, \dfrac{u^2}{4}\right) = \dfrac{u^2}{4}$ をとる．次に $g\left(u, \dfrac{u^2}{4}\right) = \dfrac{u^2}{4}$ において u を $2 \leq u \leq 6$ の範囲で動かすことによって $g\left(u, \dfrac{u^2}{4}\right) = \dfrac{u^2}{4}$ は $u=2$ のときに最小値 $\dfrac{2^2}{4}=1$ をとる．

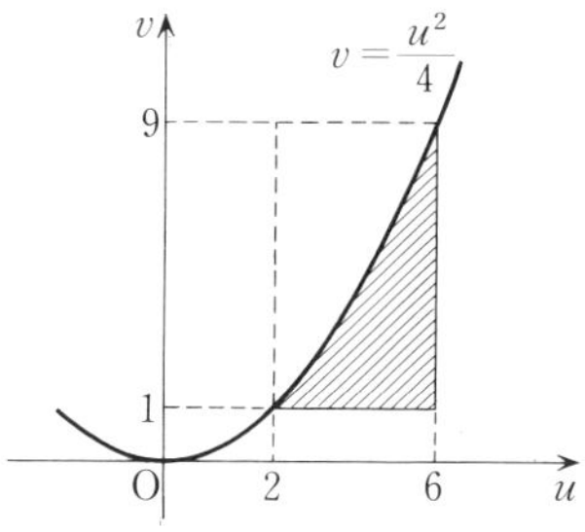

図1

よって求める**最小値は 1**　　……(答)

§2 2つ以上のものが勝手に動くのか否かを調べよ(独立でない変数)

〈練習 4・2・2〉

c を与えられた定数とする．(x, y) が

$$-1 \leq x+y \leq 1 \quad \cdots\cdots ①$$
$$c-1 \leq x-y \leq c+1 \quad \cdots\cdots ②$$

をみたしているとき，xy の最大値を求めよ．

発想法

①，② から x, y のとりうる値の範囲を $c-2 \leq 2x \leq c+2$, $-c-2 \leq 2y \leq -c+2$ と個々に求めてもしかたがない．というのは，$x+y=u$, $x-y=v$ に対し，$-1 \leq u \leq 1$, $c-1 \leq v \leq c+1$ から，$u+v, u-v$ のとりうる値の範囲を個々に求めているに過ぎないからである．$x+y=u$, $x-y=v$ とおいた後，まず，xy を u, v で表すと，$xy = \dfrac{1}{4}(u^2-v^2)$ となる．このとき，u, v はそれぞれ $-1 \leq u \leq 1$, $c-1 \leq v \leq c+1$ の範囲で独立に動くことができる．つまり $x+y=u$, $xy=v$ とおいたときの $u^2-4v \geq 0$ に該当する "u, v 間の拘束条件" が不要である．なぜなら，任意の実数 u, v に対して(特に $-1 \leq u \leq 1$, $c-1 \leq v \leq c+1$ としてもよい)，2直線 $x+y=u$, $x-y=v$ は必ず交点をもち，したがって u と v は独立に任意の値をとりうるからである．

解答 $x+y=u$, $x-y=v$ とおくと，

$$-1 \leq u \leq 1 \quad \cdots\cdots ①$$
$$c-1 \leq v \leq c+1 \quad \cdots\cdots ②$$

である．また，

$$xy = \frac{1}{4}(u^2-v^2)$$

である．

u と v は互いに独立にそれぞれ①，②の範囲を動きうるので，xy を最大にするためには，$|u|$ を最大に，$|v|$ を最小にとればよい．

$|u|$ の最大値は 1．

また，$|v|$ の最小値は，

 (i) $0 \leq c-1$　　　　すなわち　$1 \leq c$ のとき　　　$c-1 = |c|-1$
 (ii) $c-1 \leq 0 \leq c+1$　すなわち　$-1 \leq c \leq 1$ のとき　0
 (iii) $c+1 \leq 0$　　　　すなわち　$c \leq -1$ のとき　　$|c+1| = -c-1 = |c|-1$

以上より求める最大値は，

$$xy = \begin{cases} \dfrac{1}{4}(2|c|-c^2) & (c \leq -1 \text{ または } 1 \leq c \text{ のとき}) \\ \dfrac{1}{4} & (-1 \leq c \leq 1 \text{ のとき}) \end{cases} \quad \cdots\cdots(答)$$

[例題 4・2・3]

2次方程式 $ax^2 - 2bx + c = 0$ の係数 a, b, c が，それぞれ次の範囲を動くものとする．

$$0.9 \leq a \leq 1.1, \quad 2.7 \leq b \leq 3.3, \quad 4.5 \leq c \leq 5.4$$

(1) このとき，

$$u = \frac{b}{a}, \quad v = \frac{c}{a}$$

を座標とする点 $P(u, v)$ の動く範囲を定め，図示せよ．

(2) 上の2次方程式の2つの解のうち，大きいほうを z とする．a, b, c が上の範囲を動くときの，z の最大値，最小値を求めよ． (東大)

発想法

$\dfrac{b}{a}, \dfrac{c}{a}$ は個々に考えれば，そのとりうる値の範囲は，

$$\frac{2.7}{1.1} \leq \frac{b}{a} \leq \frac{3.3}{0.9}, \quad \frac{4.5}{1.1} \leq \frac{c}{a} \leq \frac{5.4}{0.9}$$

したがって，u, v はそれぞれ

$$\frac{27}{11} \leq u \leq \frac{11}{3}, \quad \frac{45}{11} \leq v \leq 6$$

なる範囲を動く．しかし，このことからただちに $P(u, v)$ の動く範囲を「図1の長方形の周および内部」とするのはまずい．u と v の双方に同一文字 a を含んでいることから敏感に見抜かなければならないことがある．$P(u, v)$ が求める範囲内の点である条件は，$u = \dfrac{b}{a}, v = \dfrac{c}{a}$ を同時にみたす a, b, c が与えられた範囲内に存在する，ということである．したがって，値 u を与えるときの a と値 v を与えるときの a とが a のとりうる範囲内の同じ値をとりうる，ということが要求されている．

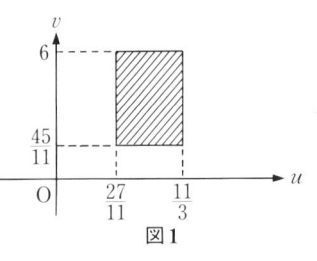

たとえば，u が最大値 $\dfrac{11}{3}$ をとるのは，$a = 0.9, b = 3.3$ とした場合に限られ，一方，v が最小値 $\dfrac{45}{11}$ をとるのは，$a = 1.1, b = 4.5$ とした場合に限られるということを考えれば，$u = \dfrac{11}{3}, v = \dfrac{45}{11}$ を同時にみたす a, b, c の組は存在しえないことがわかる．すなわち，$(u, v) = \left(\dfrac{11}{3}, \dfrac{45}{11}\right)$ なる点は，図1の領域から除かれるべき点の1つである．

しかし，まず a を $0.9 \leq a \leq 1.1$ ……⑦ なる範囲で固定したときに，u, v は，そ

§2 2つ以上のものが勝手に動くのか否かを調べよ（独立でない変数） 231

れぞれ，

$$\frac{2.7}{a} \leq u \leq \frac{3.3}{a}, \quad \frac{4.5}{a} \leq v \leq \frac{5.4}{a}$$

なる範囲を独立に動きうる（∵ b, c は，それぞれ独立に動く）．したがって，固定された a の値に対しては，P(u, v) の動く範囲は「図 2 の長方形 QRST の周および内部」である．

たとえば，頂点 R$\left(\dfrac{2.7}{a}, \dfrac{5.4}{a}\right)$ の u 座標，v 座標は a の値にかかわらずつねに

$$v = \frac{5.4}{2.7}u \quad \therefore \quad v = 2u$$

なる関係をみたしているので，a の値を ⑦ の範囲で動かしたときに，R は直線 $v = 2u$ 上（の一部）を動くことになる．このとき他の点 Q, S, T についてもそれぞれ，原点を通る定直線上を，QRST が長方形であることを保ちながら動いていく（図 3）．

長方形 QRST の動きをもっと適切に表現するなら，

　"原点を中心とする相似拡大・縮小"

ということになる．

解答では，このことを示すことによって，長方形 QRST の動きを追う．また，そのために都合のよいよう，特に $a=1$ の場合の長方形を相似拡大・縮小する．

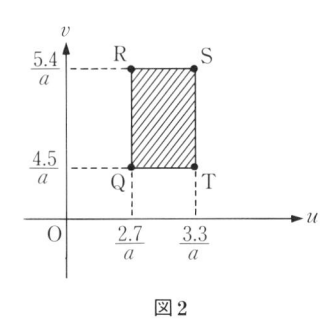

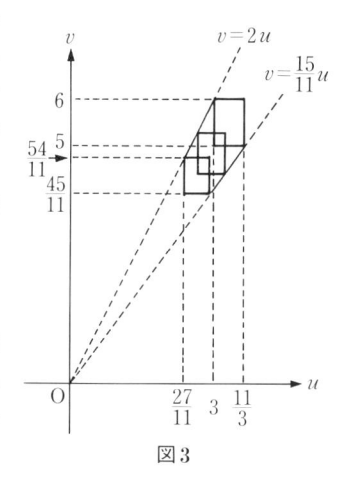

図 2

図 3

[解答] (1) a を

$$0.9 \leq a \leq 1.1 \quad \cdots\cdots ①$$

なる範囲で固定したとき，u, v はそれぞれ

$$\frac{2.7}{a} \leq u \leq \frac{3.3}{a}, \quad \frac{4.5}{a} \leq v \leq \frac{5.4}{a}$$

なる範囲を独立に動く．したがって，固定された a の値に対しては，P(u, v) の動く範囲は，

$$\left.\begin{array}{l} \text{Q}\left(\dfrac{2.7}{a},\ \dfrac{4.5}{a}\right), \quad \text{R}\left(\dfrac{2.7}{a},\ \dfrac{5.4}{a}\right) \\[6pt] \text{S}\left(\dfrac{3.3}{a},\ \dfrac{5.4}{a}\right), \quad \text{T}\left(\dfrac{3.3}{a},\ \dfrac{4.5}{a}\right) \end{array}\right\} \quad \cdots\cdots(*)$$

を 4 頂点とする長方形 QRST の周上および内部である．

特に，$a=1$ とした場合には，4 頂点の座標はそれぞれ，

$Q_1(2.7, 4.5)$, $R_1(2.7, 5.4)$, $S_1(3.3, 5.4)$, $T_1(3.3, 4.5)$ であり，(∗)の4点 Q, R, S, T は，Q_1, R_1, S_1, T_1 を原点を中心に $\dfrac{1}{a}$ 倍の相似拡大・縮小することによって得られるので，長方形 QRST も，長方形 $Q_1R_1S_1T_1$ を原点中心に $\dfrac{1}{a}$ 倍の相似拡大・縮小することによって得られる．したがって，求める範囲は，長方形 $Q_1R_1S_1T_1$ が原点中心に $\dfrac{1}{0.9}$ 倍から，$\dfrac{1}{1.1}$ 倍まで，相似拡大・縮小されることによって通過する領域として，図4の斜線部のようになる．

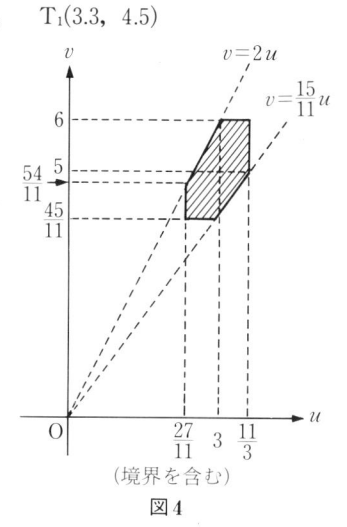

(2) 与えられた2次方程式において

$$判別式\ \dfrac{D}{4}=b^2-ac\geq(2.7)^2-(1.1)\times(5.4)$$
$$=2.7(2.7-2.2)>0$$

であるから，必ず異なる2実解をもつ．したがって，つねに2つの解の大小を定めることができるので，与えられた2次方程式の解のうち大きいほうの実数解 z は，

$$z=\dfrac{b+\sqrt{b^2-ac}}{a}=\dfrac{b}{a}+\sqrt{\left(\dfrac{b}{a}\right)^2-\dfrac{c}{a}}=u+\sqrt{u^2-v}$$

と表すことができる．

まず，z の最大値を求める．

(i) $\dfrac{27}{11}\leq u\leq 3$ のとき，

$$z=u+\sqrt{u^2-v}$$

は，u が最大，v が最小となる $\left(3, \dfrac{45}{11}\right)$ において，

最大値 $3+\sqrt{3^2-\dfrac{45}{11}}=3+\sqrt{\dfrac{54}{11}}$ （……②） をとる．

(ii) $3\leq u\leq \dfrac{11}{3}$ （……③）のとき，

$$z=u+\sqrt{u^2-v}$$

は，u を固定したとき，v の減少関数であり，v の値が小さいほど，z は大きな値をとる．各 u の値に対して v の最小値は，$\dfrac{15}{11}u$ だから，固定された u の値に対する z の最大値は，$u+\sqrt{u^2-\dfrac{15}{11}u}$（$=f(u)$ とおく）である．次に u を③の範囲

§2　2つ以上のものが勝手に動くのか否かを調べよ（独立でない変数）

で動かして，$f(u)$ の最大値を求める．

関数 $s=u^2-\dfrac{15}{11}u$ のグラフの軸 $u=\dfrac{15}{22}<3$ であるから，s はこの区間で増加関数であり，したがって，$f(u)$ もこの区間で増加関数である．よって，$f(u)$ の ③ における最大値は，

$$f\left(\dfrac{11}{3}\right)=\dfrac{11}{3}+\sqrt{\left(\dfrac{11}{3}\right)^2-5}$$
$$=\dfrac{11+2\sqrt{19}}{3} \quad \cdots\cdots ④$$

② よりも ④ のほうが大きいから，

　　　z の最大値は $\dfrac{11+2\sqrt{19}}{3}$ $\left(u=\dfrac{11}{3},\ v=5\ \text{のとき}\right)$ 　　　……(答)

次に，z の最小値を求める．

(i)′ $\dfrac{27}{11}\leqq u\leqq 3$ （……⑤）のとき，

z は u を固定したとき，v の値が大きいほど小さい値をとる．各 u の値に対し，v の最大値は $2u$ であるから，固定された u の値に対する z の最小値は，$u+\sqrt{u^2-2u}(=g(u)$ とおく) である．

次に，u を ⑤ の範囲で動かして $f(u)$ の最小値を求める．

関数 $t=u^2-2u$ のグラフの軸 $u=1<\dfrac{27}{11}$ であるから，t はこの区間で増加関数であり，したがって，$g(u)$ もこの区間で増加関数である．よって，$g(u)$ の ⑤ における最小値は

$$g\left(\dfrac{27}{11}\right)=\dfrac{27}{11}+\sqrt{\left(\dfrac{27}{11}\right)^2-2\cdot\dfrac{27}{11}}=\dfrac{27+3\sqrt{15}}{11} \quad \cdots\cdots ⑥$$

(ii)′ $3\leqq u\leqq \dfrac{11}{3}$ のとき，

z は u が最小，v が最大となる $(3,6)$ において最小値 $3+\sqrt{3^2-6}=3+\sqrt{3}$ ……⑦ をとる．

⑦ よりも ⑥ のほうが小さいから，

　　　z の最小値は $\dfrac{27+3\sqrt{15}}{11}$ $\left(u=\dfrac{27}{11},\ v=\dfrac{54}{11}\ \text{のとき}\right)$ 　　　……(答)

[コメント] 実は(2)は(1)の結果を使わなくても簡単に解くことができる．

$z = \dfrac{b + \sqrt{b^2 - ac}}{a}$ は，

　　b については増加関数

　　a, c については減少関数

であるから，

　　b が最大値 3.3, a, c がそれぞれ最小値 0.9, 4.5 をとるときに z は最大値

$$z = \dfrac{3.3 + \sqrt{3.3^2 - 0.9 \cdot 4.5}}{0.9}$$

$$= \cdots\cdots = \dfrac{11 + 2\sqrt{19}}{3}$$

をとる．また，z の最小値についても同様である．

§3　掃過領域*を知るためにはファクシミリの原理を利用せよ

A 君のクラスでは，今日，次のような直線の掃過領域を求める問題が宿題とされた．昼間遊びほうけていた A 君は夜になって宿題を始めてみたが，なかなか解けない．そこで同じクラスの B 君に答をファクシミリで送ってもらおうと考え，B 君にそれを依頼した．B 君は，ウッカリして答の図だけを A 君に送って解法を送り忘れた．しかし，B 君から送られつつある出力用紙の図形を見ながら，A 君は 100 点満点の解法を見つけてしまったのであった．

（＊：パラメータ（下の問題では t がパラメータ）を含む曲線の方程式において，パラメータを変化させることによって，その方程式によって表される曲線も一般に変化する．このときの曲線が通過する領域を，**曲線群の掃過領域**という．曲線群の掃過領域を求める問題の解法として，§5（包絡線），Ⅲの第 2 章 §1 も参考にせよ）

[問題]

　t が $t \geq 1$ なる範囲を動くとき，

　　　直線　$y = tx - \dfrac{1}{2}t^2$

の通過する領域を図示せよ．

B 君が送った答の図形は図 A に示すものである．
出力用紙には，図 A の影の部分は，次の図 C のように何本もの半直線（図面の都合上"線分"となってしまうが）になって順次描かれる．

図A

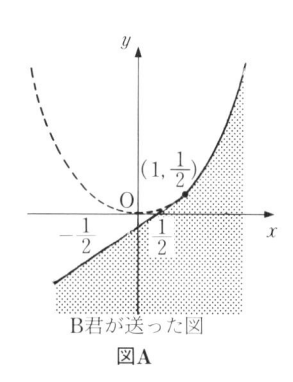

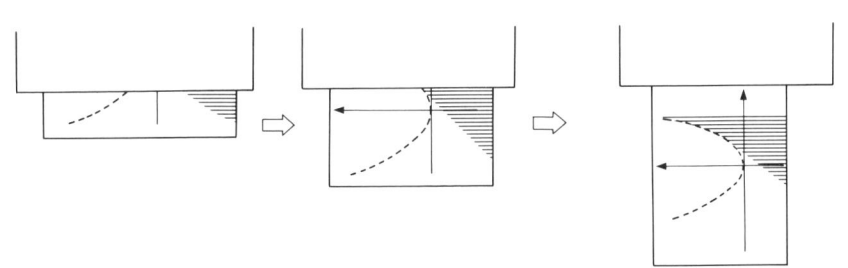

図B　ファクシミリをながめていると…

A君は，ファクシミリから送り出されてくる図Cをながめていて，こう考えた．

"答え"の領域は，たとえば，半直線 $x=1$ $\left(y\leqq\dfrac{1}{2}\right)$ や半直線 $x=\dfrac{1}{2}$ $(y\leqq 0)$ といったようなたくさんの半直線の集まりとして表現されている．ということは，t が $t\geqq 1$ なる範囲を動くとき，直線 $y=tx-\dfrac{1}{2}t^2$ 上，特に x 座標が 1 や $\dfrac{1}{2}$ となる点だけに注目すれば，それぞれ y 座標が $y\leqq\dfrac{1}{2}, y\leqq 0$ である部分だけを動いている（図D）のだな．

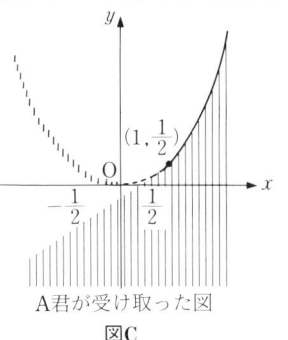

A君が受け取った図
図C

A君は，この考察を数式で次のように表現できることに気がついた．

「t が $t\geqq 1$ なる範囲でいろいろな値をとるとき

$$\text{直線群 } y=tx-\dfrac{1}{2}t^2 \quad \cdots\cdots ①$$

の各直線上，たとえば，x 座標が 1 である点 $\left(1, t-\dfrac{1}{2}t^2\right)$ だけに注目すると，これらの点の y 座標のとりうる値の範囲は，

$$y\text{ 座標}=t-\dfrac{1}{2}t^2$$
$$=-\dfrac{1}{2}(t-1)^2+\dfrac{1}{2}$$
$$\leqq\dfrac{1}{2} \quad (t\geqq 1 \text{ より})$$

より，半直線 $x=1\left(y\leqq\dfrac{1}{2}\right)$ となる」

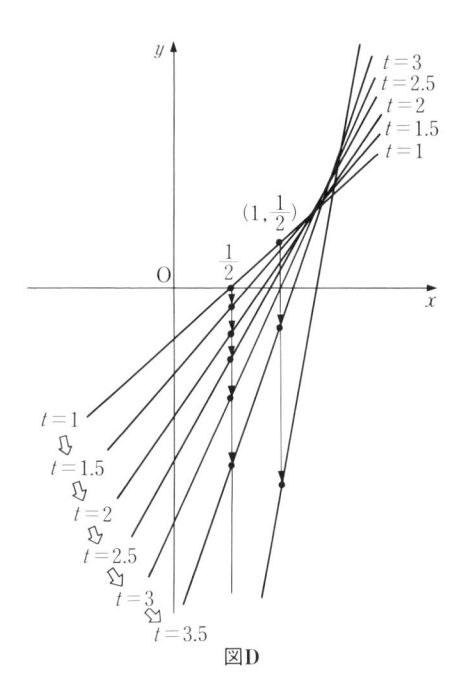

そして，A君は次のような解答をつくった．

図D

解答 直線群 $y = tx - \dfrac{1}{2}t^2$ の各直線上の，たとえば x 座標が x_0 である点 (x_0, y) の集合は，

$$y = y(t) \equiv tx_0 - \dfrac{1}{2}t^2$$
$$= -\dfrac{1}{2}(t - x_0)^2 + \dfrac{1}{2}x_0^2$$

より，図 E を参考にして

$x_0 < 1$ のときは，$y = y(t) \leqq y(1) = x_0 - \dfrac{1}{2}$ なる点 (x_0, y) の全体

$1 \leqq x_0$ のときは，$y = y(t) \leqq y(x_0) = \dfrac{1}{2}x_0^2$ なる点 (x_0, y) の全体

したがって，求める領域は，図 A のようになる．

図 E

このように，「ファクシミリの原理」とは，直線群 (一般には曲線群) の掃過領域を，

　　『各 x 座標ごとに，y 座標のとりうる値の範囲を調べ，半直線を用いて xy 平面に記入していく』

という操作によって調べることにほかならない．そして，1 つ 1 つの x 座標に対して調べていく代わりに，与えられた直線 (曲線) の方程式において，x を定数とみなして扱っていけばよい．最初のうちは，x を定数とみなしていることを明確にするために x_0 などと書いておくとよいが，慣れてきたら，x のままで処理してしまえばよい．なお，問題によっては，直線 (曲線) の方程式を $x = \cdots\cdots$ の形に直して，y を定数とみなして扱う方がよいこともある．

　上の解答で，6 行目からの x_0 の値によって場合分けして，$y(t)$ の値域を調べる作業を，「**サブルーチン (下請け屋) 機構**」とよぶことにしよう．サブルーチン機構は，一般にはパラメータを変数とする 1 変数関数 (パラメータが 1 個なら) の値域を調べることにほかならない．

[例題 4・3・1]

xy 平面上に，中心 $(a, 1)$，半径 1 の円 C がある．原点より円 C にひいた 2 本の接線の接点を結びつける直線を g とする．a が $a \geqq 1$ である実数値をとるとき，変動する C に対してつくられる直線群 g の存在する範囲を不等式を用いて表し，これを図示せよ．

発想法

まず，直線 g の方程式は
$$y = -ax + a^2 \quad \cdots\cdots ㋐$$
であることが「**解答**」のように求められる．a の値が変わるに従って，直線㋐も変化する（図1）．一度にグラフ全体の変化をとらえようとしても，正確な把握は困難である．しかし，各 x 座標ごとに，a の変化にともなう㋐の y 座標の変化（図1参照）を調べる，ということは容易である．すなわち，固定した x の値に対して，㋐を a の関数とみなして y の変化を調べるのである．そして，この作業をすべての x に対して実行すれば，求める範囲が得られるというのがファクシミリの原理である．ただし，あくまでも「原理」であって，実際に 1 つ 1 つの x に対して調べていくのではない．

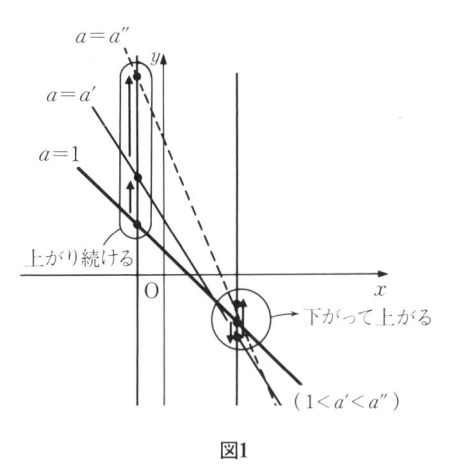

図1

解答

まず，直線 g の方程式を求める．

原点から C にひいた接線のうちの一方は x 軸に一致し，その接点は $(a, 0)$ である．また，g は OC（C は円の中心 $(a, 1)$）に垂直だから，傾きは $-a$ である．したがって g は傾き $-a$ で，点 $(a, 0)$ を通る直線だから，
$$g : y = -ax + a^2 \quad \cdots\cdots ①$$

①の右辺は，固定された x の値に対し，a だけの 2 次関数となっている．このことが明確となるよう①を変形する（ここでは，この考え方に慣れてもらうために，x を定数らしく x_0 と置き換えておくが，慣れればその必要はない）．
$$y = a^2 - x_0 a \quad \cdots\cdots ①'$$
$$\therefore \quad y = \left(a - \frac{x_0}{2}\right)^2 - \frac{x_0^2}{4} \equiv f(a) \quad \cdots\cdots ①''$$

a が，$a \geqq 1$ なる範囲で動いたときの y のとりうる値の範囲を調べる．そのために①''のグラフを ay 平面上，グラフの軸 $a = \dfrac{x_0}{2}$ の位置によって場合分けしてかくと図

2のようになる．

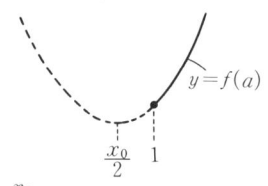

$\dfrac{x_0}{2} \leqq 1$, すなわち $x_0 \leqq 2$ のとき $1 \leqq \dfrac{x_0}{2}$, すなわち $2 \leqq x_0$ のとき

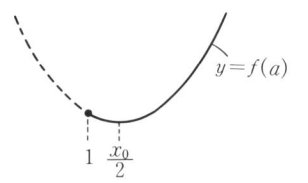

図2

これより，a が $a \geqq 1$ なる範囲で動いたときの y のとりうる値の範囲は，

$x_0 \leqq 2$ のとき　$y \geqq f(1) = 1 - x_0$　　　（$a=1$ を①′へ代入するとはやい）

$x_0 \geqq 2$ のとき　$y \geqq f\left(\dfrac{x_0}{2}\right) = -\dfrac{x_0^2}{4}$　　（$a = \dfrac{x_0}{2}$ を①″へ代入するとはやい）

(以上，サブルーチンである．以下，再び x_0 を x に戻し，上の結果を「求める範囲」として述べると，次のようになる)．したがって，求める範囲は，

　　　　"$x \leqq 2$ かつ $y \geqq 1-x$" および "$x \geqq 2$ かつ $y \geqq -\dfrac{x^2}{4}$"　　……(答)

であり，直線 $y = 1-x$ が，放物線 $y = -\dfrac{x^2}{4}$ の接線になっていることに気をつけてこれを図示すると(注)，図3の"縦線部"のようになり，これが求める範囲である(実際には，縦線でかく必要はない)．

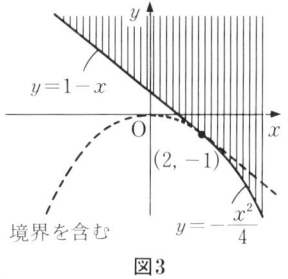

図3 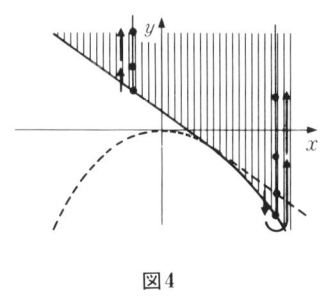　　　図4

[コメント]

　図3において，各 x の値に対して，a が変化したときの①″の y 座標の変化は，たとえば図4に示したようになっている．図1および図2と照らし合わせてみよ．

(注)「接する」という事情は§5の包絡線を学習すれば"明らか"となる．ここでは，放物線 $C : y = -\dfrac{x^2}{4}$ は，直線群 $g : y = -ax + a^2$ の包絡線であり，g の各直線は，a の値によらず C に接しており，直線 $y = 1-x$ が g において特に $a=1$ として得られたことに注意すると，C と直線 $y = 1-x$ が接することは明らかである．このように，直線群や曲線群の掃過領域において，境界となる直線と曲線，または2曲線が，つぎ目の部分で接することが多々あるということは頭に入れておくとよい．

なお,「包絡線」という言葉,考え方を前面に出さないで「接する」ことを説明するなら,この問いにおいては次のようになるが,本章を一通り学習した後に読めばよい.

まず,$x=2$ の場合について考えてみよう.y のとりうる値の範囲は,$y \geqq 1-x$ から求めても,$y \geqq -\dfrac{x^2}{4}$ から求めてもよいわけであるから,$x=2$ において $1-x$ の値と $-\dfrac{x^2}{4}$ の値が等しいことが必要であり,実際,いずれの値も -1 となる.よって,直線 $y=1-x$ と放物線 $C : y=-\dfrac{x^2}{4}$ は,$x=2$ なる点で接しているか,交わっているかのいずれかであることがわかる.

ここで,a の変域を実数全体としたとき,g の掃過領域は $y \geqq -\dfrac{x^2}{4}$ であり,したがって,g において特に $a=1$ として得られる直線 $y=1-x$ が,C の下側に少しでもはみ出す,ということはあり得ない(もしはみ出すなら,C はもはや「掃過領域の境界線」ではあり得ない).したがって,$y=1-x$ と C は交わらずに接するわけである.

この考察をもう少し一般化して任意の x について考えると,次のようになる.ファクシミリの原理によって掃過領域を求めるときの式変形(①→①″)

$$y = a^2 - ax = \left(a - \dfrac{x}{2}\right)^2 - \dfrac{x^2}{4} \quad \cdots\cdots(*)$$

においては,x を定数,a を変数とみていたが,$(*)$ まで変形した後,再び x を変数,a を定数という立場で $(*)$ を見なおしてみよう(このように見なおしても,$(*)$ の式変形自身には何の問題も生じない).$(*)$ を変形すれば

$$a^2 - ax - \left(-\dfrac{x^2}{4}\right) = \left(a - \dfrac{x}{2}\right)^2 = \dfrac{1}{4}(2a-x)^2 \geqq 0$$

が得られるが,この式は,

直線 $y = -ax + a^2$ と放物線 $y = -\dfrac{x^2}{4}$ が $x=2a$ なる点において接する

ということを表している.よって,$C : y = -\dfrac{x^2}{4}$ が直線群 $y = -ax + a^2$ の包絡線であることが得られ,$a=1$ のときの直線 $y=1-x$ が,$x=2$ なる点において C に接していることがわかる.

〈練習 4・3・1〉

a が $a>0$ なる値をとるとき，放物線 $y=ax^2+\dfrac{x}{4a}$ の通りうる範囲を求め，図示せよ．

解答

$$\begin{cases} a>0 & \cdots\cdots ① \\ y=ax^2+\dfrac{x}{4a} & \cdots\cdots ② \end{cases}$$

$$\iff \quad y=x^2\cdot a+\dfrac{x}{4a} \quad \cdots\cdots ②'$$

②' において，x を固定し（x_0 とおく），a を動かしたときの y の値の変化をみる．

(i) $x_0>0$ のとき

$x_0^2 a, \dfrac{x_0}{4a}$ はともに正であるから，相加平均・相乗平均の関係を用いて，

$$y=x_0^2 a+\dfrac{x_0}{4a}\geq 2\sqrt{x_0^2\cdot\dfrac{x_0}{4a}}=x_0^{\frac{3}{2}} \quad \text{（最右辺は定数）}$$

等号成立は，

$$x_0^2 a=\dfrac{x_0}{4a} \quad \text{より，} \quad a^2=\dfrac{1}{4x_0}$$

$$a>0 \quad \text{より，} \quad a=\dfrac{1}{2\sqrt{x_0}}$$

(ii) $x_0=0$ のとき，$y=0$

(iii) $x_0<0$ のとき

ay 平面上 $y=x_0^2 a$ と $y=\dfrac{x_0}{4a}$ のグラフの "和"（図1），を考えれば，y は任意の実数値をとることがわかる．

以上より，求める範囲は

$$\begin{cases} \text{"}x<0 \text{ かつ } y \text{ はすべての実数"} \\ \text{および} \\ \text{"}x=0 \text{ かつ } y=0\text{"} \\ \text{および} \\ \text{"}x>0 \text{ かつ } y\geq x^{\frac{3}{2}}\text{"} \end{cases}$$

これらを図示すると，**図2の斜線部**となる．

（y 軸上は，原点のみ含む．

境界は，$y=x^{\frac{3}{2}}$ ($x\geq 0$) 上のみ含む）

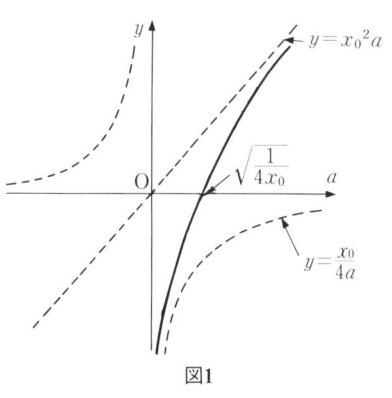

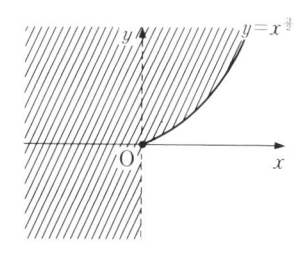

図1

図2

[例題 4・3・2]

実数 a が $0 \leq a \leq 1$ の範囲を動くとき，放物線
$$y = x^2 - 2ax + 2a^2$$
の通りうる範囲を求め，これを xy 平面上に図示せよ．

[発想法]

直線群ではなく，放物線群の掃過領域の問題であるが，放物線であるために計算が難しくなるということはない．直線群の場合とまったく同様に処理できる．

[解答] $y = x^2 - 2ax + 2a^2$
において，右辺の x を固定して，a の関数 $f(a)$ とみる．すなわち，
$$f(a) = 2\left(a - \frac{x}{2}\right)^2 + \frac{x^2}{2}$$

放物線 $y = f(a)$ の軸：$a = \frac{x}{2}$ の位置によって場合分けして，y のとりうる値の範囲を調べる．

(i) $\dfrac{x}{2} \leq 0$ のとき
$$f(0) \leq y \leq f(1) \qquad (図 1)$$

(ii) $0 \leq \dfrac{x}{2} \leq \dfrac{1}{2}$ のとき
$$f\left(\dfrac{x}{2}\right) \leq y \leq f(1) \qquad (図 2)$$

(iii) $\dfrac{1}{2} \leq \dfrac{x}{2} \leq 1$ のとき
$$f\left(\dfrac{x}{2}\right) \leq y \leq f(0) \qquad (図 3)$$

(iv) $1 \leq \dfrac{x}{2}$ のとき
$$f(1) \leq y \leq f(0) \qquad (図 4)$$

(i)	(ii)	(iii)	(iv)
図1	図2	図3	図4

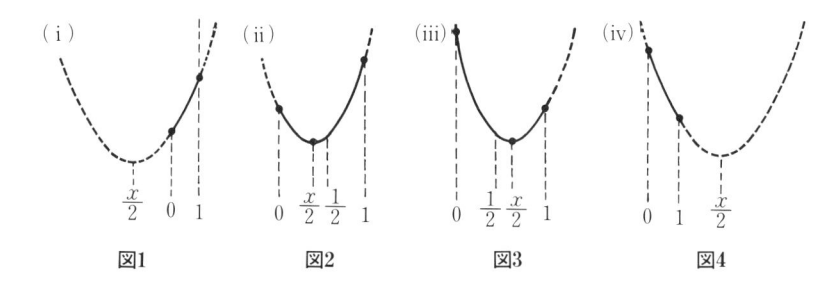

$f(0)=x^2$, $f(1)=x^2-2x+2$, $f\left(\dfrac{x}{2}\right)=\dfrac{x^2}{2}$ であるから,以上の結果をまとめて xy 平面に図示すると,図 5 を得る($y=x^2$, $y=x^2-2x+2$, $y=\dfrac{x^2}{2}$ の位置関係に注意せよ).

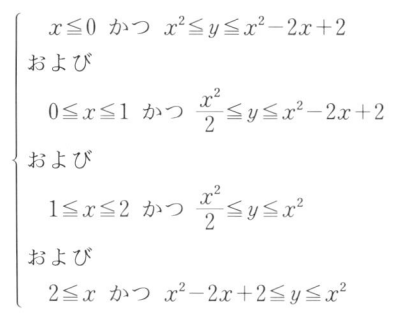

$$\begin{cases} x\leq 0 \text{ かつ } x^2\leq y\leq x^2-2x+2 \\ \text{および} \\ 0\leq x\leq 1 \text{ かつ } \dfrac{x^2}{2}\leq y\leq x^2-2x+2 \\ \text{および} \\ 1\leq x\leq 2 \text{ かつ } \dfrac{x^2}{2}\leq y\leq x^2 \\ \text{および} \\ 2\leq x \text{ かつ } x^2-2x+2\leq y\leq x^2 \end{cases}$$

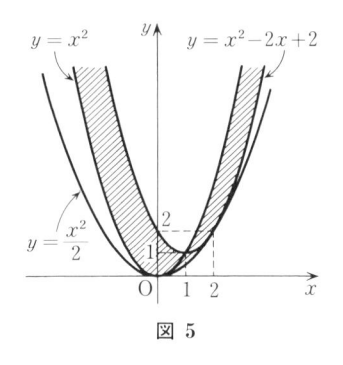

図 5

[コメント] 実際には,図 1〜図 4 を頭の中に描くことにより,(i)〜(iv) の代わりに,

(ア) $0\leq \dfrac{x}{2}\leq 1$ のとき $f\left(\dfrac{x}{2}\right)\leq y\leq \max\{f(0),\ f(1)\}$

((ii), (iii) をまとめた)

(イ) (ア) でないとき $\min\{f(0),\ f(1)\}\leq y\leq \max\{f(0),\ f(1)\}$

((i), (iv) をまとめた)

(ただし $\min\{a,\ b\}$, $\max\{a,\ b\}$ はそれぞれ a, b のうち小さいほう,大きいほう(等しいときにはその等しい値)を表す記号である.)

を求め,次のようにして図示してもよい.

たとえば,(ア)に該当する $0\leq x\leq 2$ の範囲では,
$y=\max\{f(0),\ f(1)\}$
$\quad =\max\{x^2,\ x^2-2x+2\}$

に該当する曲線は図 6 における太い折れ曲線であり,したがって,$0\leq x\leq 2$ の範囲では,$y=\dfrac{x^2}{2}$ と,太い折れ曲線で囲まれた領域が求める範囲となる.(イ)についても同様に考えればよい((イ)は結局,"$y=f(0)=x^2$ と,$y=f(1)=x^2-2x+2$ ではさまれた部分"ということになる).

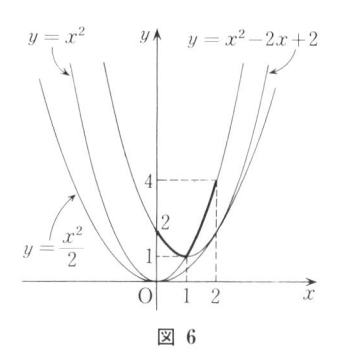

図 6

244　第4章　動きの分析のしかた

[例題 4・3・3]

t をパラメータとする直線 l を
$$y=(t+1)e^t x - t^2 e^t \quad (\equiv g(x))$$
とする．このとき，次の問いに答えよ．

(1) t があらゆる実数値をとって動くとき，l と直線 $x=-1$ との交点の y 座標，すなわち，$y=g(-1)$ はどんな範囲の値をとりうるか．

(2) t があらゆる実数値をとって動くとき，l の通りうる範囲を求め，図示せよ．必要があれば，
$$\lim_{x\to -\infty} x^2 e^x = \lim_{x\to -\infty} xe^x = 0$$
を証明なしに用いてよい．

発想法

(1)は，(2)を「ファクシミリの原理」で解くための誘導部分である．(1)，(2)ともサブルーチンが今までに比べてやや複雑なだけである．

解答　$g(-1)$ の値は t の関数だから，改めて $g(t;-1)$ と表そう．さらに，一般に各固定した x に対して，$g(x)$ の値も t の関数だから，$g(t;x)$ と書くことにしよう．

(1)　$x=-1$ のとき
$$g(t;-1) = -(t^2+t+1)e^t$$
$$\equiv f(t)$$
$$f'(t) = -(t^2+3t+2)e^t$$
$$= -(t+1)(t+2)e^t$$
より，次の増減表を得る．

t	$(-\infty)$		-2		-1		$(+\infty)$
$f'(t)$		$-$	0	$+$	0	$-$	
$f(t)$	(0)	↘	$-\dfrac{3}{e^2}$	↗	$-\dfrac{1}{e}$	↘	$(-\infty)$

したがって，
$$y=g(-1)=f(t)<0 \quad \cdots\cdots \text{(答)}$$

(2)　x を定数とみて，(1)と同様に考える．$g(t;x)$ は，x を定数とみれば t だけの関数なので，これを $h(t)$ とおく．すなわち，
$$h'(t) = e^t(-t^2+xt+x) + e^t(-2t+x)$$
$$= -(t+2)(t-x)e^t$$

ここで，$h(t)$ の増減表を書くときのことを考えて，$x<-2$, $x=-2$, $x>-2$ で場合を分ける．

場合1 $x<-2$ のとき，増減表は次のようになる．

t	$(-\infty)$		x		-2		$(+\infty)$
$h'(t)$		$-$	0	$+$	0	$-$	
$h(t)$	(0)	↘	xe^x	↗	$-\dfrac{x+4}{e^2}$	↘	$(-\infty)$

ここで，$-\dfrac{x+4}{e^2}$ と 0 の大小関係によって，次のように事情が変わることに気をつけなければならない $\left(-\dfrac{x+4}{e^2}=0\ \text{となる場合の扱いは少し慎重に}\right)$．

(i) $-\dfrac{x+4}{e^2} \geqq 0$ のとき，すなわち $x \leqq -4$ のとき

$y=h(t)$ のグラフは，図1のようになる．

これより，$y \leqq -\dfrac{x+4}{e^2}$

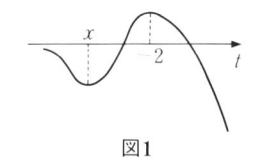

図1

(ii) $-\dfrac{x+4}{e^2} < 0$ のとき，すなわち $-4 < x (<-2)$ のとき

$y=h(t)$ のグラフは，図2のようになる．

これより，$y<0$

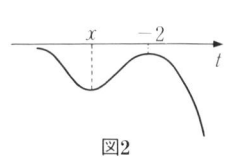

場合2 $x=-2$ のとき，$h'(t)=-(t+2)^2 e^t$ は単調に減少し，増減表は次のようになる．

図2

t	$(-\infty)$		-2		$(+\infty)$
$h'(t)$		$-$	0	$-$	
$h(t)$	(0)	↘	$-\dfrac{x+4}{e^2}$	↘	$(-\infty)$

これより $h(t)<0$ だから，$y<0$

場合3 $x>-2$ のとき，増減表は次のようになる．

t	$(-\infty)$		-2		x		$(+\infty)$
$h'(t)$		$-$	0	$+$	0	$-$	
$h(t)$	(0)	↘	$-\dfrac{x+4}{e^2}$	↗	xe^x	↘	$(-\infty)$

場合1と同様，今度は $xe^x \gtreqless 0$ で場合を分ける．

(i) $xe^x < 0$ すなわち $(-2<)x<0$ のとき

$y=h(t)$ のグラフ（図3）より，$y<0$

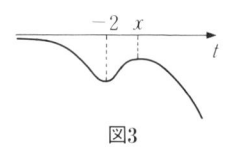

(ii) $xe^x \geqq 0$ すなわち $x \geqq 0$ のとき

$y=h(t)$ のグラフ（図4）より，$y \leqq xe^x$

図3

以上をまとめて

$$\begin{cases} \text{"}x \leqq -4 \text{ かつ } y \leqq -\dfrac{x+4}{e^2}\text{"} \\ \text{および} \\ \text{"}-4 < x < 0 \text{ かつ } y < 0\text{"} \\ \text{および} \\ \text{"}x \geqq 0 \text{ かつ } y \leqq xe^x\text{"} \end{cases}$$

が求める範囲であり，図示すると，図 5 の縦線部のようになる．

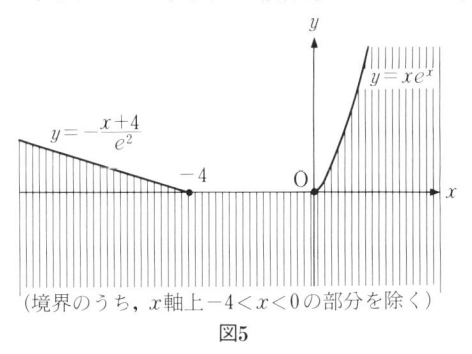

(境界のうち，x 軸上 $-4 < x < 0$ の部分を除く)
図5

[コメント] 解答では，$x<-2$, $x=-2$, $x>-2$ で場合分けして増減表を書いたが，慣れてきたなら，x と -2 の大小関係を無視して，$y=h(t)$ のグラフを頭に描き (図 6)，そして「$h(t)$ が極大となりうるのは $t=x$ または $t=-2$ のときに限られる」ことから，

$$y<0 \text{ または } y \leqq \max\{h(-2),\ h(x)\} \quad \left(h(-2)=-\dfrac{x+4}{e^2},\ h(x)=xe^x\right)$$

を図示する (図 7 参照) ほうがはやいだろう．

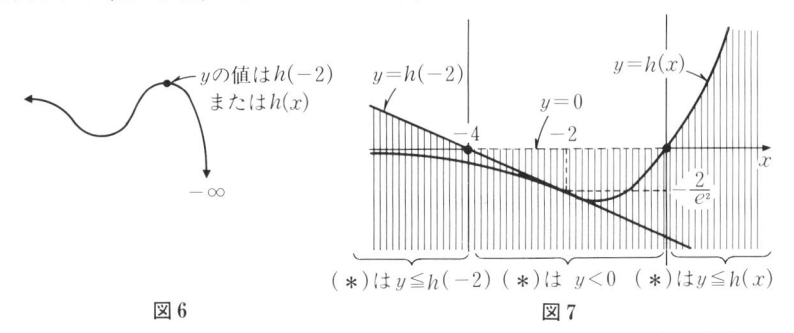

図6

図7

また，§5 で学ぶ包絡線の議論も有効である．包絡線 C は $y=xe^x(=h(x))$ となり，$y=-\dfrac{x+4}{e^2}(=h(-2))$ は C 上，$(t,\ te^t)$ における接線である．

§3 掃過領域を知るためにはファクシミリの原理を利用せよ　247

----<練習 4・3・2>----
　実数 a, b が $ab=2$ かつ $a>0$ をみたしながら変化するとき，直線 $ax+by=1$ の通りうる範囲を求め，図示せよ．

発想法

　見かけ上は，a, b 2つのパラメータを含んでいるが，$ab=2$ より，$b=\dfrac{2}{a}$ とすれば，直線の方程式から b を消去できる．

解答　$ab=2$ より，$b=\dfrac{2}{a}$　したがって，直線の方程式は　$ax+\dfrac{2}{a}y=1$

$$\therefore \quad y=-\dfrac{a^2}{2}x+\dfrac{a}{2} \quad \cdots\cdots ①$$

と書くことができる．求める範囲は，a が $a>0$ なる値をとるときの　$y=-\dfrac{a^2}{2}x+\dfrac{a}{2}$ の掃過領域にほかならない．以下，各 x に対する y のとりうる値の範囲を求める．

場合1　$x=0$　のとき

$$y=\dfrac{a}{2}>0$$

場合2　$x\neq 0$　のとき

　固定された x に対し，①の右辺は a の2次式であり，その意味で

$$y=-\dfrac{x}{2}a^2+\dfrac{1}{2}a \quad \cdots\cdots ①' \qquad \therefore \quad y=-\dfrac{x}{2}\left(a-\dfrac{1}{2x}\right)^2+\dfrac{1}{8x} \quad \cdots\cdots ①''$$

と書ける．ay 平面における①″の a^2 の係数，および軸：$a=\dfrac{1}{2x}$ の位置を考慮して場合分けする．

(i)　$x<0$　のとき

　①″のグラフは，図1のようになる（y 切片 0 は，①′で考えると楽）．

　これより，$y>0$

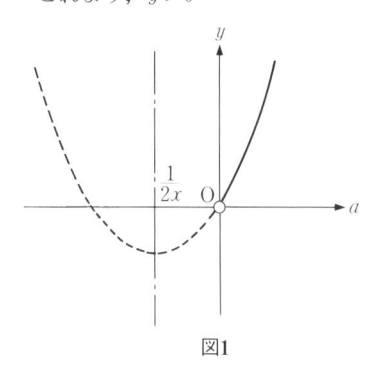

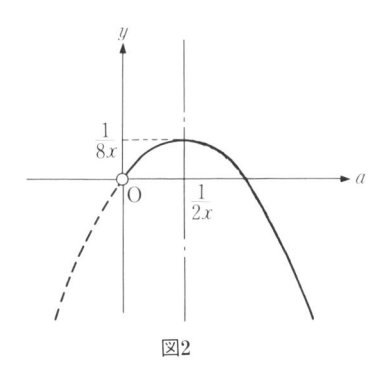

図1

図2

(ii) $x>0$ のとき

①″のグラフは，図2のようになる．

これより，$y \leqq \dfrac{1}{8x}$

以上をまとめて，求める範囲は

$$\begin{cases} \text{``}x \leqq 0 \text{ かつ } y > 0\text{''} \\ \text{および} \\ \text{``}x > 0 \text{ かつ } y \leqq \dfrac{1}{8x}\text{''} \end{cases}$$

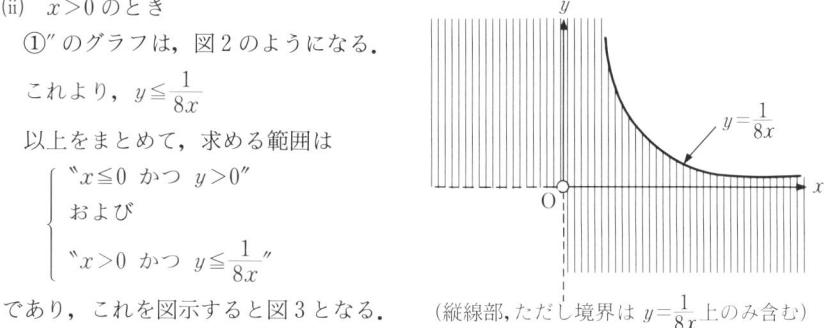

であり，これを図示すると図3となる．

(縦線部，ただし境界は $y = \dfrac{1}{8x}$ 上のみ含む)

図3

§3 掃過領域を知るためにはファクシミリの原理を利用せよ　249

　最後に,「ファクシミリの原理」によって曲線群の掃過領域を求める作業と, §1 の「予選・決勝法」により 2 変数関数の最大値・最小値を求める作業とが, 実はかなり似たものである, ということを説明しよう.

　本節の冒頭で与えた直線群: $y = tx - \frac{1}{2}t^2$ ……① の代わりに, 便宜上, 線分群, たとえば, "① かつ $0 \leq x \leq 2$" を考え, また t の変域もたとえば $1 \leq t \leq 2$ として, 線分群の掃過領域を求めてみよう.

　まず, ① はパラメータ t の値によって変化する xy 平面上の直線群を表しているが, 次元を 1 つ増やして xty 空間で考えれば ① は図 E のように t の値によって少しずつ前後 (t 方向) にずれた線分を寄せ集めることによってできる曲面 (図 F) を表している (曲面上の点の y 座標は x と t の値によって ① により決まる).

　したがって, この曲面を xy 平面に正射影することによって, 線分を同一平面上にすべて"重ねて"しまうことによって得られる図形が求める掃過領域である.

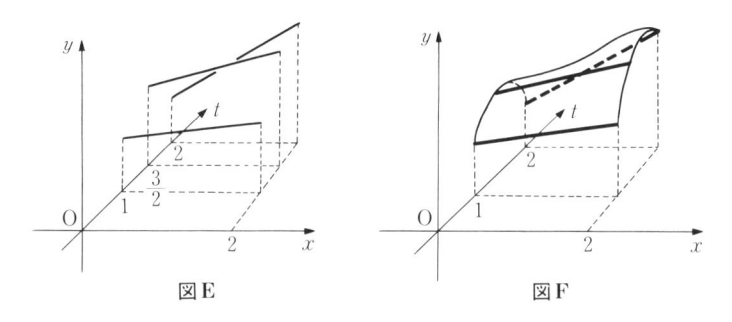

図 E　　　　　図 F

　そして, ファクシミリの原理では, "線分"という単位で寄せ集める代わりに, 各 x の値ごとに, t を変化させて y のとりうる値の範囲を調べる, という方法をとった. これは, 図 G のように, $x =$ 一定 なる各平面による曲線の切り口に現れる曲線 (これは, $y = -\frac{1}{2}t^2 + x_0 t$ なる放物線であり,「サブルーチン機構」において現れる曲線にほかならない！) を xy 平面に線分として正射影していくことになる (図 H: 図 F, G の曲面は正確には, もっと"左下がり"であり, その正射影をファクシミリの原理で求めると図 H のようになる).

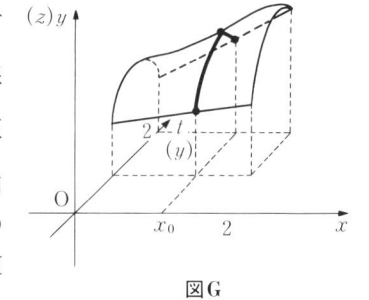

図 G

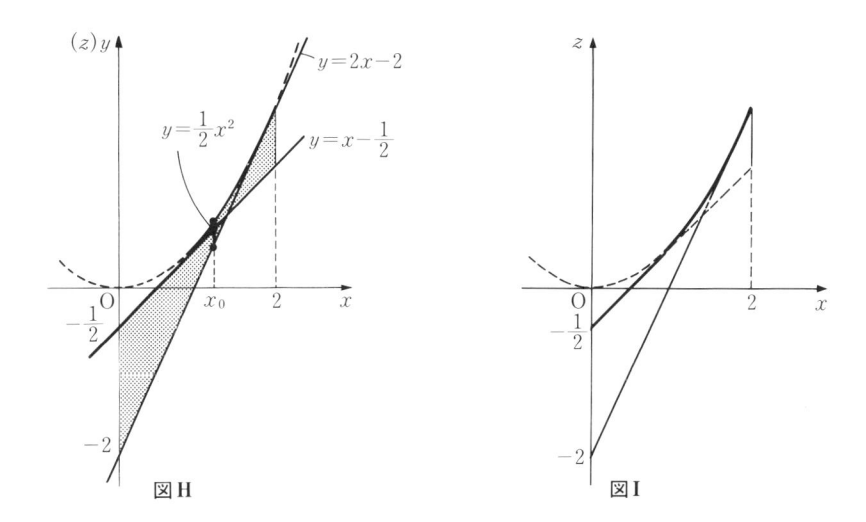

250　第4章　動きの分析のしかた

図H / **図I**

以上の経過を「予選・決勝法」と結びつけて考えやすくするために，①における t, y をそれぞれ y, z でおきかえる（図G，Hの各座標軸は，（　）内の文字の座標軸で置き換えられる）．

このとき図Gの曲面は，$z = yx - \frac{1}{2}y^2 \equiv f(x, y)$ $(0 \leqq x \leqq 2, 1 \leqq y \leqq 2)$ で表され，図Hはこの曲面の xz 平面への正射影を表していることになる．この正射影のうち，特にその上側の縁（図Iの太線）に着目してみよう．この縁は，正射影する段階で，各 $x=$ 一定 なる平面による曲面の切り口の曲線（ここでは放物線）上，最も"高い"点だけに着目して，それらの点を正射影して得られる曲線である．すなわち，太線は各 x の値に対し，$z = f(x, y)$ の x をその値に固定して y だけを変化させたときの z の最大値が表されているわけであり，「予選・決勝法」における"予選結果"である $z = f(x, g(x))$（p.193 図G，p.194 ⑪）を表している．

以上の事実は次のようにまとめられる．

　　ファクシミリの原理は，曲面 $y = f(x, t)$ の $x =$ 一定 なる各平面による切り口の曲線を調べ（これがサブルーチン機構！），その曲線全体を xy 平面に線分として正射影して掃過領域を求める方法であり，予選・決勝法では，曲面 $z = f(x, y)$ の $x =$ 一定（または $y =$ 一定）なる各平面による切り口の曲線上，最も高い点だけを調べ（これが予選），その点を xz 平面に正射影していき $z = f(x, g(x))$ のグラフを得る（その後，決勝）方法である．

§4 動きを2つの方向へ分解せよ

　力学では，質点の運動を把握するために，座標軸をうまく設定して，x 軸方向と y 軸方向のそれぞれについて運動方程式をつくり，その運動を追跡する．また，1次変換によるベクトルの像は，(1次独立な固有ベクトルが2つ ($\vec{v_1}$ と $\vec{v_2}$) 存在すれば) 与えられたベクトル $\vec{v}$ を固有ベクトル方向に分解 ($\vec{v}=\alpha\vec{v_1}+\beta\vec{v_2}$) して，分解したおのおののベクトルに対し1次変換を施して (それぞれのベクトルに対し固有値 (スカラー) 倍するだけ) からそれらを合成すればエレガントに処理できる．いずれの場合も，2次元的な動きを，把握しやすい1次元的な2つの動きに分解して個々の方向への動きを調べた後に，力学では「時間」，1次変換では $\vec{v}=\alpha\vec{v_1}+\beta\vec{v_2}$ という「1次結合」という"糸"で再び縫い合わせていくわけである．

　本節では，x 座標，y 座標がそれぞれパラメータを用いて表されている点 (たとえば，t をパラメータとして $(x, y)=(t-t^3, 1-t^4)$ (〈練習 4・4・1〉) など) の軌跡を，x 軸方向への変化と y 軸方向への変化に分けて調べ，再び"合成"する，という方法を学ぶ．

> **問**　x 座標，y 座標がそれぞれ，パラメータ θ $\left(0\leq\theta\leq\dfrac{3}{2}\pi\right)$ を用いて，$x=-3\cos\theta$，$y=2\sin\theta$ と表されている点の軌跡の概形はどのようになるかを，軌跡の方程式を求めることなく求めよ．

[解説]　θ が 0 から $\dfrac{3}{2}\pi$ まで連続的に変化するのにともなう x 座標，y 座標の変化をそれぞれ調べることによって，表 A が得られる．

θ	0	……	$\dfrac{\pi}{2}$	……	π	……	$\dfrac{3}{2}\pi$
x	-3	↗	0	↗	3	↘	0
y	0	↗	2	↘	0	↘	-2

表 A

　この表より，θ が 0 から $\dfrac{\pi}{2}$ まで動いていく間では，x は -3 から 0 まで，また y も 0 から 2 までそれぞれ増加することがわかる．すなわち，点 $\mathrm{P}(x, y)$ は $(-3, 0)$

から $(0, 2)$ まで，各成分を増加させながら xy 平面上，右上に向かって動いていくわけである．したがって，$0 \leqq \theta \leqq \dfrac{\pi}{2}$ における点 P の動きは図 A のようになる（上に凸となることは，後述のように，2 次導関数 $\dfrac{d^2y}{dx^2}$ を調べることによって確認できる）．

次に，θ が $\dfrac{\pi}{2}$ から π まで動いたとき，x は 0 から 3 まで増え，y は 2 から 0 まで減るので点 P(x, y) は $(0, 2)$ から右下に向かって $(3, 0)$ まで動くことがわかる．この動きを図 A にかき加えることによって図 B を得る．

同様にして，θ が π から $\dfrac{3}{2}\pi$ まで動くときの点 P(x, y) の動きを図 B にかき加えることにより（図 C），求める軌跡の概形として図 D を得る．

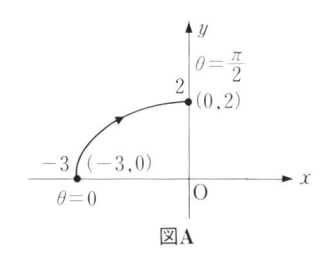

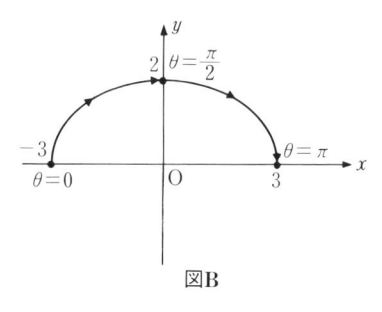

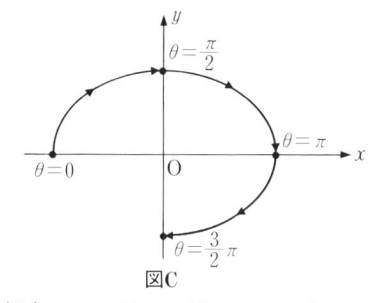

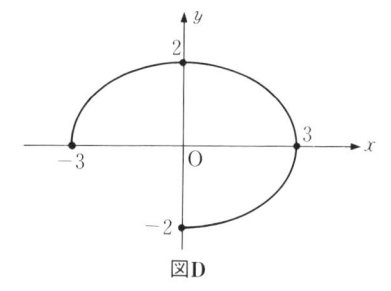

(**注**) この問いに対しては，「パラメータの存在条件」を求めることに帰着させて θ を消去することにより，

　　求める軌跡：だ円 $\dfrac{x^2}{9} + \dfrac{y^2}{4} = 1$ 上の "$x \geqq 0$ または $y \geqq 0$ なる部分"

を求めることもできる．しかし，一般に座標がパラメータ表示された点の軌跡の方程式は必ずしも容易に求められるとは限らない．たとえ，軌跡の方程式が求められても，極めて複雑な方程式となり，その方程式の表す曲線をかくことが不可能なこともありうる．

そこで，本節では，動く点の軌跡の概形を求めるために，パラメータの変化にともなう点 (x, y) の x 座標，y 座標の動きを個々に調べ，概形をかく段階で動きを"合成"する手法を用いる問題だけを扱う．このような解法を用いて処理すべき問題に対して，問題文は普通，「概形をかけ」となっており，「軌跡を求めよ」とはなっていない．つまり，軌跡の方程式が容易に求まらないか，また求めても曲線をかくのに役に立たないから，「概形」だけを要求しているのである．したがって，本節で扱う問題はすべて「軌跡(曲線)の概形をかけ」となっており，軌跡の方程式を求める試みは，いちいち断わることなく割愛した．

　この解法では普通，パラメータの変化にともなう x, y それぞれの変化を調べるために，$\dfrac{dx}{dt}, \dfrac{dy}{dt}$ (t をパラメータとした場合) などを調べることが必要とされる．また，$\dfrac{d^2y}{dx^2}$ を求めて曲線の凹凸を調べることによって，曲線の概形をできるだけ正しく把握するようにする．以下，この解法において調べるべき事柄を注意事項とともにあげておく．ただし，点 (x, y) の各座標はパラメータ t を用いて，$x=f(t)$，$y=g(t)$ と与えられているものとする．

曲線の概形のかき方

(ⅰ) **存在範囲の決定**　まず曲線が存在しうる範囲を求めておく．

　　これは軌跡の曲線の概形を得るのに直接は必要とされないこともあるが，得られた結果をチェックするのに役立つので，答案には書かなくても，調べておくこと．

(ⅱ) **対称性・周期性の調査**　以下で議論すべきことを大幅に削減するために，曲線に点対称性，線対称性，周期性がないか調べる．

　　特にパラメータ t が原点対称な区間を動くとき，求める曲線の概形は

　　(ア) "$f(-t)=-f(t)$ かつ $g(-t)=-g(t)$" が成立しているならば，軌跡は原点対称である (**注1**).

　　(イ) "$f(-t)=-f(t)$ かつ $g(-t)=g(t)$" が成立しているならば，軌跡は y 軸対称である (**注1**).

　　(ウ) "$f(-t)=f(t)$ かつ $g(-t)=-g(t)$" が成立しているならば，軌跡は x 軸対称である (**注1**).

このような対称性があれば，t が $t \geqq 0$ なる範囲を動いたときの曲線の概形を調べた後，(ア)ならばその概形を原点に関し対称移動した図形と合わせることにより，(イ)，(ウ)ならばそれぞれ y 軸，x 軸に関し，対称移動した図形と合わせることにより，求める軌跡の概形が得られる．

(iii) **x 軸，y 軸切片の決定** 曲線と x 軸，y 軸との交点を調べる．

$g(t)=0$ を解くことによって ($g(t)$ は y 座標だから，y 座標$=0$ となる点，すなわち) x 軸との交点を与える t の値 t_1, t_2, ……, t_n を求める．この t の値を $f(t)$ に代入することにより，x 軸との交点 $(f(t_1), 0)$, $(f(t_2), 0)$, ……, $(f(t_n), 0)$ を求める．

y 軸との交点も同様にして求める（まず，$f(t)=0$ を解く）．

(iv) **各方向に関する変化の調査** t の変化にともなう x, y の変化を表（増減表）に書く．

また，x 軸，y 軸との交点など，特徴的な点における曲線の接線の傾きも

$$\frac{dy}{dx} = \frac{\dfrac{dy}{dt}}{\dfrac{dx}{dt}}$$

によって調べれば軌跡のより正確な図がかける．

(v) **凹凸の調査** 曲線の凹凸を調べる．

$$\frac{d^2y}{dx^2} = \frac{d}{dx}\left(\frac{dy}{dx}\right) = \frac{\dfrac{d}{dt}\left(\dfrac{dy}{dx}\right)}{\dfrac{dx}{dt}}$$

を調べることになる．$\dfrac{d^2y}{dx^2} = \dfrac{\dfrac{d^2y}{dt^2}}{\dfrac{d^2x}{dt^2}}$ ではない．

(vi) **漸近線の決定と極限値** 漸近線が存在するならば漸近線の式を求める．

(ア) x 軸または y 軸に平行な漸近線は，(iv)において，増減表を書く段階で求める．

(イ) x 軸にも y 軸にも平行でない漸近線は，次の事実に基づいて求める．

① $\displaystyle\lim_{x \to +\infty} \frac{y}{x} = a$ $(\neq \pm\infty)$ なる実定数 a が定まり（$a=0$ の場合は x 軸に平行なものとなるが，存在するなら(ア)の段階で求められている），かつ，この a に対し，さらに

② $\displaystyle\lim_{x \to +\infty}(y-ax) = \beta$ $(\neq \pm\infty)$ なる実定数 β が定まるなら，直線 $y=ax+\beta$ は求める曲線の漸近線である．①，②を $x \to -\infty$ の場合に対しても調べる．

ここでは，x, y がそれぞれ $x=f(t), y=g(t)$ として与えられているので，まず x の $x\to+\infty, x\to-\infty$ なる動きに対応する t のそれぞれの動きを調べる．$x\to+\infty$ に対して $t\to a$ (a は実定数または $+\infty$ または $-\infty$) が対応するとき，

① は $\displaystyle\lim_{t\to a}\frac{g(t)}{f(t)}=\alpha$ ($<\infty$) なる実定数 α が定まり，

② は $\displaystyle\lim_{t\to a}(g(t)-\alpha f(t))=\beta$ ($<\infty$) なる実定数 β が定まる

ということになる．$x\to-\infty$ に対しても同様である．

(注1) (ア) 求める概形上の任意の点を $\mathrm{P}(x, y)$ とすると，"P と原点対称な点 $(-x, -y)$ も軌跡上の点である" ことが以下のように示されるからである．P に対応する t を t_0 とする．すなわち $x=f(t_0), y=g(t_0)$ である．このとき $t=-t_0$ によって定まる点 (x', y') について，$x'=f(-t_0)=-f(t_0)=-x$，$y'=g(-t_0)=-g(t_0)=-y$ であるから，$(x', y')=(-x, -y)$．したがって，点 (x, y) が軌跡上の点であるなら，その点と原点対称な点 $(-x, -y)$ も軌跡上の点である．(イ)，(ウ) についても同様に示せる．

(注2) たとえば漸近線が存在しない場合には，「有無」を尋ねられていなければ，解答において，漸近線が存在しないことについてふれる必要はない．x 軸，y 軸との交点などについても同様である．

[例題 4・4・1]

点 (x, y) を点 $(x+a, y+b)$ にうつす平行移動によって曲線 $y = x^2$ を移動して得られる曲線を C とする．C と曲線 $y = \dfrac{1}{x}$，$x > 0$ が接するような a，b を座標とする点 (a, b) の存在する範囲の概形を図示せよ．

また，この2曲線が接する点以外に共有点をもたないような a，b の値を求めよ．ただし，2曲線がある点で接するとは，その点で共通の接線をもつことである．

(東大)

発想法

$C : y - b = (x - a)^2$ と曲線 $y = \dfrac{1}{x}$ $(x > 0)$ とが接する条件として，

$$(x-a)^2 + b = \dfrac{1}{x}$$

$$\therefore \quad x^3 - 2ax^2 + (a^2 + b)x - 1 = 0$$

が $x > 0$ なる範囲に重解をもつ条件を求める，という方針では計算が困難な上に，得られる図形の方程式は複雑なものとなり概形をかくための役に立たない（(**注**) 参照）．

問題文に与えられた，「2曲線がある点で接するとは，その点で共通の接線をもつことである」を忠実に式に表すことを考えればよい．必然的に接点の x 座標を t と設定することになり，C と曲線 $y = \dfrac{1}{x}$ $(x > 0)$ が x 座標 t (>0) の点で接する条件を考えることになる．すると，a，b はそれぞれ t をパラメータとして表すことができる．

解答 C の方程式は

$$y - b = (x - a)^2$$

$$\therefore \quad y = (x - a)^2 + b \qquad \cdots\cdots ①$$

である．また，

$$曲線 : y = \dfrac{1}{x} \ (x > 0) \qquad \cdots\cdots ②$$

とおく．① において $\dfrac{dy}{dx} = 2(x - a)$，② において $\dfrac{dy}{dx} = -\dfrac{1}{x^2}$ であることから，① と ② が，x 座標 t (>0) の点で接する条件は

$$(t - a)^2 + b = \dfrac{1}{t} \quad (共有点である条件) \qquad \cdots\cdots ③$$

かつ，

$$2(t - a) = -\dfrac{1}{t^2} \quad (接線の傾きが等しい) \qquad \cdots\cdots ④$$

である．④ より

$$a = t + \frac{1}{2t^2} = t + \frac{1}{2}t^{-2} \quad \cdots\cdots ⑤$$

これを ③ に代入して

$$b = \frac{1}{t} - \frac{1}{4t^4} = t^{-1} - \frac{1}{4}t^{-4} \quad \cdots\cdots ⑥$$

$\{③, ④\} \Longleftrightarrow \{⑤, ⑥\}$ であるから $\{⑤, ⑥\}$ によって表される点 (a, b) が, t を $t>0$ なる範囲で動かしたときに, どのように動くかを追跡すればよい. 求める図形は ⑤, ⑥ の形より曲線であることがわかり, この曲線を K とする.

K は, $t = \dfrac{1}{\sqrt[3]{4}}$ のとき a 軸と交わる.

また,

$$\frac{da}{dt} = 1 - t^{-3} = \frac{t^3 - 1}{t^3}$$

$$\frac{db}{dt} = -t^{-2} + t^{-5} = \frac{1 - t^3}{t^5}$$

より, 表 1 を得る.

t	(0)		1		$(+\infty)$
$\dfrac{da}{dt}$		$-$	0	$+$	
a	$(+\infty)$	↘	$\dfrac{3}{2}$	↗	$(+\infty)$
$\dfrac{db}{dt}$		$+$	0	$-$	
b	$(-\infty)$	↗	$\dfrac{3}{4}$	↘	(0)

表 1

また $\dfrac{db}{da} = \dfrac{\dfrac{db}{dt}}{\dfrac{da}{dt}} = -\dfrac{1}{t^2}$ であるから, $t=1$ のとき, すなわち, $(a, b) = \left(\dfrac{3}{2}, \dfrac{3}{4}\right)$ において "接線" の傾きは -1 である $\Biggl(t=1$ のときに, $\dfrac{db}{dt} = 0$ であることから, $\dfrac{db}{da} = \dfrac{\dfrac{db}{dt}}{\dfrac{da}{dt}}$ が 0 であると結論してはいけない. ここでは右辺の分母 $\dfrac{da}{dt}$ も 0 であり, 双方の関連性を無視してはならない $\Biggr)$.

次に, 曲線 K の凹凸を調べる.

$$\frac{d^2b}{da^2} = \frac{d}{da}\left(\frac{db}{da}\right) = \frac{\dfrac{d}{dt}\left(\dfrac{db}{da}\right)}{\dfrac{da}{dt}} = \frac{\dfrac{2}{t^3}}{\dfrac{t^3 - 1}{t^3}} = \frac{2}{t^3 - 1}$$

よって,

$0 < t < 1$ においては $\dfrac{d^2b}{da^2} < 0$ であるから, 曲線 K は上に凸,

$1 < t$ においては $\dfrac{d^2 b}{da^2} > 0$ であるから，曲線 K は下に凸となる．

また，曲線 K の漸近線は $b=0$ (a 軸) のみである．

以上より，求める曲線 K の概形は図 1 のようになる．

次に，①，② によって表される曲線が接点以外に共有点をもたないような a, b の値を求める．

①，② から y を消去した x の方程式

$$(x-a)^2 + b = \dfrac{1}{x}$$

すなわち

$$x^3 - 2ax^2 + (a^2 + b)x - 1 = 0$$

は，⑤，⑥ より接点の x 座標 t を用いて，

$$x^3 - 2\left(t + \dfrac{1}{2t^2}\right)x^2 + \left(t^2 + \dfrac{2}{t} - \dfrac{1}{4t^4} + \dfrac{1}{4t^4}\right)x - 1 = 0$$

$$\therefore \quad (x-t)^2\left(x - \dfrac{1}{t^2}\right) = 0 \quad \cdots\cdots ⑦$$

と書ける．これより，①，② によって表される曲線が接点以外に共有点をもたない条件は，⑦ が $x=t$ 以外に解をもたないことであるから，

$$\dfrac{1}{t^2} = t$$

$$\therefore \quad t = 1$$

よって，$t=1$ のときの a, b の値が求めるものであるから，表 1 より

$$(a, \ b) = \left(\dfrac{3}{2}, \ \dfrac{3}{4}\right) \quad \cdots\cdots \text{(答)}$$

(注) ① と ② が接する条件を，〝①，② から y を消去した式

$$(x-a)^2 + b = \dfrac{1}{x}$$

$$\therefore \quad x^3 - 2ax^2 + (a^2 + b)x - 1 = 0$$

が重解をもつ〟という条件で処理したのでは，求める曲線の概形がうまくつかめないという以前に「2 曲線がある点で接するとは，その点で共通の接線をもつことである」という問題で与えられた〝定義〟にしたがっていないことになってしまう．後半もこの定義に準ずる解答とした．

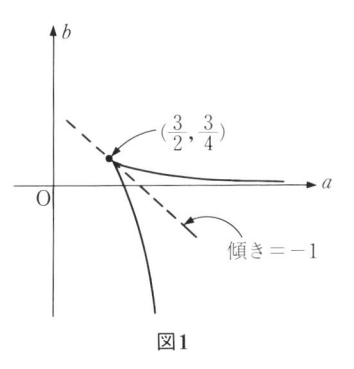

§4 動きを2つの方向へ分解せよ　259

───〈練習 4・4・1〉───
t を媒介変数とするとき，次の曲線の概形をかけ．
$$\begin{cases} x = t - t^3 \\ y = 1 - t^4 \end{cases} \quad (-\infty < t < +\infty)$$

解答　(i) まず曲線が存在しうる範囲を求めておく．$-\infty < t < +\infty$ を考えて，
x は t の3次関数であるから，$-\infty < x < +\infty$
y は最大値が1となるような t の4次関数であるから，$y \leq 1$

(ii) $x = t - t^3$, $y = 1 - t^4$ において，t の代わりに $-t$ とすると，
$$x = -t + t^3 = -(t - t^3), \quad y = 1 - t^4$$
であり，x が符号を変えるだけであるから y 軸対称である．したがって，$t \geq 0$ の範囲での曲線の概形だけ調べれば，その図形を y 軸に関し，対称移動することによって，$t \leq 0$ の範囲での曲線の概形が得られる．したがって，以下，$t \geq 0$ の範囲だけで考えていく．

(iii) 題意の曲線の $t \geq 0$ の部分と，x 軸，y 軸との交点を調べる．曲線が y 軸と交わるときの $t (\geq 0)$ の値は，$x = t - t^3 = t(1 - t^2) = 0$ より，$t = 0, 1$．$t = 0$ のとき $y = 1$，$t = 1$ のとき $y = 0$ であるから，曲線と y 軸との交点は $(0, 1)$ および $(0, 0)$．曲線が x 軸と交わるときの $t (\geq 0)$ の値は，$y = 1 - t^4 = 0$ より，$t = 1$．$t = 1$ については，$(0, 0)$ であることがすでにわかっており，x 軸との交点は $(0, 0)$ のみである．

(iv) $\dfrac{dy}{dt} = -4t^3$, $\dfrac{dx}{dt} = 1 - 3t^2$ より，
$$\frac{dy}{dx} = \frac{\dfrac{dy}{dt}}{\dfrac{dx}{dt}} = \frac{-4t^3}{1 - 3t^2} \quad \cdots\cdots ①$$

したがって，曲線の x 軸，y 軸との交点における微分係数について，$t = 0$ のときの点 $(0, 1)$ においては $\dfrac{dy}{dx} = 0$ であり，また，$t = 1$ のときの点 $(0, 0)$ においては $\dfrac{dy}{dx} = 2$ となることがわかる．

また，$t \to \dfrac{1}{\sqrt{3}}$ のとき $\left|\dfrac{dy}{dx}\right| \to +\infty$ であり，$t = \dfrac{1}{\sqrt{3}}$ に

t	0		$\dfrac{1}{\sqrt{3}}$		$(+\infty)$
$\dfrac{dx}{dt}$		$+$	0	$-$	
x	0	↗	$\dfrac{2\sqrt{3}}{9}$	↘	$-\infty$
$\dfrac{dy}{dt}$		$-$		$-$	
y	1	↘	$\dfrac{8}{9}$	↘	$-\infty$

対応する点 $\left(\dfrac{2\sqrt{3}}{9}, \dfrac{8}{9}\right)$ において，曲線の接線は，y 軸に平行となる．

以上より，$t\ (\geqq 0)$ の変化に応じた点 (x, y) の各成分の変化は，増減表に示したとおりとなり，これより大雑把なグラフの形がわかる（図1）．

(v) 曲線の凹凸を調べる．
$$\dfrac{d^2 y}{dx^2} = \dfrac{d}{dx}\left(\dfrac{dy}{dx}\right) = \dfrac{\dfrac{d}{dt}\left(\dfrac{dy}{dx}\right)}{\dfrac{dx}{dt}}$$
に気をつけると，
$$\dfrac{d}{dt}\left(\dfrac{dy}{dx}\right) = -\dfrac{12t^2(1-t^2)}{(1-3t^2)^2}$$
および (iv) で求めた
$$\dfrac{dx}{dt} = 1 - 3t^2$$
より
$$\dfrac{d^2 y}{dx^2} = -\dfrac{12t^2(1-t^2)}{(1-3t^2)^3}$$
これより，
$$0 < t < \dfrac{1}{\sqrt{3}},\ 1 < t\ \text{では上に凸}\ \left(\dfrac{d^2 y}{dx^2} < 0\right),$$
$$\dfrac{1}{\sqrt{3}} < t < 1\ \text{では，下に凸}\ \left(\dfrac{d^2 y}{dx^2} > 0\right)\ \text{である．}$$

以上より，$0 < t$ における曲線の概形は図 2 のようになり，これを y 軸対称に折り返した図形と合わせることにより，求める曲線の概形を得る（図 3）．

図1

図2

図3

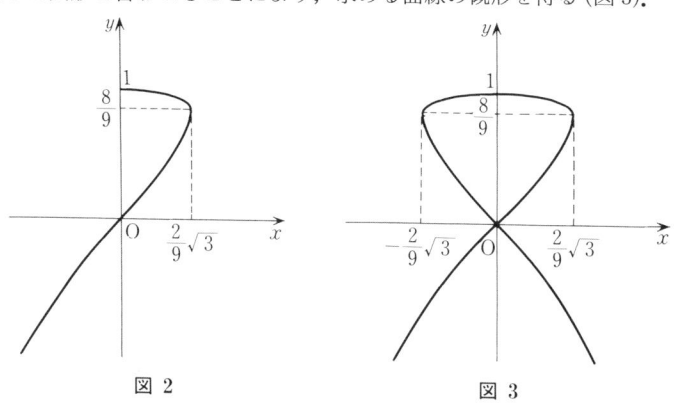

[例題 4・4・2]
　動点 P は，xy 平面上，原点 O を中心とする半径 1 の円周上を正の向きに速さ 1 で動き，動点 Q は，P を中心とする半径 1 の円周上を正の向きに速さ 3 で動く．ただし，時刻 t のとき，
$$\overrightarrow{OQ}=(\cos t+\cos 3t,\ \sin t+\sin 3t)$$
とし，$0\leqq t\leqq \dfrac{\pi}{2}$ とする．
　このとき，動点 Q の軌跡の概形をかけ．

発想法

　前問までと同様にして，$x=\cos t+\cos 3t$，$y=\sin t+\sin 3t$ に対して x 方向，y 方向に動きを分解して調べることもできるが，この問に対しては $\overline{OQ}$ および $\angle QOx$ という 2 つの観点から，動点 Q の動きを追跡する方法を紹介する．この方法は，xy 平面上の点 X が，x 座標と y 座標を用いて表す以外に，「極座標」とよばれる $r=\overline{OX}$，$\theta=\angle XOx$ を用いて表す方法もある（図 1）ことに基づいている．「北北東の方向 300m に敵艦発見」という表し方である．

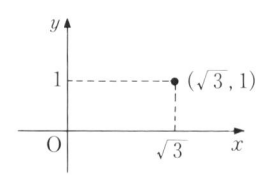

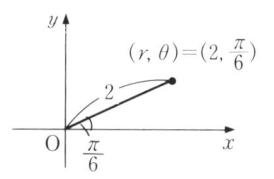

図1

解答
　Q$(x,\ y)$ とおくと，和を積に変える公式より
$$x=\cos t+\cos 3t=2\cos 2t\cos t$$
$$y=\sin t+\sin 3t=2\sin 2t\cos t$$
したがって，
$$\begin{aligned}r\equiv OQ&=\sqrt{x^2+y^2}\\&=\sqrt{4\cos^2 t}\\&=2\cos t\quad (\because\ 0\leqq t\leqq \dfrac{\pi}{2}\ \text{より}\ \cos t\geqq 0)\quad \cdots\cdots①\end{aligned}$$
また，$\dfrac{y}{x}=\dfrac{\sin 2t}{\cos 2t}=\tan 2t$ より，
$$\begin{aligned}\theta\equiv \angle QOx\\=2t\end{aligned}\quad \cdots\cdots②$$
①，② より，点 Q は
　x 軸から $2t$ の角をなす直線 $y=(\tan 2t)x$ 上，原点から $2\cos t$ の距離にある点

である (図2).

したがって, t が 0 から $\dfrac{\pi}{2}$ まで増加する間に,

$r = 2\cos t$ は 2 から 0 まで減少し,
$\theta = 2t$ は 0 から π まで増加する

ので (増減表として表してもよい), 求める軌跡は図3のようになる (図4は参考のためにいくつかの t の値に対する点 Q をプロットしたものである).

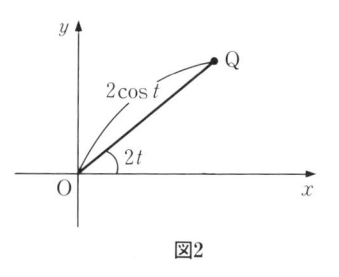

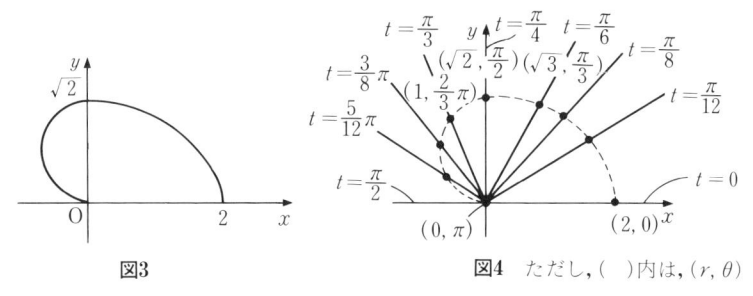

図2

図3

図4 ただし, ( ) 内は, (r, θ)

(注) より正確な軌跡をかくのならば, $\dfrac{dr}{dt}$, $\dfrac{d\theta}{dt}$ などを調べることになる. 本問に関しては, 凹凸について, 簡単には調べられない.

§5 動きの特徴をさぐれ（通過定点と包絡線の存在）

1917年に掛谷宗一氏は"長さ1の線分を平面上で1回転させるとき，線分が通過する領域のうち，面積が最小になる図形は何か？"という問題を提起した．長さ1の線分は，下図に示す図形 (a), (b), (c) のいずれの上でも1回転できる．

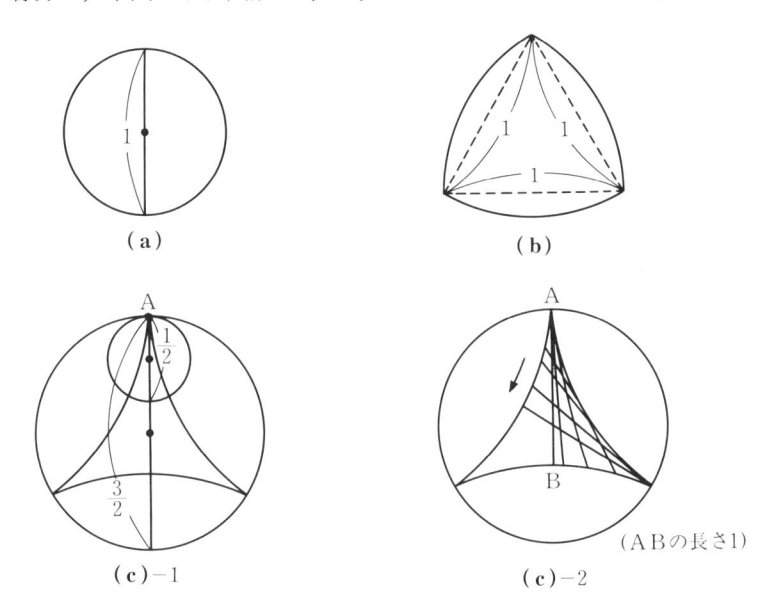

(a)

(b)

(c)-1

(c)-2　(ABの長さ1)

これら3つの図形の各面積を計算すると，それぞれ，$\frac{\pi}{4}$（約 0.785），$\frac{1}{2}(\pi-\sqrt{3})$（約 0.704），$\frac{\pi}{8}$（約 0.3925）であり，これら3つの中で面積が最小なものは (c) である．図形 (c) は，直径が $\frac{3}{2}$ の円に，直径 $\frac{1}{2}$ の円を内接させながら，すべらずに回転させたときに，大円の点 A と一致していた小円周上の定点 P が描く軌跡であり，"円サイクロイド"とよばれている．長さ1の線分が (c) 上で1回転するためにはその線分がつねに円サイクロイドに接しながら動くときに，やっと1回転できることが容易に推測できるであろう．しかし，この問題は，1928年にソ連の数学者ベシコビッチによって，万人の予想に反する結果が示されて幕が閉じられた．その答は"面積がいくら小さくとも長さ1の線分が1回転できる図形が無数に存在する"というものであった．

一見無秩序に動き回っているように見える対象を分析すると，円サイクロイド

の境界に線分が接しながら動いていたように，その動きに特徴を見出すことができることもある．特徴を首尾よくとらえることができれば問題を容易に解決できるのである．

本節では，パラメータを含む直線や曲線が，パラメータの変化にともなって動きまわるときの特徴をとらえて掃過領域問題を解決する方法について学ぶ．

t を実数の定数とする．このとき，
$$y = tx - t^2 \quad \cdots\cdots ①$$
によって表される xy 平面上の直線を l とする．① において，t の値を実数値の範囲で連続的に変化させていけば，直線 l も"連続的に"その位置や傾きを変えるので，さまざまな直線を表すことができる．その意味で，t をパラメータとするとき，① によって連続的に変化していく直線からなる直線群を表していると考えることができる．同様にして，たとえば $x^2+y^2+2kx+(k+2)y-\dfrac{1}{4}(k+1)=0$（[例題 4・5・1]）は，$k$ をパラメータとする xy 平面上の円群を表していると考えることができる．

この章では，このような

『パラメータを含んだ方程式によって表される直線や曲線に関し，パラメータの値の変化にともなう直線や曲線の"ふるまいかた"』

を考察する．すなわち，直線や曲線の動きの特徴について考察する．この特徴を

㋐ パラメータの値の変化によらず保たれる性質

㋑ パラメータの値の変化に応じて変わる直線などの変わり方の特徴

という2つの視点から観察し，解答にその事実を活かそうというわけである．

まず，前半では，曲線（直線を含む）の方程式に含まれているパラメータの次数が1次の場合について扱う．この場合，上述の㋐，㋑に相当する性質はそれぞれ

㋐ パラメータの値によらず，曲線（または直線）はある定点を通る

㋑ パラメータの値の変化にともなって，直線ならばその傾きを変化させ，円ならば中心や半径を変化させる

となる．

また，後半では，パラメータの次数が2次以上の式が表す直線群（または曲線群）の特徴について分析する．この場合には，

㋐ パラメータの値によらず，直線（または曲線）はある定曲線 C に接し

㋑　パラメータの値の変化にともなって，㋐における定曲線 C との接点が移動していく（したがって，たとえば直線ならその傾きも変化する）

となる．

パラメータの次数が 1 次の場合

　実数 t はパラメータとする．このとき xy 平面上のある直線（群）を表す式，たとえば

$$(2t-1)x+(1-t)y+1=0$$

を t について整理すると

$$(y-x+1)+t(2x-y)=0 \quad \cdots\cdots ①$$

となる．このように，1 次のパラメータを含む曲線（または直線）の方程式をパラメータを含む項とそれ以外の項とに分けて整理すると，一般に，

$$F(x, y)+tG(x, y)=0 \quad (t\text{ はパラメータ}) \quad \cdots\cdots(*)$$

の形の式になる．ただし，以後のすべての議論を簡潔にするため，特に断らない限り，

$$F(x, y)=0, \quad G(x, y)=0$$

は共有点（交点または接点）をもつ異なる 2 曲線（または直線）を表すものとする．パラメータの変化にともなう曲線 $(*)$ の動きの特徴として次の事実が成り立つ．

　[命題1]　t が変化するとき，$(*)$ は 2 曲線

$$F(x, y)=0, \quad G(x, y)=0$$

の共有点をすべて通りながら変化していく曲線群（または直線群）を表す．また，t の値によらず，これらが通過する定点は 2 曲線の共有点に限られる（図 A）．

　この命題を使えば，① の表す直線群は t の値によらず，2 直線

$$y-x+1=0$$
$$2x-y=0$$

の交点 $(-1, -2)$ を通過している，ということになる．いいかたを変えれば，① は t の変化にともなって点 $(-1, -2)$ を通りながら傾きを変化させていく直線群を表している，ということである．

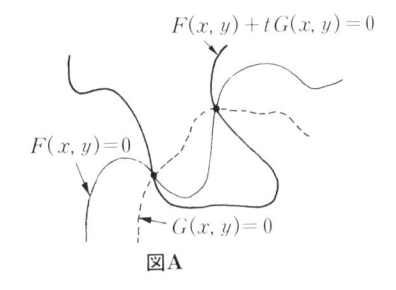

では，上述の命題を証明しよう．

【証明】 （*）が t の値によらず通過する定点（があるならば，それ）を (x_0, y_0) とし，(x_0, y_0) に対する必要十分条件を求める．任意の t の値に対して点 (x_0, y_0) が曲線（*）上に存在することは，

$$\text{任意の } t \text{ の値に対して，} \quad F(x_0,\ y_0) + tG(x_0,\ y_0) = 0$$

が成立していることと同値である．したがってここで $F(x_0,\ y_0)$，$G(x_0,\ y_0)$ がそれぞれ実数値であることを明確に意識するために $F(x_0,\ y_0) = A$，$G(x_0,\ y_0) = B$，かつ A，B はともに実数とおく．このとき，A，B に対する必要十分条件は

$$A + Bt = 0$$

が t の値によらず成立する（すなわち，t についての恒等式が成り立つ）ことである．

この恒等式が成り立つ条件は，A，B が実数だから，$A = B = 0$ となる，すなわち (x_0, y_0) を $F(x, y)$，$G(x, y)$ へ代入した値はともに 0 であることである．すなわち，

$$F(x_0,\ y_0) = 0, \quad G(x_0,\ y_0) = 0$$

これは，点 (x_0, y_0) が2曲線 $F(x, y) = 0$，$G(x, y) = 0$ の両方の上にあることを意味しており，したがって，点 (x_0, y_0) は2曲線 $F(x, y) = 0$，$G(x, y) = 0$ の共有点である（点 (x_0, y_0) はこの2曲線の共有点のいずれであっても上述の議論に何らの支障はきたされないので，結局すべての共有点が題意の定点となる）．

〔おわり〕

なお，上述の命題における後半を示す必要がなければ，もっと簡単な証明もある (p. 296 (**注1**) 参照)

(**注**) $F(x, y) = 0$，$G(x, y) = 0$ が共有点をもたない場合には，（*）の表す曲線（群）は，これらの2曲線との位置関係において表面的には，何ら際立った特徴をもたない．

以下，$F(x, y) = 0$，$G(x, y) = 0$ のおのおのが表す曲線のタイプ別に3通りの場合について（*）によって表される曲線がどのようなものなのか，より詳しい考察を与えておこう．以下の議論は，§6 においても重要になってくる．

例1. $F(x, y) = 0$，$G(x, y) = 0$ がともに直線の方程式の場合

上述の命題の成立を確認できる最も簡単な例として，直線

$$y - y_0 = m(x - x_0) \quad (x_0,\ y_0 \text{ は定数，} m \text{ はパラメータ}) \quad \cdots\cdots ②$$

§5 動きの特徴をさぐれ(通過定点と包絡線の存在)　267

を考える．$y-y_0+m(-x+x_0)=0$ と書けば，(*)の形となる．ただし $F(x, y)$, $G(x, y)$ に対応するものは，実際にはそれぞれ，y だけの関数 $y-y_0$，x だけの関数 $-x+x_0$ である．② が m の値の変化にともなって，点 (x_0, y_0)（これは2直線 $y-y_0=0$, $-x+x_0=0$ の交点と考えられる）を通り，傾き m を変化させていく直線を表すことはよく知られている．

m をすべての実数の範囲で動かせば，(x_0, y_0) を通る直線のうちのただ1本の直線 $-x+x_0=0$（$G(x, y)=0$ に相当する）を除いて残りすべての直線を表すことができる(図B)．直線 $-x+x_0=0$ の傾きは無限大となってしまい，実数値 m によってその傾きを表すことができないために，この1本が除かれる，と解釈すればよい．

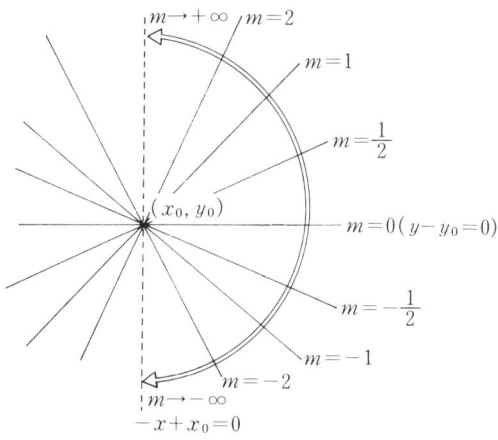

図B

この事実をより一般的に述べよう．

[命題2]　$F(x, y)=0$, $G(x, y)=0$ はともに直線を表す式とし，これら2直線は交わり，その交点を $P(x_0, y_0)$ とする．このとき，
　　$F(x, y)+tG(x, y)=0$　（t は実数を動くパラメータ）……(*)
は，点 $P(x_0, y_0)$ を通る直線のうち，直線 $G(x, y)=0$ を除く残りすべての直線を表す．

【証明】　点 $P(x_0, y_0)$ を通る直線のうち，$G(x, y)=0$ 以外の直線 l（図C）に対しては，ある実数 t が存在して，その t を (*) に代入すれば直線 l の方程式を表すことができる．なぜならば，l 上の P 以外の点 (α, β) を勝手に選び，(*) に代入

すると，点 (α, β) が直線 $G(x, y)=0$ 上にないから $G(\alpha, \beta) \neq 0$ であることに注意すれば

$$F(\alpha, \beta)+tG(\alpha, \beta)=0$$
$$\therefore \quad t=-\frac{F(\alpha, \beta)}{G(\alpha, \beta)}$$

となる．このようにして，t の値を決定できるからである．

ところが，直線 $G(x, y)=0$ 上の点 P 以外の点 (α, β) に対しては，

$$F(\alpha, \beta) \neq 0, \quad G(\alpha, \beta)=0$$

より，

$$F(\alpha, \beta)+tG(\alpha, \beta)=0$$

は実数解 t をもたない．すなわち，

$$F(x, y)+tG(x, y)=0$$

が点 (α, β) を通るような実数値 t は存在しない．したがって，いかなる実数 t に対しても，(∗) は直線 $G(x, y)=0$ を表さない．　〔おわり〕

この考察と同様にして，例2, 例3 の解説中の～～部が示される．

例2.　$F(x, y)=0$, $G(x, y)=0$ がともに円の方程式の場合

　　　($F(x, y)$, $G(x, y)$ とも x^2, y^2 の係数はともに 1 であるとして一般性を失わない)

$$F(x, y)=x^2+y^2+Ax+By+C$$
$$G(x, y)=x^2+y^2+A'x+B'y+C'$$

とし，2円 $F(x, y)=0$, $G(x, y)=0$ が 2 点 P, Q で交わるとする．このとき

$$F(x, y)+tG(x, y)=0 \quad \cdots\cdots(∗)$$

によって，パラメータ t を実数全体にわたって変化させれば，$t \neq -1$ のとき

　　<u>2つの交点 P, Q を通る円のうち，円 $G(x, y)=0$ を除く残りすべての円</u>

を表せる．一方，$t=-1$ の場合には，2つの交点 P, Q を通る直線，すなわち

　　<u>2円の共通弦である直線 PQ</u>

が表される (図D)．というのは，$t=-1$ のときには，

$$F(x, y)-G(x, y)=(A-A')x+(B-B')y+(C-C')=0$$

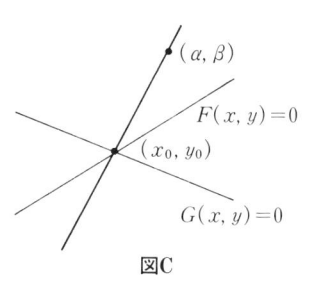

§5 動きの特徴をさぐれ（通過定点と包絡線の存在） 269

が直線の方程式であること，および(∗)が t の値によらず2点 P, Q を通る図形を表しているからである．証明は，**例1**.の命題の証明と同様に考えればよい（点(α, β) は，2点 P, Q 以外の点とする）．

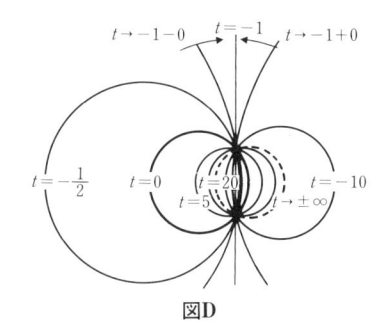

例3． $F(x, y)=0$ が円の方程式，$G(x, y)=0$ が直線の方程式の場合

円 $F(x, y)=0$ と直線 $G(x, y)=0$ が2点 P, Q で交わるとき，
$$F(x, y)+tG(x, y)=0 \quad \cdots\cdots(\ast)$$
によって，

　　2つの交点 P, Q を通るすべての円

が表される．

この場合には(∗)は実数 t の値によらずつねに円を表しており，"除かれるべき図形"である $G(x, y)=0$ は直線を表している．また，すべての円が表されることは，2交点 P, Q を通る任意の円 C に対し，C 上の P, Q 以外の任意の点 (α, β) によって，t の値を
$$t=-\frac{F(\alpha, \beta)}{G(\alpha, \beta)} \quad (\because \ G(\alpha, \beta)\neq 0 \ \text{各自，確かめよ})$$
と求められることによる．

「パラメータの次数が1次でない場合」については，p.278以降で説明する．

[例題 4・5・1]

$x^2+y^2+2kx+(k+2)y-\dfrac{1}{4}(k+1)=0$ （k は実数）について，次の問いに答えよ．

(1) k がどんな実数をとっても，この円はつねに2つの定点を通る．この定点の座標を求めよ．

(2) この円の半径の最小値とそのときの中心の座標を求めよ．

(北海道教育大)

【発想法】

(1)は，まず k について整理することから始める．なお，2定点を具体的に求める必要がない場合には，〈練習4・5・2〉の解答を参照せよ．

(2)は，(1)で求めた2定点を P，Q とすると，2定点 P，Q を通る任意の円に関して
$$\overline{\mathrm{PQ}} \leqq 直径$$
が成立している(図1)．

等号は円が線分 PQ を直径とする円の場合に限って成立し，このときの円が，P，Q を通る円のうちで半径が最小なものである．

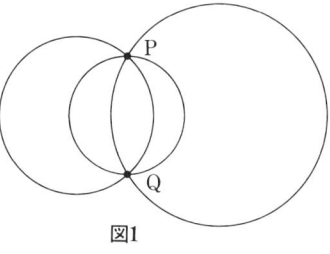

図1

【解答】 (1) $x^2+y^2+2kx+(k+2)y-\dfrac{1}{4}(k+1)=0$ ……①

これを k について整理すると
$$\left(x^2+y^2+2y-\dfrac{1}{4}\right)+k\left(2x+y-\dfrac{1}{4}\right)=0 \quad \cdots\cdots ②$$

この円②が k の値によらず通る定点 (x, y) は，k の値によらず②をみたす (x, y) として求められる．すなわち，②が k についての恒等式となる (x, y) が求める定点となる．

したがって，求める定点 (x, y) に関する条件は
$$\begin{cases} x^2+y^2+2y-\dfrac{1}{4}=0 & \cdots\cdots ③ \\ かつ \\ 2x+y-\dfrac{1}{4}=0 & \cdots\cdots ④ \end{cases}$$

③，④より y を消去して
$$16x^2-16x+1=0$$
$$\therefore\ x=\dfrac{2\pm\sqrt{3}}{4}$$

④ へ代入して

$$y = -\frac{3 \pm 2\sqrt{3}}{4} \quad (複号同順)$$

したがって, 求める 2 定点は

$$\left(\frac{2 \pm \sqrt{3}}{4},\ -\frac{3 \pm 2\sqrt{3}}{4}\right) \quad (複号同順) \qquad \cdots\cdots(答)$$

(2) (1)で求めた 2 定点を P, Q とする. P, Q を通る円のうち, 半径が最小となる円は, 線分 PQ を直径とする円であり(注), その中心は, 線分 PQ の中点 $M\left(\dfrac{1}{2},\ -\dfrac{3}{4}\right)$ である. また, このときの半径は

$$MP = \sqrt{\left(\frac{\sqrt{3}}{4}\right)^2 + \left(-\frac{2\sqrt{3}}{4}\right)^2} = \frac{\sqrt{15}}{4}$$

よって, 求める半径の最小値は $\dfrac{\sqrt{15}}{4}$

そのときの中心の座標は $\left(\dfrac{1}{2},\ -\dfrac{3}{4}\right)$ ……(答)

【別解】 (2) ① を

$$(x+k)^2 + \left(y + \frac{k+2}{2}\right)^2 = \frac{5}{4}\left\{\left(k + \frac{1}{2}\right)^2 + \frac{3}{4}\right\}$$

と変形すると, 半径が最小となるのは $k = -\dfrac{1}{2}$ のときで, このときの半径は

$$\sqrt{\frac{5}{4} \cdot \frac{3}{4}} = \frac{\sqrt{15}}{4}, \quad またこのときの中心は \left(\frac{1}{2},\ -\frac{3}{4}\right) である.$$

(注) p.269 の例 3 で述べたように, 方程式②によって, 2 点 P, Q を通る円のすべてを表しうる. したがって, 特に線分 PQ を直径とする円も, 適切な k の値をとることによって表すことができる.

━━〈練習 4・5・1〉━━━━━━━━━━━━━━━━━━
座標平面上に 3 点 A(0, 1), B(−1, 0), C(1, 0) がある．x 軸上の動点 P$(t, 0)$ $(t>1)$ に対して，線分 AC 上の点 Q を $\dfrac{QC}{AQ} = \dfrac{t-1}{2t-1}$ であるようにとる．このとき 2 点 P, Q を通る直線は，すべて定点を通ることを示せ．

(大阪大改)

発想法

直線 PQ の方程式は，「解答」で示すように，t を含んだ形で $y = -\dfrac{1}{3t-1}(x-t)$ と表される．この形のままでは t についての恒等式となる条件は考えにくいので，t についての 1 次式の形になるように式変形する．

解答 $\overrightarrow{OQ} = \dfrac{(t-1)\overrightarrow{OA} + (2t-1)\overrightarrow{OC}}{3t-2}$ より

$$Q\left(\dfrac{2t-1}{3t-2},\ \dfrac{t-1}{3t-2}\right)$$

したがって，直線 PQ の方程式は

$$y = \dfrac{\dfrac{t-1}{3t-2}}{\dfrac{2t-1}{3t-2} - t}(x - t)$$

$$\therefore\ y = -\dfrac{1}{3t-1}(x-t) \quad (\because\ t-1 \neq 0)$$

さらに分母を払って t について整理する．

$$x - t + (3t-1)y = 0$$

$$\therefore\ (x-y) + t(3y-1) = 0 \quad \cdots\cdots ①$$

① が t の値によらず成り立つような (x, y)，すなわち ① が t についての恒等式となるような (x, y) が存在すれば，その点が ① がつねに通過する定点である．よって，

$$\begin{cases} x - y = 0 \\ 3y - 1 = 0 \end{cases} \quad \cdots\cdots ②$$

より $(x, y) = \left(\dfrac{1}{3},\ \dfrac{1}{3}\right)$ がその定点として求められるので証明は完結した．

[コメント] 実際には，② を解いて定点の座標を求めることまでしなくても，② が解をもつことさえいえば十分である．② の 2 式が表す直線が平行でないことから，② が解をもつことは明らかである．

─〈練習 4・5・2〉─────────────────
円 $x^2+y^2-4ax-2ay+20a-25=0$ は定数 a の値のいかんにかかわらず 2 つの定点を通ることを証明せよ．
また，この円と，円 $x^2+y^2=5$ とが接するように a の値を定めよ．

(東京工業大)

発想法

前半は，具体的に定点を求めなくても，定点の存在を示してしまえば十分である．
後半は，半径 r_1, r_2 の 2 円が接する条件

(中心間の距離)$=r_1+r_2$ （外接）

(中心間の距離)$=|r_1-r_2|$ （内接）

を用いてもよいが，ここでは，前半での 2 定点を求める際の議論を活用する．

「与えられた円：
$$x^2+y^2-25+a(-4x-2y+20)=0 \quad \cdots ①$$
が a の値にかかわらず
 円：$x^2+y^2-25=0$ $\cdots ②$
 直線：$2x+y-10=0$ $\cdots ③$
の 2 交点 P, Q を通る」
ことから，円 ① の中心はつねに線分 PQ の垂直二等分線上にあることがわかる．

図1

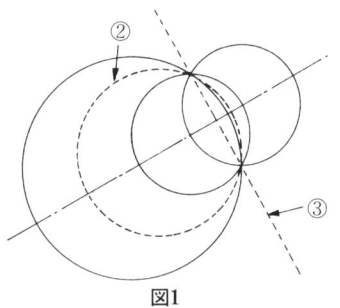

解答 与えられた円の方程式を a について整理すると
$$(x^2+y^2-25)+a(-4x-2y+20)=0 \quad \cdots\cdots ①$$

① が a の値にかかわらず通る定点 (x, y) に対する条件は，① が a の恒等式となることだから，

$$\begin{cases} x^2+y^2-25=0 & \cdots\cdots ② \\ 2x+y-10=0 & \cdots\cdots ③ \end{cases}$$

が成り立つことである．

円 ② と直線 ③ について，

$$\left(\begin{array}{l}② \text{の中心 O から}\\③ \text{へ至る距離}\end{array}\right)=\frac{|2\cdot 0+0-10|}{\sqrt{2^2+1^2}}$$
$$=2\sqrt{5}<5=(② \text{の半径})$$

より，円 ② と直線 ③ は 2 点で交わる．すなわち，$\{②, ③\}$ をみたす (x, y) は 2 つあり，これらが題意の 2 定点となっている．

この 2 定点を P, Q とするとき，円 ① の中心はつねに線分 PQ の垂直二等分線 l 上にある（図1）．よって，l は ③ に垂直で，かつ ② の中心 O を通るので，l の方程式は，

$l: x-2y=0$ ……④

円 $x^2+y^2=5$ ……⑤ と⑤に内接または外接する円との接点もそれぞれ④上にある(図2)ので，接点の座標は④かつ⑤より

$\quad (x, y)=(2, 1), (-2, -1)$

円①が $(2, 1)$ を通る(外接)のは
$(x, y)=(2, 1)$ を①へ代入して
$\quad -20+10a=0$
$\quad \therefore\ a=2$

円①が $(-2, -1)$ を通る(内接)のは
$\quad -20+30a=0$
$\quad \therefore\ a=\dfrac{2}{3}$

よって，求める a は，

$\quad\quad a=2,\ \ \dfrac{2}{3}$ ……(答)

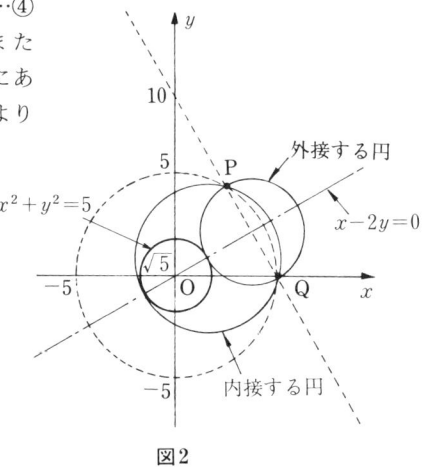

図2

[例題 4・5・2]

(1) 空間において，平面 $ax+y+z=a+2$ に関して原点と対称な点 P の座標を求めよ．

(2) a が実数全体を動くとき，(1)で求めた P の軌跡はある円周から 1 点を除いたものになる．このことを示し，軌跡の円周を含む平面，円の中心と半径，および円周上で軌跡から除かれる点を求めよ．

発想法

(2) 平面の方程式を a について整理すると，
$$a(x-1)+(y+z-2)=0 \quad \cdots\cdots(*)$$
となる．これより，a が実数全体を動くとき，与えられた方程式は，2 平面 $x-1=0$, $y+z-2=0$ の交線 l を通る平面群，すなわち，l を回転軸とする平面群を表していることがわかる．ただし，平面 $x-1=0$ だけは，$(*)$ の形で表されないので，除かれる 1 点は，$x-1=0$ に関して原点と対称な点である．

解答 (1) 与えられた平面を
$$\pi : ax+y+z=a+2$$
とおく．$\mathrm{OP} \perp \pi$ であるから，$\overrightarrow{\mathrm{OP}}$ は π の法線ベクトル $(a, 1, 1)$ に平行である．
したがって，P の座標 (x, y, z) は，適当な実数 t を用いて，
$$(x, y, z)=(ta, t, t) \quad \cdots\cdots①$$
と書くことができる．

さらに，線分 OP の中点 $\left(\dfrac{x}{2}, \dfrac{y}{2}, \dfrac{z}{2}\right)$ が π 上にあることから，
$$a \cdot \dfrac{x}{2} + \dfrac{y}{2} + \dfrac{z}{2} = a+2 \quad \cdots\cdots②$$
が成り立つ．①を②へ代入すると，
$$\dfrac{a^2 t}{2} + \dfrac{t}{2} + \dfrac{t}{2} = a+2$$
これを整理して，
$$(a^2+2)t = 2(a+2)$$
$$\therefore \quad t = \dfrac{2(a+2)}{a^2+2}$$
これを①へ代入することにより，
$$\mathrm{P}\left(\dfrac{2a(a+2)}{a^2+2}, \dfrac{2(a+2)}{a^2+2}, \dfrac{2(a+2)}{a^2+2}\right) \quad \cdots\cdots(答)$$
を得る．

(2) 平面 π を表す方程式を a について整理すると，
$$(y+z-2)+a(x-1)=0 \quad \cdots\cdots③$$

となる．これより a が実数全体を動くとき，③ は，2平面
$$y+z-2=0 \quad \cdots\cdots ④$$
$$x-1=0 \quad \cdots\cdots ⑤$$
の交線 (l とおく) を回転軸とする平面群からただ1つの平面 $x-1=0$ を除いたすべての平面を表すことができる．さらに，各 a の値に対し，点 P は，つねに O を含み l に垂直な平面 (α とおく) 上にある (図1(a))．

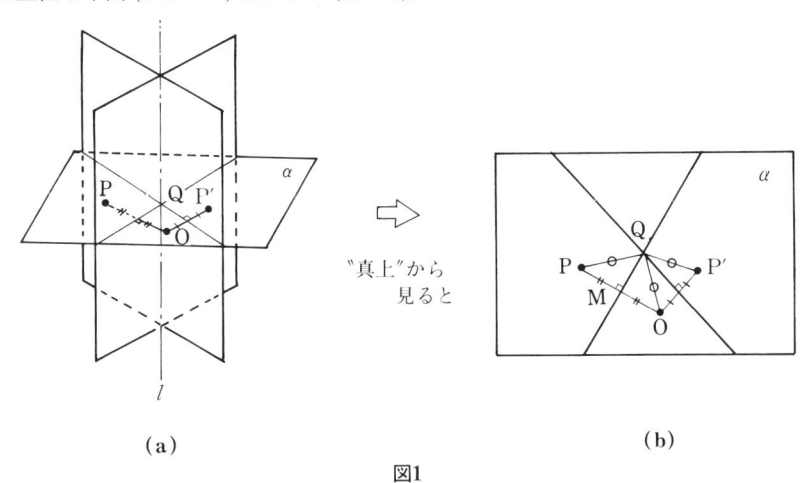

(a)　　　　　　　　(b)

図1

l と α の交点を Q，M を線分 OP の中点 (図1(b)) とすると，$\triangle$OMQ と $\triangle$PMQ において，$\angle$QMO＝$\angle$QMP＝90°，OM＝PM，QM は共通，より，
$$\triangle\text{OMQ} \equiv \triangle\text{PMQ}$$
であるから，
$$\text{PQ}=\text{OQ}\,(＝\text{一定})$$
すなわち，線分 PQ の長さは a の値によらず一定である．よって a の値の変化にともなって平面 ③ が l を軸として回転すると，点 P は平面 α 上，点 Q を中心とする半径 OQ の円周 C 上を動く．

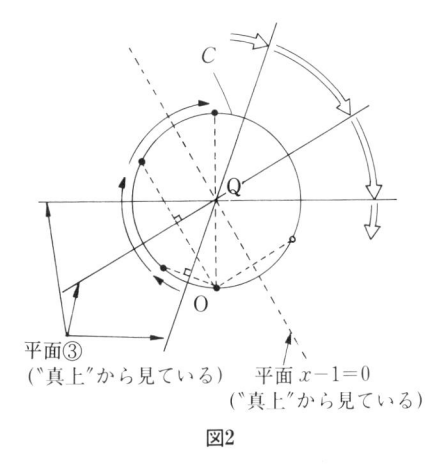

図2

ただし ③ は，l を含む平面のうち，平面 $x-1=0$ だけを表しえないので，上述の円 C のうち，平面 $x-1=0$ に関して原点と対称な点 $(2, 0, 0)$ だけを除いたものが，点 P の軌跡である．

次に平面 α の方程式を求める．α は原点 O を含み，その法線ベクトルは，直線 l の方向ベクトルに平行である．ここで直線 l 上の点が "④ かつ ⑤" より $(1, t, 2-t) = (1, 0, 2) + t(0, 1, -1)$ と書けることから，

$$\text{直線 } l : \begin{pmatrix} x \\ y \\ z \end{pmatrix} = \begin{pmatrix} 1 \\ 0 \\ 2 \end{pmatrix} + t \begin{pmatrix} 0 \\ 1 \\ -1 \end{pmatrix} \quad \cdots\cdots ⑥$$

よって，l の方向ベクトル，すなわち，平面 α の法線ベクトルは $\begin{pmatrix} 0 \\ 1 \\ -1 \end{pmatrix}$ であるから，平面 α の方程式は，

$$0 \cdot (x-0) + 1 \cdot (y-0) - 1 \cdot (z-0) = 0$$
$$\therefore \quad y - z = 0 \quad \cdots\cdots ⑦$$

また，円 C の中心 Q の座標は，直線 l と平面 α の交点であるから，⑥ において，$y = z$ とおいて $t = 2 - t$

$$\therefore \quad t = 1$$

よって，Q(1, 1, 1) であり，円 C の半径は

$$OQ = \sqrt{1^2 + 1^2 + 1^2} = \sqrt{3}$$

| 軌跡の円周を含む平面は $y - z = 0$
| 円の中心と半径はそれぞれ $(1, 1, 1)$, $\sqrt{3}$ $\quad\cdots\cdots$(答)
| 円周上，軌跡から除かれる点は $(2, 0, 0)$

[コメント] (1)で得られる P の座標において，(y 座標)＝(z 座標) となっていることから，求める平面の方程式を $y = z$ として，これと④，⑤から Q を求めてもよい．
なお，円周上，軌跡から除かれる点 $(2, 0, 0)$ は，P の各座標において，$a \to \pm\infty$ として得られることに注意せよ．これは，軌跡から除かれる点が，③ において $a \to \pm\infty$ としたときに該当する平面 $x - 1 = 0$ に関して原点と対称な点であることによる．

パラメータの次数が 1 次でない場合

　パラメータを含む直線の方程式において，パラメータの（最高）次数が 1 次でない（入試では主に 2 次）または，パラメータが $\sin t$, e^t (t をパラメータとする) などのように多少複雑な形で含まれている場合に関して，直線の動きの特徴の探り方を学ぶ．

（注）　たとえば　$y=t^2(x-1)$　はパラメータの次数は 2 次であるが，$t^2=s$ とおくことにより，実質的には　$y=s(x-1)$　というパラメータの次数が 1 次の場合に帰着される．また，たとえば $y=\sin t(x-1)$ も，$\sin t=s$ とおけば，やはり，パラメータの次数が 1 次の場合に帰着される．このような「適当な置き換えによってパラメータの次数が 1 次の場合に帰着できる」方程式によって表される図形の動きについては，前ページまでの解説を参照せよ．

　まず，この章の冒頭で例にあげた直線
$$l : y = tx - t^2 \quad \cdots\cdots ①$$
の，t の変化にともなう動きについて説明しよう．

　①に対しては，§1 で述べたような「t の値の変化にかかわらず通過するような定点」すなわち，t の値にかかわらず，等式 $t^2 - tx + y = 0$　が成り立つ（恒等式）ような (x, y) は存在しないので，t の変化にともなう直線 l の動きがつかみにくい．しかし，実は①は

　　放物線　$y = \dfrac{x^2}{4}$ ……②　上の

　点 $(2t, t^2)$ における接線の方程式
にほかならない．

　実際，①，②から y を消去すると
$$\dfrac{x^2}{4} = tx - t^2 \quad \therefore \quad \dfrac{1}{4}(x-2t)^2 = 0$$
となり，①，②が $x=2t$ なる点において接していることを確認できる．

　したがって，われわれは①を

　　『t の変化にともなって，放物線②に，点 $(2t, t^2)$ において接しながら動いていく直線（図 E）』

図 E

§5 動きの特徴をさぐれ（通過定点と包絡線の存在） 279

として扱うことができる．

　この例のように，xy 平面上の直線 $l: f(x, y\,;t)=0$ が，t の変化にともなってある曲線 C に接しながら動いていくとき，曲線 C を，直線群 $f(x, y\,;t)=0$ の**包絡線**とよぶ．すなわち，放物線 $y=\dfrac{x^2}{4}$（②）は直線群 $y=tx-t^2$（①）の包絡線である．

　また，$f(x, y\,;t)=0$ によって xy 平面上の曲線（群）が表されている場合にも，

　　「2曲線が接する」ことを，「2曲線のある共有点において，共通の接線をもつ」ことと解釈する　……（＊）

ことにより，やはり曲線群の包絡線を考えることができる（図F）．

　まず最初に，包絡線の求め方の概略を述べよう．なぜ，このようにすれば包絡線の方程式が求められるのかは後述の[**研究**]を参照せよ．

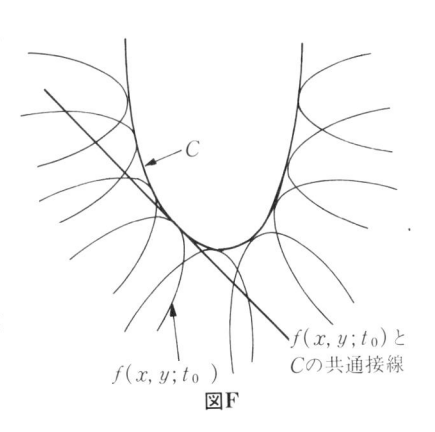

図F

包絡線の求め方

$$f(x, y\,;t)=0 \quad \cdots\cdots(\mathrm{i})$$

　t は1次でないパラメータとする．このとき，直線群(i)の包絡線を次のようにして求めることができる．

1st Step	(i)において，x，y を定数とみて，両辺を t で微分する．すなわち， 　　$\dfrac{d}{dt}f(x, y\,;t)=0$　　……(ii)
2nd Step	(ii)を t について解く． 　　$t=g(x, y)$　　……(iii)
3rd Step	(iii)を(i)に代入して， 　　$f(x, y\,;g(x, y))=0$　　……(iv) (iv)が直線群(i)の包絡線 C の方程式である．

[**例**]　冒頭で与えた2次のパラメータ t を含む直線群の方程式

$$y = tx - t^2 \qquad \cdots\cdots ①$$

を例にとり，上述の3つのステップに沿って，①の包絡線を求めよう（式の番号は対応させてあることに注意せよ）．

[1st Step] ①において，x，y を定数とみて両辺を t で微分すると

$$0 = x - 2t \qquad \cdots\cdots ③$$

[2nd Step] この式を t について解くと

$$t = \frac{x}{2} \qquad \cdots\cdots ④$$

[3rd Step] ④を①へ代入して

$$y = \frac{x}{2}\cdot x - \left(\frac{x}{2}\right)^2 \quad \therefore \quad y = \frac{x^2}{4} \qquad \cdots\cdots ⑤$$

⑤が直線群①の包絡線 C の方程式である．また，直線群の各直線 l と包絡線 C の接点の x 座標は，③より $x = 2t$ と求められる．パラメータ t にたとえば $0 \leq t \leq 1$ なる変域が与えられているならば，直線 l は包絡線 C 上，$0 \leq t \leq 1$ に対応する区間 $0 \leq x(=2t) \leq 2$ において C に接しながら動いていくことになる（図G）．

このようにして包絡線 C の方程式および，l と C の接点の座標は極めて機械的な操作で求められる．$f(x, y ; t) = 0$ が曲線(群)を表している場合にもまったく同様な操作で包絡線の方程式および与曲線と包絡線の接点を求めることができる．

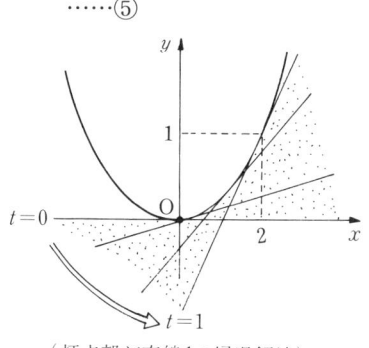

（打点部が直線 l の掃過領域）

図G

[研究] 上述の方法によって実際に包絡線が求められる，ということを

　　　直線①と包絡線 C との接点の軌跡が，

　　　包絡線 C にほかならない $\cdots\cdots(**)$

ことに基づき，上述の[例]で行った議論が正当であることに対する理論的な裏付けを与えよう．ここで示す事柄は高校のレベルを超えるので，読みとばし，(**注1**)から読み始めても，解答作成には何らの支障もない（$f(x, y ; t) = 0$ が t の2次式の場合にはもっと簡潔な裏付けができる．p.293，および，p.240 の12行目以下参照）．

任意の t に対して，t の値によって定まる直線①と包絡線 C との接点 $P(x, y)$

の各座標も t の関数として
$$x = \varphi(t), \quad y = \psi(t) \qquad \cdots\cdots ⑥$$
と決まる（この「接点の軌跡」として包絡線を求めるのである）．① 上の点で，特に (x, y) として接点 $\mathrm{P}(\varphi(t), \psi(t))$ を代入すると，
$$t \text{ の式}: \psi(t) = t\varphi(t) - t^2 \qquad \cdots\cdots ⑦$$
が得られる．

この式は任意の t の値に対して成立する恒等式であるから，両辺を t で微分した式においても等号は成立する．
$$\psi'(t) = \varphi(t) + t\varphi'(t) - 2t \qquad \cdots\cdots ⑧$$
ここで，① より $\dfrac{dy}{dx} = t$ であるから
$$\frac{dy}{dx} = \frac{\dfrac{dy}{dt}}{\dfrac{dx}{dt}} = \frac{\psi'(t)}{\varphi'(t)} = t$$
$$\therefore \quad \psi'(t) = t\varphi'(t) \qquad \cdots\cdots ⑨$$
が成立している．⑨ を ⑧ へ代入し，整理すると（⑧ における ---- 部が消えて）結局，① において x, y を定数とみて両辺を t で微分して得られる式（③ に相当する式）
$$0 = \varphi(t) - 2t \qquad \cdots\cdots ⑧' \quad (③ \text{に相当する})$$
が得られる．これより
$$t = \frac{\varphi(t)}{2} \qquad \cdots\cdots ⑩ \quad (④ \text{に相当する})$$
これを ⑦ へ代入すると
$$\psi(t) = \frac{\varphi(t)}{2} \cdot \varphi(t) - \left(\frac{\varphi(t)}{2}\right)^2$$
$$\therefore \quad \psi(t) = \frac{1}{4}(\varphi(t))^2 \qquad \cdots\cdots ⑪ \quad (⑤ \text{に相当する})$$

したがって，直線 ① と包絡線 C との接点 $\mathrm{P}(\varphi(t), \psi(t))$ はつねに放物線 $y = \dfrac{x^2}{4}$ 上に存在していることになり，（∗∗）で述べた事実により，放物線 $y = \dfrac{x^2}{4}$ が包絡線にほかならないことになる．また，接点の x 座標は ⑧′ よりただちに $x(= \varphi(t)) = 2t$ であることがわかる．

以上の理論的裏付けを考慮すれば，先に述べた [**1st Step**]～[**3rd Step**] を経て

包絡線が求められる，というのはあくまでも「形式的な方法」に過ぎない．したがって [1st Step]～[3rd Step] の議論は答案に書くべきではない．また，「厳密な議論」を解答の一部として書くのは高校レベルを超えるので困難である．

(注1) 実際に包絡線 C をもつ直線群や曲線群の掃過領域の問題を解く際には，包絡線 C や接点 P を求める議論を前面に出さないで，

　　直線 $f(x, y ; t)=0$ が点 P(パラメータ t を用いて x(または y)座標が表されている)において曲線 C に接していること

　　(曲線 $f(x, y ; t)=0$ が点 P において曲線 C と共通接線をもつこと)

を確認することから解答を始めるべきである．

また，曲線群の包絡線についても包絡線の「形式的な」求め方は，直線群の包絡線の求め方と同様 [1st Step]～[3rd Step] を経ればよい．そして，(＊)(p.279)による解釈(定義)に基づいて，"接点"における共通の接線を媒介にして考えることによって，やはりこの方法の理論的裏付けが可能となるが，ここではその証明等は割愛する(注2)．

(注2) 曲線 $f(x, y ; t)=0$ とその包絡線 C との接点は一般に 1 点とは限らない．また，曲線 $f(x, y ; t)=0$ のある点において接線を定めることができない場合(図 H など)には，包絡線の方程式と同時に，このような点(特異点とよばれる)の軌跡の方程式も求められてしまうことになる．

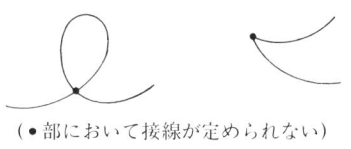

(●部において接線が定められない)

図 H

§5 動きの特徴をさぐれ（通過定点と包絡線の存在） 283

[例題 4・5・3]
　θ が実数全体を動くとき，xy 平面上の直線
　　　$y=(\cos\theta)x+\cos 2\theta$
の通りうる範囲を求め，図示せよ．

[発想法]
　パラメータ θ が $\cos\theta,\cos 2\theta$ の形で入っているため，このままでは扱いにくい．公式：$\cos 2\theta=2\cos^2\theta-1$ を用いて直線の方程式を
　　　$y=(\cos\theta)x+2\cos^2\theta-1$
と変形し，$\cos\theta=t$ とおけば
　　　$y=tx+2t^2-1$ ……①　（θ が実数全体を動くことから t の変域は $-1\leqq t\leqq 1$）
となり，p.278 で引き合いに出した直線：$y=tx-t^2$ と同様に扱える．
　まず，直線群①の包絡線を求めてみよう．

[1st Step]　①において x,y を定数とみて両辺を t で微分すると
　　　$0=x+4t$

[2nd Step]　∴　$t=-\dfrac{x}{4}$　……㋐

[3rd Step]　㋐を①へ代入すると
　　　$y=-\dfrac{x}{4}\cdot x+2\left(-\dfrac{x}{4}\right)^2-1$
　　　∴　$y=-\dfrac{x^2}{8}-1$　……㋑

　㋑が①の包絡線であり，㋑と①の接点の x 座標は再び㋐より $x=-4t$．試験ならば以上の計算はすべて問題用紙の余白で行ってしまって，解答としては（多少天下り的ではあるが）曲線㋑をいきなりもち出し，「直線①が，$x=-4t$ なる点における㋑の接線である」ことを確認することから始めるのが（包絡線に関する正確な議論を回避するのに）一番無難な答案のつくりかたである．

[解答]　$y=(\cos\theta)x+\cos 2\theta$
　　　　　$=(\cos\theta)x+2\cos^2\theta-1$
　ここで，$\cos\theta=t$ とおくと
　　　$y=tx+2t^2-1$　　　　　……①
θ が実数全体を動くとき，t は $-1\leqq t\leqq 1$ の範囲を動く．
　①が
　　　放物線　$y=-\dfrac{x^2}{8}-1$　……②
の $x=-4t$ なる点の接線の方程式となっていることが，次のようにして確かめられる．

①，②を連立して y を消去して得られる x の2次方程式

$$-\frac{x^2}{8}-1=tx+2t^2-1$$

は，

$$\frac{1}{8}(x+4t)^2=0$$

より重解 $x=-4t$ をもつことがわかる．したがって，①と②は接して，接点の x 座標は $x=-4t$ である．

よって，①は t が連続的に変化するにつれて，$x=-4t$ なる点において②に接しながら動いていく．

$-1\leqq t\leqq 1$ より接点は x 座標が

$-4\leqq x\leqq 4$

である範囲で動く（図1）．

よって，求める範囲は図2の斜線部分（ただし，境界を含む）．

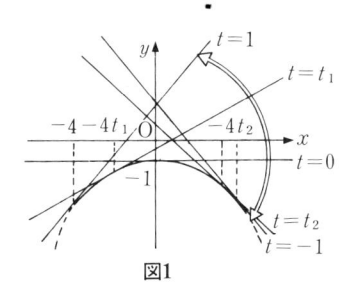

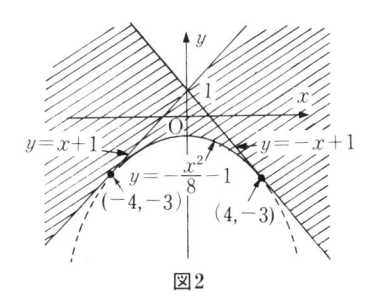

図1

図2

§5 動きの特徴をさぐれ（通過定点と包絡線の存在）　285

──〈練習　4・5・3〉──
　xy 平面上において，A(2, 1) とし，x 軸上の点 B を通り，AB に垂直な直線を l とする．B が，x 軸の正の部分上を動くとき，直線 l の通りうる範囲を求め，図示せよ．

解答　B$(t, 0)$，$(t>0)$ とおく．直線 AB の傾きは，$t \neq 2$ のとき $\dfrac{-1}{t-2}$，また，$t=2$ のときは x 軸に垂直となる．したがって AB に垂直な直線 l の方程式は，

$\qquad t \neq 2$ のとき　$y=(t-2)(x-t)$　……①
$\qquad t=2$ のとき　$y=0$（x 軸）　……②

であり，②は，①において $t=2$ とすることによって得られるので，①，②をまとめて，直線 l の方程式を　$y=(t-2)(x-t)$　……③　として扱うことができる．

　ここで，③が放物線　$y=\dfrac{1}{4}(x-2)^2$　……④　上の $x=2t-2$ なる点における接線であることを示す．

　③，④より y を消去すると
$\qquad \dfrac{1}{4}(x-2)^2=(t-2)(x-t)$
$\qquad x^2-4x+4=4(t-2)x-4t(t-2)$
$\qquad \{x-(2t-2)\}^2=0$
$\qquad \therefore\quad x=2t-2$（重解）

よって，③は $x=2t-2$ なる点において④に接する接線の方程式である．t が連続的に変化するにつれて，直線 l（③）は，点 $(2t-2, (t-2)^2)$ で放物線④に接しながら連続的に動いていく．

　$t>0$ より　$2t-2>-2$　であるから，接点は，x 座標が
$\qquad -2<x$
なる範囲で動く（図 1）．

　よって，求める範囲は，図 1 の斜線の部分で境界は，直線 $y=-2x$ 上，$x<-2$ なる部分を除く．

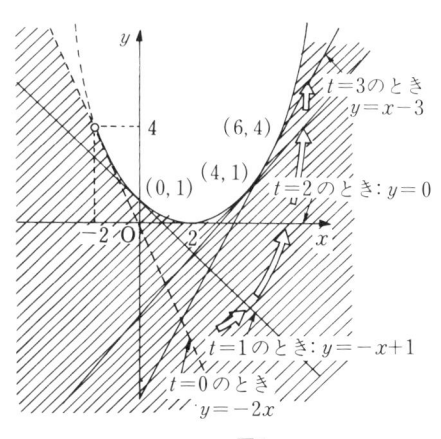

図1

[例題 4・5・4]

時刻 t における xy 平面上の 2 点 P, Q の座標が
$$P(2t, -t^2+2t), \quad Q(t+4, -3t+4)$$
であるとする．
t が 0 から 1 まで変わるとき，線分 PQ が通過する部分を図示し，その面積を求めよ．

発想法

まず，直線 PQ の方程式を t を含んだ形で求め，次にその包絡線 C を求める．このとき，直線 PQ と包絡線 C との接点の x 座標も t を含んだ形として求められる．t が 0 から 1 まで変化するのにともなって接点がどのように動くのかを追えば，"接線" PQ がどんな範囲を通過するのかもつかめる．求めるものは線分 PQ の通過する範囲であるから，あらかじめ端点 P, Q の軌跡をおさえておき，各"接線" PQ の一部である線分 PQ に該当する部分だけを追っていけばよい．本問では直線 PQ と包絡線 C との接点を求めると，接点が P 自身であることがわかるので，P の軌跡は C そのものである．

解答 点 $P(2t, -t^2+2t)$, 点 $Q(t+4, -3t+4)$ の軌跡は，それぞれ
$$y = x - \frac{x^2}{4} \quad (0 \leq x \leq 2) \quad \cdots\cdots ①, \qquad y = -3x+16 \quad (4 \leq x \leq 5) \quad \cdots\cdots ②$$
である．①，② の右辺をそれぞれ $f(x), g(x)$ とおく．

固定された t の値に対して，点 $P(2t, -t^2+2t)$ における ① の接線の傾きは，
$$f'(x) = 1 - \frac{x}{2} \text{ より,} \quad f'(2t) = 1-t \quad \cdots\cdots (*) \text{ である．}$$

一方，直線 PQ の傾きは
$$\frac{(-3t+4)-(-t^2+2t)}{(t+4)-2t} = \frac{(t-4)(t-1)}{4-t}$$
$$= 1-t \quad \cdots\cdots (**)$$

したがって，$(*), (**)$ より，PQ は P における $y=f(x)$ の接線になっている．以上のことより，線分 PQ の $0 \leq t \leq 1$ での通過範囲は，図 1 の斜線部である．

よって，求める面積 S は，
$$S = (\text{図形 OAA}') + (\text{台形 AA}'\text{BB}') + (\triangle \text{BB}'\text{C})$$
$$= \int_0^2 \left\{ x - \left(x - \frac{x^2}{4} \right) \right\} dx + \frac{1}{2}(1+3) \cdot 2 + \frac{1}{2} \cdot 1 \cdot 3$$
$$= \frac{2}{3} + 4 + \frac{3}{2} = \frac{\mathbf{37}}{\mathbf{6}} \qquad \cdots\cdots (\text{答})$$

図 1

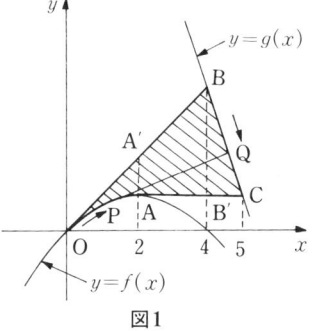

§5 動きの特徴をさぐれ(通過定点と包絡線の存在) 287

──〈練習 4・5・4〉──
実数 t の値によって定まる点 $P(t+1, t)$ と $Q(t-1, -t)$ がある.
(1) t がすべての実数を動くとき,直線 PQ が通過する範囲を図示せよ.
(2) t が区間 $[0, 1] = \{t \mid 0 \leq t \leq 1\}$ を動くとき,線分 PQ が通過する範囲の面積を求めよ.

解 答 (1) 直線 PQ の方程式は
$$y - t = \frac{-t - t}{t - 1 - (t+1)}\{x - (t+1)\}$$
を整理して
$$y = tx - t^2 \qquad \cdots\cdots ①$$
である.まず,
　　"① が放物線
$$y = \frac{x^2}{4} \qquad \cdots\cdots ②$$
　　上の点 $(2t, t^2)$ における接線である" $\cdots\cdots(*)$
ことを示す.
①,② より y を消去すると
$$\frac{x^2}{4} = tx - t^2$$
$$\frac{1}{4}(x - 2t)^2 = 0$$
　　∴　$x = 2t$ (重解)

よって,$(*)$ は示された.$(*)$ より,t をパラメータとして扱えば,① は t の値が変化するにつれて,$x = 2t$ なる点において ② に接しながら動いていく直線群を表している.t が実数全体を動くことから,接点となる $x = 2t$ なる点は,② 上の全体を動くので,求める範囲は図 1 の斜線部(境界を含む)のようになる.

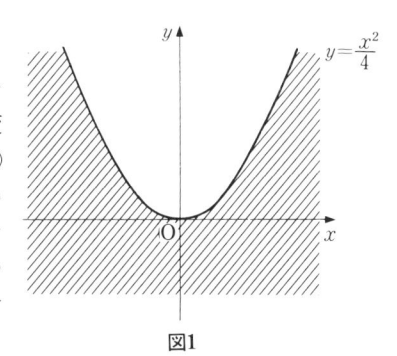

図1

(2)(i) まず,線分 PQ の両端の点 $P(t+1, t)$,$Q(t-1, -t)$ の t の変化にともなう軌跡の方程式は,それぞれ
$$y = x - 1, \quad y = -x - 1$$
であり,これらは,それぞれ点 $(2, 1)$,$(-2, 1)$ における ② の接線となっている.
(ii) 次に,t が区間 $[0, 1]$ を動くときの直線 PQ の通過範囲 D をまず求める.
$0 \leq t \leq 1$ のとき,直線 ① と,放物線 ② との接点の x 座標 $2t$ は,$0 \leq 2t \leq 2$ なる

範囲において①と②が接するように動かすことによって，D を求めることができる．

したがって，(i), (ii) より，t が区間 $[\,0,\,1\,]$ を動くときの線分 PQ の通過範囲は図2の斜線部(境界はすべて含む)のようになる．

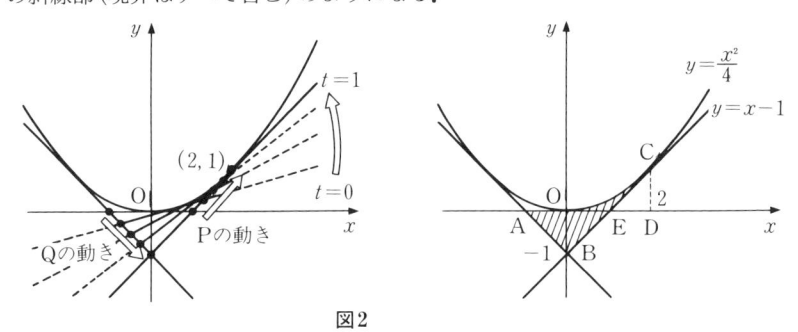

図2

求めるものは，この斜線部の面積 S である．

$$S = \triangle\text{AE(底辺2,高さ1)} + (\text{OCD領域}) - \triangle\text{ECD}$$

$$= 1 + \int_0^2 \frac{x^2}{4}\,dx - \frac{1}{2}$$

$$= 1 + \frac{2}{3} - \frac{1}{2} = \boldsymbol{\frac{7}{6}} \qquad \cdots\cdots(\text{答})$$

§5 動きの特徴をさぐれ(通過定点と包絡線の存在) 289

[例題 4・5・5]
$\sin x + \sin y = 1$ のとき，$\cos x + \cos y$ の最大値・最小値を求めよ．ただし，$0 \leq x \leq \pi$，$0 \leq y \leq \pi$ とする．

発想法

$$\begin{cases} \sin x + \sin y = 1 \\ \cos x + \cos y = k \\ 0 \leq x \leq \pi \\ 0 \leq y \leq \pi \end{cases} \quad \cdots\cdots(\text{☆})$$

をみたす (x, y) が存在するような k の範囲を求める．まず(☆)より，y を消去し(y の存在条件を求めることにほかならない)，「x と k だけの式」にして，x の存在条件によって k のとりうる値を求める問題に帰着させる．y を消去した後 $\cos x = X$，$\sin x = Y$ とおけば，XY 平面上 "$X^2 + Y^2 = 1$ かつ $Y \geq 0$ ($\because 0 \leq x \leq \pi$)" なる曲線と上述の「$x$ と k だけの式」が表す曲線 $f(X, Y ; k) = 0$ が共有点をもつような k の値の範囲を求める(IVの**第3章**§3)問題として扱える．

解答

$$\begin{cases} \sin x + \sin y = 1 & \cdots\cdots① \\ \cos x + \cos y = k & \cdots\cdots② \\ 0 \leq x \leq \pi & \cdots\cdots③ \\ 0 \leq y \leq \pi & \cdots\cdots④ \end{cases}$$

をみたす (x, y) が存在するような k の値の範囲を求め，そのような k の値の最大値および最小値を求めればよい．

まず，
$$① \iff \sin y = 1 - \sin x \quad \cdots\cdots①'$$
$$② \iff \cos y = k - \cos x \quad \cdots\cdots②'$$

であるから，まず $\{①', ②', ③, ④\}$ をみたす y が存在する必要十分条件として ($\sin^2 y + \cos^2 y = 1$，$\sin y \geq 0$ となるべきことから)，

$$\begin{cases} (1-\sin x)^2 + (k-\cos x)^2 = 1 \\ 1 - \sin x \geq 0 \\ 0 \leq x \leq \pi \end{cases}$$

$$\iff \begin{cases} k^2 + 1 - 2(\sin x + k \cos x) = 0 & \cdots\cdots⑤ \\ \sin x \leq 1 \\ 0 \leq x \leq \pi & \cdots\cdots③ \end{cases}$$

$\sin x \leq 1$ は③においてつねに真である．よって，$\{⑤, ③\}$ をみたす x が存在するための必要十分条件を求めればよい．

$$⑤ \iff k \cos x + \sin x = \frac{k^2+1}{2} \text{ であり，ここで，} \cos x = X, \sin x = Y \text{ とおくと，}$$

"$\{$⑤, ③$\}$ をみたす x が存在する"

$\iff \begin{cases} kX+Y=\dfrac{k^2+1}{2} \quad (\cdots\cdots ⑤') \\ Y \geqq 0 \\ X^2+Y^2=1 \end{cases}$ をみたす $X,\ Y$ が存在する $\cdots\cdots(*)$

$(*)$ に幾何学的解釈を加えると，XY 平面上，

『半円：" $X^2+Y^2=1$ かつ $Y\geqq 0$ " と 直線：$kX+Y=\dfrac{k^2+1}{2}$
に共有点が存在する』 $\cdots\cdots(*)'$

となる．ここで，直線 $kX+Y=\dfrac{k^2+1}{2}$ (⑤$'$) と放物線 $Y=-\dfrac{1}{2}X^2+\dfrac{1}{2}$ $\cdots\cdots$⑥ について，⑤$'$，⑥ から Y を消去して整理すると

$X^2-2kX+k^2=(X-k)^2=0 \quad \therefore \quad X=k$ （重解）

これより，⑤$'$ は ⑥ 上の $X=k$ なる点における接線である．

したがって，XY 平面上，

『半 円：" $X^2+Y^2=1$ かつ $Y\geqq 0$ " と

放物線：$Y=-\dfrac{1}{2}X^2+\dfrac{1}{2}$ (⑥) 上の点 $\left(k,\ -\dfrac{1}{2}k^2+\dfrac{1}{2}\right)$ における接線 ⑤$'$
が共有点をもつ』

ような k（接線の X 座標）の値の範囲（最大値・最小値）を求めればよい．

ここで，円 $X^2+Y^2=1$ と直線 ⑤$'$ が共有点をもつ k の値の範囲は，

$\begin{pmatrix} 円の中心 O から \\ ⑤' へ至る距離 \end{pmatrix} = \dfrac{\dfrac{k^2+1}{2}}{\sqrt{k^2+1}} = \dfrac{\sqrt{k^2+1}}{2} \leqq 1$

より，$-\sqrt{3}\leqq k \leqq \sqrt{3}$ となるが，図1を参考にすれば，「円」を「半円」に限定しても，k は $-\sqrt{3}\leqq k \leqq \sqrt{3}$ なるすべての値をとりうる．

よって，$(k=)\cos x+\cos y$ の

最大値は $\sqrt{3}$，**最小値は** $-\sqrt{3}$ $\qquad\cdots\cdots$（答）

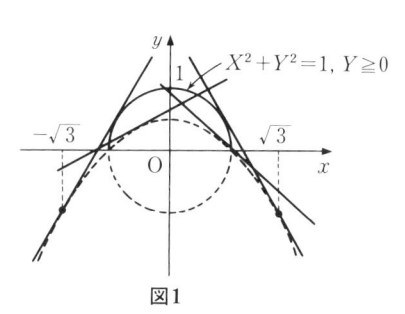

図1

§5 動きの特徴をさぐれ（通過定点と包絡線の存在）

〈練習 4・5・5〉

3本の直線
$$tx - y + 1 - t^2 = 0 \quad \cdots\cdots ①$$
$$2x + y - 7 = 0 \quad \cdots\cdots ②$$
$$x - 2y - 1 = 0 \quad \cdots\cdots ③$$

が，

(1) 三角形をつくらないような t の値を求めよ．
(2) 原点 O を内部に含む三角形をつくる t の値の範囲を決定せよ．

発想法

t の値が変化すれば①はさまざまな直線を表し，その結果，3本の直線が，三角形をつくらなかったり，原点 O を内部に含む三角形をつくったりする．t の変化にともなう直線①の動きを目で追っていけば難しいところは何もない．①の包絡線は，放物線 $y = \dfrac{1}{4}x^2 + 1$ である．

解答 放物線：$y = \dfrac{1}{4}x^2 + 1 \quad \cdots\cdots ④$

を考える．①，④から y を消去すると
$$\dfrac{1}{4}x^2 + 1 = tx + 1 - t^2$$
$$\therefore \quad \dfrac{1}{4}(x - 2t)^2 = 0$$

したがって，①は，④上，$x = 2t$ なる点において接する直線である． $\cdots\cdots$(*)

(1) ②と③は明らかに平行ではない．よって，①，②，③が三角形をつくらないのは，

 (i) ①が②または③ に平行となる
 または
 (ii) ①，②，③が同一 の点で交わる
 $\Big\} \cdots\cdots (☆)$

ときである（図1参照）．よって，

 (i) $\iff t = -2, \dfrac{1}{2}$

であり，

 (ii) $\iff$ ①が②，③の交点 P を通る

ここで，P を求めると P(3, 1) であるから，結局，

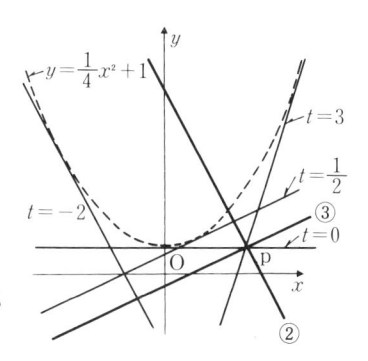

図1

292　第4章　動きの分析のしかた

(ii) $\iff 3t-1+1-t^2=0$
$\iff t=0,\ 3$

以上により,

$$t=-2,\ 0,\ \frac{1}{2},\ 3 \quad \cdots\cdots(答)$$

(2) (＊)を考えて，図2を参照することにより，

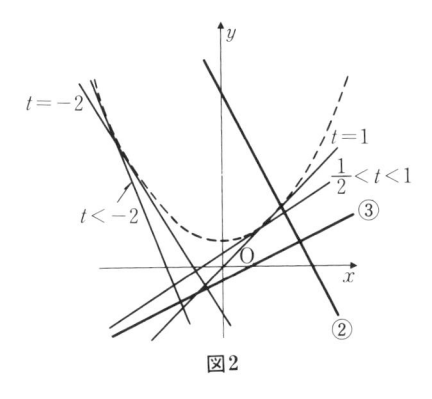

$$t<-2,\ \frac{1}{2}<t<1 \quad \cdots\cdots(答)$$

図2

§5 動きの特徴をさぐれ（通過定点と包絡線の存在）　293

直線群 $y=tx-t^2$ $(t\geqq 0)$ …（☆）
の掃過領域は図Iのようになるが，ここで包絡線を求める手順について，IIIの第2章§2での「掃過領域の求め方」の立場から考え直してみよう．

IIIでの考え方は次のようなものである．たとえば点 $(3,2)$ が求める領域内の点であるか否かは，$x=3$, $y=2$ を $y=tx-t^2$ に代入して得られる $2=3t-t^2$, すなわち $t^2-3t+2=0$ が $t\geqq 0$ なる解を少なくとも1つもつか否かで判断できる．そして，この考え方を発展させれば，直線群（☆）の掃過領域を

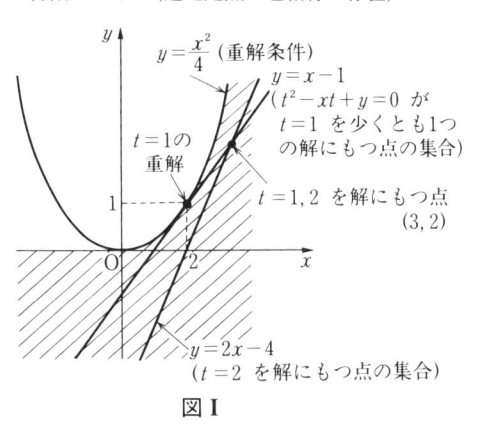

　"t についての2次方程式 $F(t)\equiv t^2-xt+y=0$ ……（＊）が $t\geqq 0$ なる解を
　少なくとも1つもつような点 (x,y) の集合"

として求められる．

この考え方により，たとえば，（☆）において $t=1$ として得られる直線 $y=x-1$ ……① (図I) について考察してみよう．① を $1-x+y=0$ ……①′ と変形すれば，①′ は（＊）に $t=1$ を代入した式にほかならない．

したがって "直線①上の点 (x,y) は，t の2次方程式（＊）が $t=1$ を少なくとも1つの解としてもつような (x,y) の集合"といえる．さらに，たとえば直線① と，直線 $y=2x-4$ $(t=2)$ の交点 $(3,2)$ は，（＊）に $t=1$ と $t=2$ を解として与える点といえる．

それでは，包絡線は，この「t に関する方程式」という考え方においてどのような意味をもつのだろうか．実は，（＊）に重解を与えるような点 (x,y) の集合となっていることが確かめられる．以下で（＊）が重解をもつ条件を，st 平面上，$s=F(t)$ のグラフが t 軸に接する，すなわち $(F(t)$ の極小値$)=0$ となることを用いて求めるが，その手順において，包絡線を求めるときの計算そのものが行われていることに着目せよ．

$F'(t)=2t-x=0$ （ここで，$F'(t)$ は t についての微分であり，この段階で x, y は定数扱いとすべきことに注意せよ）より，$t=\dfrac{x}{2}$ で極小となるので，

$$F\left(\frac{x}{2}\right)=\left(\frac{x}{2}\right)^2-x\cdot\frac{x}{2}+y=y-\frac{x^2}{4}=0 \quad \text{すなわち放物線} \quad y=\frac{x^2}{4} \quad \cdots\cdots ②$$

が(＊)の重解を与える(x, y)の集合である．

そして，たとえば(＊)に $t=1$ を重解として与える(x, y)は，(＊)における解と係数の関係から $(x, y)=(2, 1)$ のただ1つであるから，直線①と放物線②は接する．同様に考えて，tのいかなる値に対する直線 $y=tx-t^2$ も「重解条件」としての曲線②に接することがわかり，②が(＊)の包絡線にほかならないことがわかる．

　上の議論は，曲線(直線)群 $f(x, y\,;t)=0$ が t の2次式である場合についてのみ有効であるが，大切な考え方である(なお，p.240の12行目以下の考え方も参照せよ)．

§6 意図的にパラメータを導入し，動き回る曲線群をつくれ

　君はテニスコートにネットを張ったことがありますか？　ネットの高さはその両端（a cm）と中心（b cm）が国際的に定められている（$a>b$）ので，その規準をみたすようにネットを張らなければなりません（図A）．そのための能率的な方法は，普通，次の手順に従うのです．

　『両端 P, Q にネットの上端についているワイヤーを取りつける．次に，右端 Q についているワイヤー巻き取り機を回してネットを徐々に持ち上げ，中心 M が所定の高さになるまで引き上げる．』

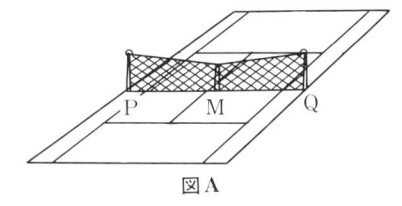

図A

　上述の操作は，3つの条件を同時にみたすネット（すなわち，ネットについているワイヤーは折れ線状になる）を張るために，2つの条件（両端の高さ）だけをみたすネットを最初に設定し，その後，3番目の条件（中心 M の高さ）をもみたすように調整したのです．

　これを一般化した方法は，数学の手法としてもしばしば用いられる有益な技巧である．本節では，『曲線を表す式にパラメータを導入し，所望の条件のいくつかだけをみたす曲線群（たるんだ曲線や，ピンと張った直線，または折れ線など）を初めにつくり，その後，すべての条件をみたす曲線や直線（ときには，曲面や平面）をパラメータを調節することによって求める』という方法について学ぶことにしよう．

　前節においてすでに述べたように，xy 平面上
$$F(x, y) + tG(x, y) = 0 \quad (t \text{ はパラメータ})$$
によって表される図形は（$F(x, y) = 0$，$G(x, y) = 0$ が交わっているなら），
　　それらの交点をすべて通過している曲線（または直線）のうち，
　　$G(x, y) = 0$ を除く残りすべての曲線（からなる曲線群，または直線（からなる直線群））
であった．
　この節では，前節において学んだことを活かして，逆に，
　　『交わる2曲線（または2直線）$F(x, y) = 0$，$G(x, y) = 0$ が与えられたとき，これらの交点すべてを通る曲線（または直線）の方程式をパラメータ k を意

図的に導入し，

$$F(x, y) + kG(x, y) = 0 \quad \cdots\cdots ①$$

と表し，この事実を利用して問題を処理する』

といった手法を学ぶ (① の形では $G(x, y) = 0$ 自身を表すことができないが，もしそれで不都合が生じそうな場合には，後述の (**注2**) を参照せよ)．

多くの問題は，交点を通ることの他に条件がさらに与えられており，その条件を用いて k の値を決定するのである．

以上の議論は，$F(x, y) = 0$, $G(x, y) = 0$ がともに円の方程式を表す場合や，$F(x, y) = 0$ が円の方程式，$G(x, y) = 0$ が直線の方程式を表す場合，さらに，$F(x, y, z) = 0$, $G(x, y, z) = 0$ が空間における球面や平面を表す場合の議論にも適用できる汎用性のあるものである．

(**注1**) ① が k の値によらず，$F(x, y) = 0$, $G(x, y) = 0$ の共有点のすべてを通ることは前節において示したとおりである (前節では，パラメータは t としていた) が，前節における証明は，「① が k の値によらず通る定点が $F(x, y) = 0$, $G(x, y) = 0$ の共有点以外には存在しない」ことまでをも示していた．この「　」内を示す必要がなければ，次のようにすればよい．

【命題 1 (p.265) の証明】 $F(x, y) = 0$, $G(x, y) = 0$ の任意の共有点を (α, β) とすると，$F(\alpha, \beta) = 0$, $G(\alpha, \beta) = 0$ がみたされている．したがって，

$$F(\alpha, \beta) + kG(\alpha, \beta) = 0 + k \cdot 0 = 0$$

これは，点 (α, β) が k の値に関係なく曲線 $F(x, y) + kG(x, y) = 0$ 上に存在することを意味している．

この議論は (α, β) を $F(x, y) = 0$, $G(x, y) = 0$ の共有点のいずれとしても成立するので，① は共有点のすべてを通る．

(**注2**) 2つのパラメータ k, l を用いて

$$kF(x, y) + lG(x, y) = 0 \quad \cdots\cdots ②$$

(k, l は同時には 0 でない)

としておけば，$k = 0$, $l = 1$ のときに $G(x, y) = 0$ を表すことになり，結局，2曲線 (または2直線) $F(x, y) = 0$, $G(x, y) = 0$ の交点を通る曲線 (または直線) すべてを表すことが可能となる (点 (x_0, y_0) を通る直線すなわち，2直線 $x = x_0, y = y_0$ の交点を通る直線を $y - y_0 = m(x - x_0)$ と書かないで，$a(x - x_0) + b(y - y_0) = 0$ と書くことによって，直線 $x = x_0$ も表せるようにするのは，この事実についての最も簡単な例とみることもできる)．

[例題 4・6・1]

円 $C:(x-1)^2+(y+1)^2=4$ と直線 $l:y=\dfrac{4x-2}{3}$ について次の問いに答えよ．

(1) C と l が 2 点で交わることを示せ．
(2) C と l の 2 交点を P，Q とするとき，線分 PQ の長さを求めよ．
(3) P，Q および (3, 4) の 3 点を通る円の方程式を求めよ．

発想法

(1), (2), (3) とも，P，Q の座標を求めることなく処理するにこしたことはない．(3) ではそのために，まず，円 C，直線 l の方程式をそれぞれ $F(x, y)=0$，$G(x, y)=0$ の形に書き換え，これらの 2 交点 P，Q を通る円群を，パラメータ k を含んだ方程式
$$F(x, y)+kG(x, y)=0$$
によって表す．"この円が (3, 4) を通る" という条件から k の値が求められる．

解答 (1) 図 1 を参照して

C と l が 2 点で交わる

$\iff \begin{pmatrix} C\text{ の中心 }(1, -1)\text{ から} \\ \text{直線 }l\text{ へ至る距離 }d \end{pmatrix} < (C\text{ の半径 }r)$ ……(*)

ここで，直線 l の方程式を一般形に直すと，
$$4x-3y-2=0$$

ヘッセの公式を用いて，C の中心 $(1, -1)$ から，直線 l へ至る距離 d を求めると，
$$d=\dfrac{|4\cdot1-3\cdot(-1)-2|}{\sqrt{4^2+(-3)^2}}=\dfrac{5}{5}=1$$

一方，C の半径 r は $r=2$ であるから，(*) が成立しており，したがって，C と l は 2 点で交わる．

図1

(2) 円 C の中心 $(1, -1)$ を C，また C から直線 l に下ろした垂線の足を H とする．

△CHP において，CP$=r=2$，CH$=d=1$ であり，また，∠CHP$=90°$ であるから，△CHP は $1:2:\sqrt{3}$ の直角三角形であり，
$$\text{PH}=\sqrt{3}$$
したがって，
$$\text{PQ}=2\text{PH}=2\sqrt{3} \qquad \text{……(答)}$$

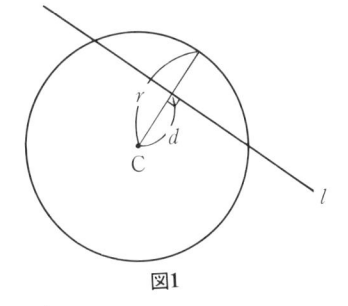

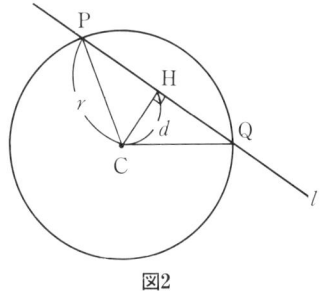

図2

(3) 円 C の方程式，直線 l の方程式はそれぞれ
$$(x-1)^2+(y+1)^2-4=0$$
$$4x-3y-2=0$$
と書き換えることができる．ここで，実数 k をパラメータとする方程式
$$\{(x-1)^2+(y+1)^2-4\}+k(4x-3y-2)=0 \quad \cdots\cdots ①$$
は，xy 平面上円 C，直線 l の交点 P，Q を通る円群を表している．

(① を $x^2+y^2+(4k-2)x-(3k-2)y-2(k+1)=0$ と書き換えれば，円の方程式らしくなるが，①の形のままの方が，今後の計算の手間が省ける．)

① が $(3, 4)$ を通る円を表すときの k の値は，① に $x=3, y=4$ を代入したときに等号を成立させるような k として得られる．① に $x=3, y=4$ を代入すると，
$$\{(3-1)^2+(4+1)^2-4\}+k(4\cdot 3-3\cdot 4-2)=0$$
$$25-2k=0$$
$$\therefore \quad k=\frac{25}{2}$$

これを①へ代入して整理すると，
$$x^2+y^2+48x-\frac{71}{2}y-27=0 \qquad \cdots\cdots（答）$$

これが求める円の方程式である．

(注) 2点 P，Q を通る円群を
$$4x-3y-2+k\{(x-1)^2+(y+1)^2-4\}=0 \quad \cdots\cdots ②$$
の形に書いたときには，P，Q を通る円のうち，円 C 自身は表せないことになる．このとき，もし点 $(3, 4)$ が C 上にあるのならば(すなわち求める円が円 C 自身であるのならば)，②の形で設定しておいても何の意味ももたなくなってしまう（$(3, 4)$ を②へ代入した時点で，②は $\boxed{0\text{でない定数}}+k\cdot 0=0$ という"不能"な方程式となってしまうからである）．

§6 意図的にパラメータを導入し，動き回る曲線群をつくれ 299

―――〈練習 4・6・1〉―――
2直線
$$2x+y-3=0 \quad \cdots\cdots ①$$
$$x+3y-1=0 \quad \cdots\cdots ②$$
の交点をPとする．Pおよび$(1, 2)$の2点を通る直線の方程式を求めよ．

発想法

点$(1, 2)$は直線②上にないので，Pを通る直線(群)の方程式を，②が除かれる形
$$(2x+y-3)+k(x+3y-1)=0$$
で設定しておいてさしつかえない．

解答 実数kをパラメータとする方程式
$$(2x+y-3)+k(x+3y-1)=0 \quad \cdots\cdots ③$$
は，Pを通る直線群(ただし②を除く)を表している．

③が$(1, 2)$を通る直線を表すときのkの値を求めるために，③に$x=1, y=2$を代入すると，
$$(2\cdot 1+2-3)+k(1+3\cdot 2-1)=0$$
$$\therefore \quad 1+6k=0$$
$$\therefore \quad k=-\frac{1}{6}$$

このとき③は，
$$(2x+y-3)-\frac{1}{6}(x+3y-1)=0$$
$$6(2x+y-3)-(x+3y-1)=0$$
$$\therefore \quad \mathbf{11x+3y-17=0} \quad \cdots\cdots(答)$$

これが，求める直線の方程式である．

[コメント] この問いでは，②が求める直線ではないことをあらかじめ断わったが，特に断わらなかったとしても構わない．Pおよび$(1, 2)$の2点を通る直線は(P$\neq(1, 2)$である限り)1本しか存在しえないのであり，条件をみたす直線として$11x+3y-17=0$が得られたからである．もし求める直線が②そのものであるなら，$(1, 2)$を③へ代入した時点で[例題4・6・1]で述べたような"不都合"が生ずることになる．しかし$(1, 2)$が②上にないことを確かめて断っておくにこしたことはないのである．

なお，答が1つしか得られなかったことにより，P$\neq(1, 2)$であることが保証されている(P$=(1, 2)$であれば題意の直線は無数に多く存在するはずであり，実際，③へ$(1, 2)$を代入した時点で，$0+k\cdot 0=0$ という"不定"な方程式となる)．

[例題 4・6・2]

2つの円 $x^2+y^2-4x-2y+3=0$ ……①, $x^2+y^2-9=0$ ……② がある．
(1) 2つの円は2点で交わることを示せ．
(2) ①,②の共通弦を直径とする円の方程式を求めよ．
(3) ①,②の交点を通り，円①と直交する円の方程式を求めよ．

(福島県立医大)

発想法

① $\iff (x-2)^2+(y-1)^2=2$ より，円①は半径 $\sqrt{2}$, また円②は半径3の円である．したがって(2)の「①,②の共通弦を直径とする円」の半径は3より小さい（ここでの"3"は，①,②のうち半径が大きい方の円②の半径）はずであるから，(2)で求める円の方程式は，②が表せない形
$$x^2+y^2-4x-2y+3+k(x^2+y^2-9)=0 \quad (k \neq -1) \quad \cdots\cdots(\star)$$
で設定しておいてさしつかえない（求めるべき円が①そのものである可能性はあるので，$x^2+y^2-9+k(x^2+y^2-4x-2y+3)=0$ としない方がよいのであるが，〈**練習4・6・1**〉のコメントでも述べたように，このような考察をしなくても，「①,②の共通弦を直径とする」という条件によって k の値が1つ確定すれば，その k の値によって定まる円($\star$)の方程式を求めるものとしてよいのである）．

また，①,②の共通弦の方程式は，($\star$)において $k=-1$ とおくことによって，①,②の2交点を通る直線の方程式として得られる．すると，(2)を，($\star$)の中心が共通弦上にある，という条件で処理することができる．

解答 (1) ① $\iff (x-2)^2+(y-1)^2=2$
より，①は $(2, 1)$ を中心とし，半径 $\sqrt{2}$ の円である．
また，②は原点Oを中心とし，半径3の円である．
したがって，2つの円①,②について，
(中心間の距離)$=\sqrt{2^2+1^2}=\sqrt{5}$
|半径の差|$=3-\sqrt{2}$
(半径の和)$=3+\sqrt{2}$
であり，
|半径の差|$<$(中心間の距離)$<$(半径の和)
が成り立っているので，①,②は2点で交わる．

(2) ①,②の2交点をP, Q とおく．実数 k をパラメータとする方程式
$$(x^2+y^2-4x-2y+3)+k(x^2+y^2-9)=0 \quad \cdots\cdots(*)$$
は，
$k \neq -1$ のときにP, Qを通る円；

§6 意図的にパラメータを導入し, 動き回る曲線群をつくれ

$$\left(x-\frac{2}{k+1}\right)^2+\left(y-\frac{1}{k+1}\right)^2=\frac{9k^2+6k+2}{(k+1)^2} \quad \cdots\cdots ③$$

を表し,

$k=-1$ のときに P, Q を通る直線 ;
$2x+y=6 \quad \cdots\cdots ④$

を表している. 題意をみたす円の中心 $\left(\dfrac{2}{k+1}, \dfrac{1}{k+1}\right)$ は, 直線④上にある (図1).

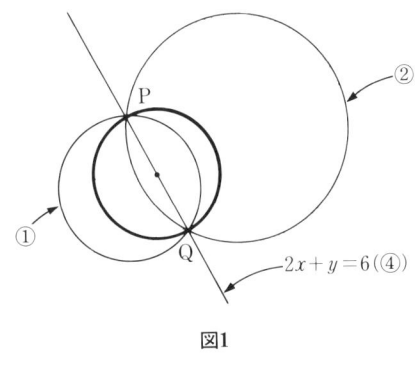

すなわち,

$$2\cdot\frac{2}{k+1}+\frac{1}{k+1}=6$$

$$\therefore \quad \frac{5}{k+1}=6$$

$$\therefore \quad k=-\frac{1}{6}$$

図1

が成り立っている. これを (*) へ代入して (③へ代入するより計算が楽), 求める円の方程式

$$x^2+y^2-\frac{24}{5}x-\frac{12}{5}y+\frac{27}{5}=0 \quad \cdots\cdots(答)$$

を得る.

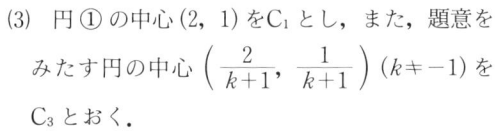

(3) 円①の中心 $(2, 1)$ を C_1 とし, また, 題意をみたす円の中心 $\left(\dfrac{2}{k+1}, \dfrac{1}{k+1}\right)$ $(k\neq-1)$ を C_3 とおく.

このとき, $\triangle PC_1C_3$ は $\angle P=90°$ の直角三角形であるから, 三平方の定理より,

$$C_1C_3{}^2=PC_1{}^2+PC_3{}^2 \quad \cdots\cdots ⑤$$

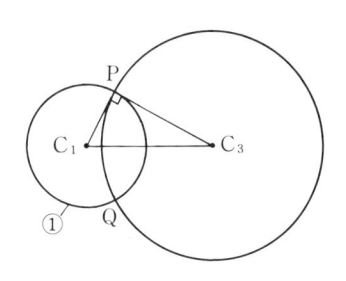

ここで,

$$C_1C_3{}^2=\left(\frac{2}{k+1}-2\right)^2+\left(\frac{1}{k+1}-1\right)^2$$

$$PC_1{}^2=(円①の半径)^2=2$$

$$PC_3{}^2=(円③の半径)^2=\frac{9k^2+6k+2}{(k+1)^2}$$

図2

であるから, これらを⑤に代入して整理すると,

$$\frac{2(3k+2)(k+1)}{(k+1)^2}=\frac{2(3k+2)}{k+1}=0$$

$$\therefore \quad k=-\frac{2}{3}$$

これを (*) へ代入すると ([コメント] 参照),

$$(x^2+y^2-4x-2y+3)-\frac{2}{3}(x^2+y^2-9)=0 \quad \cdots\cdots ⑥$$

$$3(x^2+y^2-4x-2y+3)-2(x^2+y^2-9)=0 \quad \cdots\cdots ⑥'$$

$$\therefore \quad x^2+y^2-12x-6y+27=0$$

したがって，求める円の方程式は，

$$\boldsymbol{x^2+y^2-12x-6y+27=0} \quad \cdots\cdots(答)$$

[コメント] また，$k=-\dfrac{2}{3}$ を(∗)へ代入して⑥を得た後，そのまま( )をはずして $\dfrac{1}{3}x^2+\dfrac{1}{3}y^2-4x-2y+9=0$ としてから，最後に両辺を3倍する，という手順では問題によっては面倒な分数計算を強いられることになる(実は〈練習4・6・1〉でも最初に分母を払っておいた)．

なお，分母を払って得られた⑥′の形は p.296 の② において $k=3$, $l=-2$ とおいたものと考えることもできる．

<練習 4・6・2>

xy 平面上の2つの円
$$\begin{cases} x^2+y^2=1 & \cdots\cdots① \\ x^2+2x+y^2-4y=4 & \cdots\cdots② \end{cases}$$
が，交わることを示し，
(ア) 2交点を通る直線の方程式
(イ) 2交点および$(1, 2)$を通る円の方程式
をそれぞれ求めよ．

解答 ①は，中心が原点Oで，半径1の円，また，
 ② $\iff (x+1)^2+(y-2)^2=3^2$
より，②は中心$(-1, 2)$，半径3の円である．2円の中心間の距離dは
$$d=\sqrt{(-1)^2+2^2}=\sqrt{5}$$
であり，また，2円の半径の差(の絶対値)，和はそれぞれ，2，4であるから，
|半径の差|<(中心間の距離d)<(半径の和)
をみたしている．よって，2円は2点で交わる．このとき，kをパラメータとする方程式
$$(x^2+y^2-1)+k(x^2+2x+y^2-4y-4)=0 \quad \cdots\cdots③$$
は，2交点を通る円$(k \neq -1)$，または，直線$(k=-1)$を表している．

(ア) 求める直線の方程式は $k=-1$ とおいて，
 $-2x+4y+3=0$
 ∴ $\boldsymbol{2x-4y-3=0}$ ……(答)

(イ) ③が$(1, 2)$を通る円を表すkの値は
 $(1^2+2^2-1)+k(1^2+2\cdot 1+2^2-4\cdot 2-4)=0$
 $4-5k=0$
 ∴ $k=\dfrac{4}{5}$

$k=\dfrac{4}{5}$ を③へ代入して整理すると，
 $5(x^2+y^2-1)+4(x^2+2x+y^2-4y-4)=0$
 ∴ $9x^2+9y^2+8x-16y-21=0$
したがって，求める円の方程式は
$$\boldsymbol{x^2+y^2+\dfrac{8}{9}x-\dfrac{16}{9}y-\dfrac{7}{3}=0} \quad \cdots\cdots(答)$$

[コメント]「連立方程式 $x^2+y^2-1=0$ ……①,$x^2+2x+y^2-4y-4=0$ ……② を解け」といわれたらどのようにして解くだろうか.

②-①:$2x-4y-3=0$ ……③

とおくと {① かつ ②} $\Longrightarrow$ {① かつ ③} であり,また,①+③ により ② をつくり出せるので {① かつ ③} $\Longrightarrow$ {① かつ ②} でもある.よって,

{① かつ ②} $\Longleftrightarrow$ {① かつ ③}

という同値関係が成り立つ.上の連立方程式の一般的解法は,この同値性に基づいて,{① かつ ②} を解く代わりに,{① かつ ③} を解くことに帰着させるものである.このことについて図形的考察を加えると次のようになる.

まず,与えられた連立方程式を解くことは,「2円①,② の共有点を求める」ことと同値である.一方,③ は $(x^2+y^2-1)+k(x^2+2x+y^2-4y-4)=0$ の k として,$k=-1$ にとることにより得られる2円の共通弦の方程式に一致する.よって,① と ③ を連立させることは,円 ① と共通弦 ③ の交点を求めることにほかならない.

一般に2曲線 $f(x, y)=0$ ……①′ と $g(x, y)=0$ ……②′ の共有点は,

$f(x, y)=0$ (①′) と $f(x, y)+kg(x, y)=0$ $(k\neq 0)$ ……③′

の共有点として求められるが,この事実は暗に次の2つのことを意味している.

(i) ①′ と ③′ の共有点を求めれば,①′,②′ の共有点がモレなく求められる

(ii) ①′ と ③′ の共有点として,①′,②′ の共有点以外の点が入りこんでしまうことはない

①′,②′ として円の場合について考えてもその場合は図形的に「明らか」であるため,(i),(ii) の事実についてピンとこないかもしれないので,一般の曲線の場合について考えてみよ.その際に,

(i) については,③′ が ①′,②′ の共有点のすべてを通っている

ことにより確かめられ,

(ii) については,①′,③′ の任意の共有点 (α, β) に対し

$f(\alpha, \beta)=0$ かつ $f(\alpha, \beta)+kg(\alpha, \beta)=0$ $(k\neq 0)$

より,$g(\alpha, \beta)=0$,すなわち (α, β) が必ず ②′ 上の点でもある

ということにより確かめられる.

[例題 4・6・3]

円 $C: x^2+y^2=r^2$ と，円の外部の点 $P(x_1, y_1)$ がある．P から C にひいた 2 本の接線の接点を A, B とするとき，直線 AB の方程式を求めよ．

発想法

まず，問題に述べられていることを図にかいてみよう（図 1）．

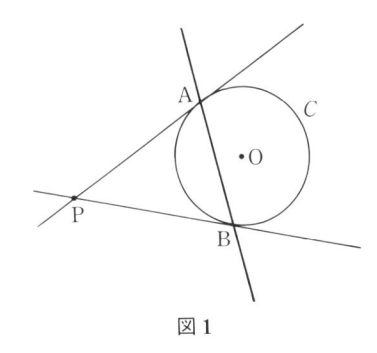

求める直線 AB は，「円 C と，2 接線 PA, PB との共有点を通る直線」……(∗) としてとらえることができる．そして，たとえば 2 つの直線 $l: x+y-1=0$, $m: x+2y=0$ に対し，方程式 $(x+y-1)(x+2y)=0$ すなわち，$x^2+3xy+2y^2-x-2y=0$ によって，l, m 2 本の直線を表すことができる．このことに着眼して，2 接線 PA, PB を 1 つの方程式で表せば，その方程式と円の方程式を用いて，(∗) の直線の方程式を求めることができるかもしれない．しかし，少し計算を進めてみればわかるように，2 本の接線を表す方程式は，簡単な形に表すことはできない．そこで，(∗) の「2 接線 PA, PB」の代わりに，円 C と 2 点 A, B のみで共有点をもつ別な図形 F で置き換えて，その図形 F の方程式と円の方程式から題意の直線の方程式を求めることを考えよう．このとき，A, B が，それぞれ P からひかれた接線の接点であることに注意せよ．$\angle PAO = \angle PBO = 90°$ であることから，A, B は，P, O を直径の両端とする円 C' の周上にある（図 2）．したがって，図形 F としてこの円 C' を考えることにより，直線 AB は，2 円 C, C' の 2 交点を通る直線として求めることができる．円 C' の方程式さえ求めてしまえば，後はお手のものである．

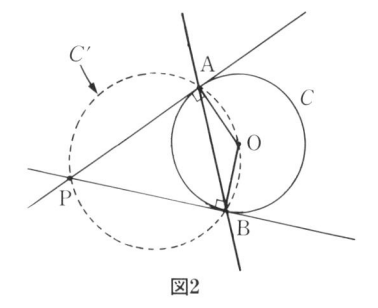

解答

2 直線 PA, PB は，それぞれ P から円 C にひいた接線であり，A, B が接点であることから，

$$\angle PAO = \angle PBO = 90°$$

したがって，2 点 A, B は，P, O を直径の両端とする円（C' とする）の周上の点である．円 C' 上の任意の点 X の位置ベクトルを $\vec{x}=(x, y)$，また，$\vec{p}=\overrightarrow{OP}=(x_1, y_1)$ とすると，OX⊥PX，すなわち，$\vec{x} \cdot (\vec{x}-\vec{p})=0$ である．ベクトルを成分で表して，

$$(x, y) \cdot (x-x_1, y-y_1)=0$$

$$\iff x(x-x_1)+y(y-y_1)=0$$

$$\therefore \quad x^2+y^2-x_1x-y_1y=0$$

これが，円 C' の方程式である．直線 AB の方程式は，2 円

$$C: \ x^2+y^2-r^2=0$$
$$C': \ x^2+y^2-x_1x-y_1y=0$$

の 2 交点 (A と B) を通る直線にほかならない．したがって，

$$x^2+y^2-r^2+k(x^2+y^2-x_1x-y_1y)=0$$

において，$k=-1$ と置くことによって直線 AB の方程式は求められる．

直線 AB の方程式は

$$\boldsymbol{x_1x+y_1y-r^2=0} \qquad \text{……(答)}$$

[コメント] 本問で扱った直線 AB，すなわち"円 (またはだ円) に対して，その外部の 1 点 P から 2 本の接線をひき，その 2 接点を通る直線"は，点 P を極 (点) とする極線とよばれている．

本問は円の極線に関する問題であったが，だ円の極線に関する問題について，Ⅲの [例題 2・1・2] で扱った．その問題では，問題文で与えられた直線の方程式が極線の方程式であることを示せとなっており，その解法は本問の解法とは異なるものである．円はだ円の特別なものとして扱えるので，円の場合においても極線の方程式が「与えられた方程式が極線の方程式であることを示せ」という問題ならば，だ円の場合の証明にならって示せばよい．

[例題 4・6・4]
球面 $x^2+y^2+z^2=5$ を S，平面 $2x-y+2z+3=0$ を p とするとき
(1) S と p とは交わることを示せ．
(2) S と p との交わりの円を C とするとき，中心が平面 $z=2$ の上にあり，p との交わりが C であるような球面の中心と半径を求めよ．

[発想法]
いままでの問題はすべて xy 平面上の直線や円を対象にして，
(i) それらの交点を通る曲線群をパラメータ k を用いて表し，
(ii) その曲線群のうちから，(交点を通るという条件以外の)別の条件を用いて，題意をみたす曲線を表すときのパラメータ k の値を決定する
という手順で処理してきた．この議論は空間における2曲面(平面を含む)においても適用できる．すなわち，(2)を以下の方針で処理できるのである．まず，S と p の交わりの円 C を含む球面群をパラメータ k を用いて表し，その球面群のうち中心の z 座標が2となるような k の値を決定するのである．

[解答] (1) S の中心 O から平面 p へ至る距離 d は，ヘッセの公式より
$$d=\frac{|2\cdot 0-1\cdot 0+2\cdot 0+3|}{\sqrt{2^2+(-1)^2+2^2}}=\frac{3}{3}=1$$
であり，S の半径 $\sqrt{5}$ より小さい．したがって，S と p は交わる(図1)．

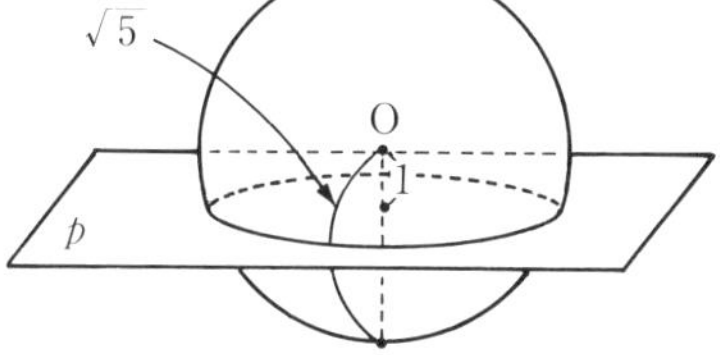

(2) 実数 k をパラメータとする方程式
$$(x^2+y^2+z^2-5)+k(2x-y+2z+3)=0 \quad \cdots\cdots (*)$$
は，C を含む球面群を表している．各 k に対し，球面 $(*)$ の中心は，$\left(-k, \dfrac{k}{2}, -k\right)$ であり，これが平面 $z=2$ 上にくるのは $k=-2$ のときである．$k=-2$ を $(*)$ へ代入して整理すると，
$$x^2+y^2+z^2-4x+2y-4z-11=0$$
$$\therefore \quad (x-2)^2+(y+1)^2+(z-2)^2=(2\sqrt{5})^2$$

これより，題意をみたす球面の**中心は $(2, -1, 2)$，半径は $2\sqrt{5}$** ……(答)

図1

[コメント] $(*)$ の中心 $\left(-k, \dfrac{k}{2}, -k\right)$ は，$(*)$ を $(x+k)^2+\left(y-\dfrac{k}{2}\right)^2+(z+k)^2=\dfrac{9}{4}k^2-3k+5$ と変形しても求められる．

── ＜練習 4・6・3＞ ──

空間における 2 つの平面の方程式を
$$3x+2y-z=0 \quad \cdots\cdots ①$$
$$2x-3y+z=3 \quad \cdots\cdots ②$$
とする．①，②の平面の交線を含み点 $(4, 5, 1)$ を通る平面の方程式を求めよ．

(成蹊大)

発想法

点 $(4, 5, 1)$ が②上にないことを確認した上で，求める平面を含む平面群の方程式を，
$$(3x+2y-z)+k(2x-3y+z-3)=0 \quad (k はパラメータ)$$
として表してもよいが，ここでは p.296 の (**注2**) を活かして，2 つのパラメータ k, l を用いて平面群を
$$k(3x+2y-z)+l(2x-3y+z-3)=0$$
と表して解いてみよう．

解答 実数 k, l をパラメータとする方程式
$$k(3x+2y-z)+l(2x-3y+z-3)=0 \quad \cdots\cdots (*) \quad (k, l は同時には 0 でない)$$
は，①，②の交線を含む平面群を表している．$(*)$ が $(4, 5, 1)$ を通る平面を表すときの k, l は，$(*)$ へ $x=4$, $y=5$, $z=1$ を代入した式の解として得られる．
$$k(3\cdot 4+2\cdot 5-1)+l(2\cdot 4-3\cdot 5+1-3)=0$$
$$\iff 21k-9l=0$$
$$\iff 7k-3l=0$$
k と l は同時には 0 でないから，
$$k:l=3:7$$
したがって，$k=3$, $l=7$ とすれば十分であり，これらを $(*)$ に代入して，求める平面の方程式は，
$$23x-15y+4z-21=0 \quad \cdots\cdots(答)$$
である．

[例題 4・6・5]

　直線 $l : 1-x = y+1 = \dfrac{z-2}{4}$ を含み，平面 $\alpha : 4x-y-z=6$ とのなす角が $45°$ となる平面の方程式を求めよ．

発想法

　[例題 4・6・4]，〈練習 4・6・3〉で扱った問題は，2 つの曲面の方程式が与えられていて，その交線（共有点のすべて）を含む第 3 の曲面を求める，というタイプの問題であった．しかし，この問では，空間の直線が 1 本与えられているだけで，その直線を含むある平面を求めよ，といっているのである．したがって，前述の手法を用いようとするならば "直線 l が交線となるような 2 平面 (π_1, π_2 とする) を見つけ出す" という手段が考えられる．π_1, π_2 が見つかれば，与えられた問題は，

　　"2 平面 π_1, π_2 の交線 l を含み（これによって，パラメータを含む平面群を
　　　表す方程式が得られ），平面 α とのなす角が $45°$（これによって，パラメー
　　　タの値が決まる）の平面を求める"

という，すでに解いた [例題 4・6・4]，〈練習 4・6・3〉と類似の問題に帰着される．

　[例題 4・6・4]，〈練習 4・6・3〉の解答において，実際に交線，すなわち，題意をみたす曲面が含むべき曲線（円，直線）の方程式を求めることなく，したがって，使うことなく，題意をみたす曲面の方程式を求めることができた．本問でも含むべき直線 l の方程式を（直接には）使うことなく，問題を処理しようと考えているわけである．

　さて，肝心の「直線 l を交線とするような 2 平面 π_1, π_2」をどのように見つければよいのかということであるが，これらは次のようにして容易に決定できる．直線 l の方程式；

$$1-x = y+1 = \dfrac{z-2}{4}$$

を "分離" することにより，

　　$\pi_1 : 1-x = y+1$ （すなわち，$x+y=0$）　　……㋐
　　$\pi_2 : y+1 = \dfrac{z-2}{4}$ （すなわち，$4y-z+6=0$）　……㋑

とすればよい．なぜなら，実際，2 平面 π_1, π_2 の交線は，㋐ かつ ㋑，つまり，

$$1-x = y+1 = \dfrac{z-2}{4}$$

をみたす (x, y, z) の全体であり，これは直線 l にほかならないからである．

解答　直線 l は，2 平面

　　$\pi_1 : 1-x = y+1$，すなわち，$x+y=0$
　　$\pi_2 : y+1 = \dfrac{z-2}{4}$，すなわち，$4y-z+6=0$

の交線である．したがって，直線 l を含む平面群は，

　　実数 k, m をパラメータとする方程式：$k(x+y)+m(4y-z+6)=0$ ……①

によって表すことができる．求める平面は，法線ベクトルが平面 α の法線ベクトルと $45°$ または $135°$ (注) の角をなすような平面である．ここで，

　　$x+y=0$ ……②

に関しては，平面 $\alpha: 4x-y-z=6$ とのなす角，すなわち，平面 ② と平面 α のそれぞれの法線ベクトル $\vec{u}=(1, 1, 0)$, $\vec{u_\alpha}=(4, -1, -1)$ のなす角 θ $(0°≦\theta≦180°)$ について

$$\cos\theta=\frac{\vec{u}\cdot\vec{u_\alpha}}{|\vec{u}||\vec{u_\alpha}|}$$
$$=\frac{1\cdot 4+1\cdot(-1)+0\cdot(-1)}{\sqrt{1^2+1^2}\sqrt{4^2+(-1)^2+(-1)^2}}$$
$$=\frac{3}{6}=\frac{1}{2}$$

であるから，$\theta=60°$ となり不適である．

　よって，② は題意をみたす平面ではない．

　そこで，

　　$4y-z+6+k(x+y)=0$

の形で表される平面について考えればよい．この方程式を整理して，

　　$kx+(k+4)y-z+6=0$ ……①′

①′ の法線ベクトル（の1つ）は，$\vec{v}=(k, k+4, -1)$ である．したがって，平面 ① と平面 α のなす角，すなわち，それぞれの法線ベクトルのなす角 θ $(0°≦\theta≦180°)$ について，

$$\cos\theta=\frac{\vec{v}\cdot\vec{v_\alpha}}{|\vec{v}||\vec{v_\alpha}|}$$
$$=\frac{k\cdot 4+(k+4)(-1)+(-1)^2}{\sqrt{k^2+(k+4)^2+(-1)^2}\sqrt{4^2+(-1)^2+(-1)^2}}$$
$$=\frac{k-1}{\sqrt{2k^2+8k+17}\cdot\sqrt{2}} \quad ……③$$

が成り立っている．③ に関して $\theta=45°$ または $135°$，すなわち $\cos\theta=\pm\dfrac{1}{\sqrt{2}}$ となる k の値が存在すれば，① で表される平面のうち，その k の値をとるものが題意をみたす平面の方程式となる．よって，

$$\frac{k-1}{\sqrt{2k^2+8k+17}\cdot\sqrt{2}}=\pm\frac{1}{\sqrt{2}}$$

より，

　　$k-1=\pm\sqrt{2k^2+8k+17}$

すなわち，
$(k-1)^2 = 2k^2 + 8k + 17$
$k^2 + 10k + 16 = 0$
$(k+8)(k+2) = 0$
$\therefore \quad k = -8, -2$

したがって，求める平面の方程式は，①′において $k = -8, -2$ をそれぞれ代入することにより，
$$-8x - 4y - z + 6 = 0 \quad \text{および} \quad -2x + 2y - z + 6 = 0$$
すなわち，
$$8x + 4y + z - 6 = 0 \quad \text{および}$$
$$2x - 2y + z - 6 = 0 \quad \cdots\cdots(\text{答})$$
である．

(注) 2平面のなす角 θ は，普通，鋭角を用いて表すが，このときそれぞれの平面の法線ベクトルのなす角は，法線ベクトルのとり方によって，θ となる場合と $180°-\theta$ となる場合とがある (図1)．

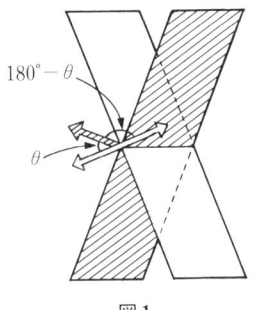

図1

[コメント] 直線 l を含む平面群を①の形のままで扱うと，平面①と平面 α の法線ベクトルのなす角 θ についての $\cos\theta$ の計算がやや面倒になるが，その分，平面 $x+y=0$ について特別扱いして調べる手間が省ける．

なお，図形的考察をすれば，題意をみたす平面は2つしかありえないことがわかり，また，①の形をした平面だけで題意をみたすものが2つ見つけられるわけであるから，「2つしかありえない」ことをきちんと示しておきさえすれば，平面②について答案の中で調べる必要はなくなる．

┌─ 〈練習 4・6・4〉 ─────────────────────────
│ 直線 $L: \dfrac{x-2}{3} = y-1 = z-5$ を含み点 P(3, 1, 6) を通る平面を α とすると
│ き，次の問いに答えよ．
│ (1) 平面 α の方程式を求めよ．
│ (2) 平面 α に関して原点と対称な点 Q の座標を求めよ．
│ (3) 平面 α に関して x 軸と対称な直線の方程式を求めよ．
└──────────────────────────────────────

解答 (1) k と l を同時には 0 でない実数とするとき，方程式
$$k\left(\frac{x-2}{3} - y + 1\right) + l(y - z + 4) = 0 \quad \cdots\cdots ①$$
は，直線 L を含む平面を表している．この平面が点 P(3, 1, 6) を通るための必要十分条件は，①において，左辺に $x=3,\ y=1,\ z=6$ を代入したときに等号が成立していることであり，
$$k\left(\frac{1}{3} - 1 + 1\right) + l(1 - 6 + 4) = 0$$
すなわち，
$$\frac{k}{3} - l = 0$$
$$\therefore\ k : l = 3 : 1$$
である．これより，求める平面の方程式は，①において $k=3,\ l=1$ とおいて
$$\boldsymbol{x - 2y - z + 5 = 0} \quad \cdots\cdots(答)$$

(2) Q($p,\ q,\ r$) とおく．このとき，点 Q のみたすべき条件は
　"OQ の中点が α 上にあり，かつ OQ$\perp\alpha$" である．

このことを式で表すと，OQ の中点は $\left(\dfrac{p}{2},\ \dfrac{q}{2},\ \dfrac{r}{2}\right)$ だから，OQ の中点が α 上にあることは
$$\frac{p}{2} - q - \frac{r}{2} + 5 = 0$$
$$\therefore\ p - 2q - r + 10 = 0 \quad \cdots\cdots ②$$
と表される．
　また，OQ$\perp\alpha$ より $\overrightarrow{\mathrm{OQ}} /\!/ (\alpha$ の法線ベクトル$)$ だから
$$(p,\ q,\ r) /\!/ (1,\ -2,\ -1)$$
すなわち，適当な実数 t を用いて，
$$(p,\ q,\ r) = (t,\ -2t,\ -t) \quad \cdots\cdots ③$$
と書くことができる．$p=t,\ q=-2t,\ r=-t$ を②に代入して，
$$6t + 10 = 0$$

$$\therefore \quad t = -\frac{5}{3}$$

これを③に代入して，Qの座標 (p, q, r) は，

$$\left(-\frac{5}{3}, \frac{10}{3}, \frac{5}{3}\right) \qquad \cdots\cdots(答)$$

(3) 直線の方程式は，2点がわかれば定まる．そこで，x 軸上の点のうち平面 α に関する対称点の求めやすい2点を選び，それら2点の対称点の座標を求める．

いま，求める直線を l' とおく．まず，(2)で求めた x 軸上の点 O と α に関して対称な点 $Q\left(-\frac{5}{3}, \frac{10}{3}, \frac{5}{3}\right)$ は l' 上にある．また，α と x 軸の交点 R は R$(-5, 0, 0)$ であり，この点も l' 上にある．したがって，l' は，2点

$$Q\left(-\frac{5}{3}, \frac{10}{3}, \frac{5}{3}\right), \quad R(-5, 0, 0)$$

を通る直線であるから，

$$\frac{x+5}{-\frac{5}{3}+5} = \frac{y}{\frac{10}{3}} = \frac{z}{\frac{5}{3}}$$

すなわち，

$$\frac{x+5}{2} = \frac{y}{2} = z \qquad \cdots\cdots(答)$$

[例題 4・6・6]

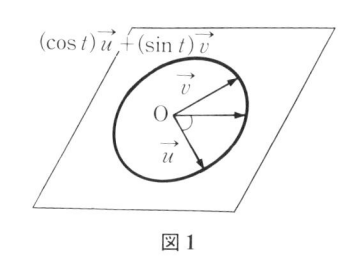

空間における曲線 C が，媒介変数 t $(0 \leq t < 2\pi)$ を用いて
$$x = -\cos t - 2\sin t$$
$$y = 2\cos t + \sin t$$
$$z = -2\cos t + 2\sin t$$
で与えられているとき，次の問いに答えよ．
(1) 曲線 C は原点を中心とする円であることを示せ．
(2) 2点 $(2, 2, 1)$, $(1, 3, 2)$ を通る平面で，円 C とただ1つの点を共有するものを求めよ．

発想法

(2)は，2点 $(2, 2, 1)$, $(1, 3, 2)$ を通る直線の方程式をまず求め，この直線を含む平面群を，パラメータ k, l を含む方程式で表す．円 C とただ1つの共有点をもつことから，k, l の比が決定できる．

解答 (1) 曲線 C は，
$$\begin{pmatrix} x \\ y \\ z \end{pmatrix} = \cos t \begin{pmatrix} -1 \\ 2 \\ -2 \end{pmatrix} + \sin t \begin{pmatrix} -2 \\ 1 \\ 2 \end{pmatrix} \quad \cdots\cdots ①$$

と表すことができる．ここで
$$\begin{pmatrix} -1 \\ 2 \\ -2 \end{pmatrix} = \vec{u}, \quad \begin{pmatrix} -2 \\ 1 \\ 2 \end{pmatrix} = \vec{v}$$

とおくと，
$$|\vec{u}| = |\vec{v}| = \sqrt{9} = 3 \quad \cdots\cdots ②$$

また，$\vec{u} \cdot \vec{v} = 2 + 2 - 4 = 0$ となることより
$$\vec{u} \perp \vec{v} \quad \cdots\cdots ③$$

図1

②, ③ より図1を参照して，$0 \leq t < 2\pi$ を考慮すれば，① は原点を中心とする半径 $3 (= |\vec{u}| = |\vec{v}|)$ の円であることがわかる．

(2) 2点 $(2, 2, 1)$, $(1, 3, 2)$ を通る平面は，この2点を通る直線
$$\frac{x-2}{1-2} = \frac{y-2}{3-2} = \frac{z-1}{2-1}$$

すなわち，
$$2 - x = y - 2 = z - 1$$

を含む平面であるから，k, l を同時には0でない定数として

$$k(2-x-y+2)+l(y-2-z+1)=0$$
$$\iff k(4-x-y)+l(y-z-1)=0 \quad \cdots\cdots ④$$

と書くことができる．この平面と円 C の共有点は，④に $x=-\cos t-2\sin t$, $y=2\cos t+\sin t$, $z=-2\cos t+2\sin t$ を代入して得られる方程式；

$$k(4-\cos t+\sin t)+l(4\cos t-\sin t-1)=0$$
$$\iff (4l-k)\cos t+(k-l)\sin t=l-4k \quad \cdots\cdots ⑤$$

をみたす t により定まる．⑤はさらに，適当な角 α を用いて合成することにより，

$$\sqrt{(4l-k)^2+(k-l)^2}\sin(t+\alpha)=l-4k$$
$$\iff \sin(t+\alpha)=\frac{l-4k}{\sqrt{(4l-k)^2+(k-l)^2}} \quad \cdots\cdots ⑥$$

と書くことができる．⑥をみたす t $(0 \leq t < 2\pi)$ がただ1つ存在する条件は，

$$\frac{l-4k}{\sqrt{(4l-k)^2+(k-l)^2}}=\pm 1$$
$$\iff (l-4k)^2=(4l-k)^2+(k-l)^2$$
$$\iff 7k^2+kl-8l^2=0$$
$$\iff (7k+8l)(k-l)=0$$

k と l は同時に 0 にはならないから

$k:l=-8:7,\ 1:1$

これより，求める平面の方程式は，

$$\begin{cases} 8x+15y-7z-39=0 \\ x+z=3 \end{cases} \quad \cdots\cdots (答)$$

あ と が き

　数学の考え方を身につけさせることに主眼をおき，正答に至るプロセスを，紙面を惜しまずに解説するという贅沢な本はそうザラにはない．そこで，数学の考え方を習得させることだけに焦点を絞り，その結果として，読者の数学的能力を啓発することができるような本の出現が期待されていた．そんな本の執筆を駿台文庫と約束して以来，早5年の歳月が流れた．本シリーズの執筆に際し，考え方を能率的に習得させるという方針を貫いたために，テーマ別解説に従う既成の枠を逸脱せざるを得なくなったり，当初1, 2冊だけを刊行する予定であったのを，可能な限りの完璧さを目指したため全6巻のシリーズに膨れあがったり，それにも増して，筆者の力不足と怠慢とが相まって，刊行が大幅に遅れてしまった．それによって本書の出版に期待を寄せていただいた関係者各位に多大な迷惑をかけてしまったことをここにお詫び申し上げる次第である．本シリーズの上述に掲げた目標が真に達成されたか否かは読者の判断を仰ぐしかないが，万一，本シリーズが読者の数学に対する苦手意識を払拭し，考え方の習得への手助けとなり，数学が得意科目に転じるきっかけになるようなことがあれば，筆者の望外の喜びとするところである．

　本シリーズ執筆の段階で，数千ページに及ぶ読みにくい原稿を半年以上もかけて何度も繰り返し丹念に読み通し，多くの貴重なアドバイスを寄せて下さった駿台予備学校の講師の方々，とりわけ下村直久，酒井利訓両氏の献身的努力に衷心より感謝申し上げます．また，読者の立場から本シリーズの原稿を精読し，解説の曖昧な箇所，議論のギャップなどを指摘し，本書を読みやすくすることに努めて下さった松永清子さん(早大数学科学生)，徳永伸一氏(東大基礎科学科学生)，朝倉徳子さん(東大理学部学生)の尽力なくしては，本シリーズはここに存在しえなかったことも事実です．
　さらに，梶原健氏(東大数学科学生)，中須やすひろ氏(早大数学科学生)，石上嘉康氏(早大数学科学生)および伊藤賢一氏(東大理科I類学生)らを含む数十万人にものぼる駿台予備学校での教え子諸君からの，本シリーズ作成の各局面における，直接的または間接的な協力，激励，コメントなども筆者にとって大きな支えになりました．5年余もの間，辛抱強くこの気ままな冒険旅行につきあい，終始本シリーズの刊行を目指す羅針盤の役をして下さった駿台文庫編集部原敏明氏に深遠なる感謝の意を表する次第であります．
　最後に，本シリーズの特色のひとつである"ビジュアルな講義"を紙上に美しく再現して下さったイラストレーターの芝野公二氏にも心よりの感謝を奉げます．

平成元年5月

大道数学者

秋山　仁

重要項目 さくいん

か 行

解と係数の関係 ………… 5
基本対称式 ………… 3
曲線群の掃過領域 ………… 235

さ 行

サブルーチン(下請け屋)機構 …… 237
漸化式の変形 ………… 176
相加・相乗平均の関係 ………… 8
双曲線の性質 ………… 133

た 行

対称式 ………… 2, 3

は 行

配置の対称性 ………… 115
ファクシミリの原理 ………… 235
放物線の性質 ………… 133
放物線の定義 ………… 102

ま 行

モニックな多項式 ………… 136

や 行

有理関数 ………… 151
ユークリッドの互除法 ………… 186
予選・決勝法 ………… 162, 189

著者略歴

秋山　仁（あきやま・じん）
ヨーロッパ科学アカデミー会員．
東京理科大学理数教育研究センター長，近代科学資料館長，数学体験館館長，駿台予備学校顧問．
グラフ理論，離散幾何学の分野の草分け的研究者．1985年に欧文専門誌 "Graphs & Combinatorics" を Springer 社より創刊．グラフの分解性や因子理論，平行多面体の変身性や分解性などに関する百数十編の論文を発表．海外の数十ヶ国の大学の教壇に立っ．1991年より NHK テレビやラジオなどで，数学の魅力や考え方をわかりやすく伝えている．著書に『数学に恋したくなる話』(PHP 研究所)，『秋山仁のこんなところにも数学が！』(扶桑社)，『Factors & Factorizations of Graphs』(Springer)，『A Day's Adventure in Math Wonderland』(World Scientific) など多数．

編集担当	上村紗帆（森北出版）
編集責任	石田昇司（森北出版）
印　　刷	株式会社日本制作センター
製　　本	同

発見的教授法による数学シリーズ 2
数学の技巧的な解きかた　　　　　　　　© 秋山　仁　2014

2014 年 4 月 28 日　第 1 版第 1 刷発行　　【本書の無断転載を禁ず】
2018 年 8 月 20 日　第 1 版第 3 刷発行

著　者	秋山　仁
発行者	森北博巳
発行所	森北出版株式会社

東京都千代田区富士見 1-4-11（〒102-0071）
電話 03-3265-8341／FAX 03-3264-8709
https://www.morikita.co.jp/
日本書籍出版協会・自然科学書協会　会員
＜(社)出版者著作権管理機構　委託出版物＞

落丁・乱丁本はお取替えいたします．

Printed in Japan／ISBN978-4-627-01221-9